· 大地测量与地球动力学丛书 ·

GNSS/LEO 联合精密定轨
理论与方法

李星星　张柯柯　袁勇强　李　昕　吴家齐　著

科 学 出 版 社

北　京

内 容 简 介

本书系统阐述 GNSS 与低轨卫星精密定轨及其联合定轨技术领域的最新发展现状及相关应用，分别从 GNSS 卫星的摄动力模型、偏航姿态模型、精密定轨数学模型及精密定轨参数估计方法等方面，介绍 GNSS 卫星精密定轨的理论，并介绍国际上近年来在 GNSS 卫星精密定轨方面的最新研究进展。在低轨卫星精密定轨方面，介绍低轨卫星非保守摄动力模型精化、低轨星载接收机天线相位中心在轨标定、基于模糊度固定技术的低轨卫星定轨等内容。在此基础上，将相关理论方法拓展至 GNSS/LEO 卫星联合定轨，讨论北斗系统与大型低轨星座融合定轨中的一些关键问题，并给出 GNSS 与 LEO 精密定轨技术在实时精密定位、低轨导航增强、地球框架参数确定方面的典型应用。

本书可供卫星精密定轨、定位与导航等领域的科研人员和高等学校相关专业的师生阅读参考，也可作为航天、测绘、交通、地质等部门科技人员的参考用书。

图书在版编目（CIP）数据

GNSS/LEO 联合精密定轨理论与方法 / 李星星等著. -- 北京：科学出版社, 2025.3. -- (大地测量与地球动力学丛书) -- ISBN 978-7-03-081614-6

I. P123.46

中国国家版本馆 CIP 数据核字第 20255F70M5 号

责任编辑：杜　权　纪四稳/责任校对：高　嵘
责任印制：徐晓晨/封面设计：苏　波

科 学 出 版 社 出版

北京东黄城根北街 16 号
邮政编码：100717
http://www.sciencep.com

北京中科印刷有限公司印刷
科学出版社发行　各地新华书店经销
*

开本：787×1092　1/16
2025 年 3 月第 一 版　印张：14 3/4
2025 年 3 月第一次印刷　字数：350 000
定价：228.00 元
（如有印装质量问题，我社负责调换）

"大地测量与地球动力学丛书"序

　　大地测量学是测量和描绘地球形状及其重力场并监测其变化的一门学科，属于地球科学的一个重要分支。它为人类活动提供地球空间信息，为国家经济建设、国防安全、资源开发、环境保护、减灾防灾等领域提供重要的基础信息和技术支撑，为地球科学和空间科学的研究提供基准信息和技术支撑。

　　大地测量学的发展历史悠久，早在公元前 3000 年，古埃及人就开始了大地测量的实践，用于解决尼罗河泛滥后的土地划分问题。随着人类对地球认识的不断深入，大地测量学也不断发展，从最初的平面测量，到后来的弧度测量、天文测量、重力测量、水准测量等，逐渐揭示了地球的形状、大小、重力场等基本特征。17 世纪以后，随着牛顿万有引力定律的提出，大地测量学进入了一个新的阶段，开始开展以地球为对象的物理研究，包括探索地球的内部结构、密度分布、自转运动等。20 世纪以来，随着空间技术、计算机技术和信息技术的飞跃发展，大地测量学又迎来了一个革命性的变化，出现了卫星大地测量、甚长基线干涉测量、电磁波测距、卫星导航定位等新技术，形成了现代大地测量学，使得大地测量的精度、效率、范围得到了前所未有的提高，同时也为地球动力学、行星学、大气学、海洋学、板块运动学和冰川学等提供了基准信息。现代大地测量学与地球科学和空间科学的多个分支相互交叉，已成为推动地球科学、空间科学和军事科学发展的前沿科学之一。

　　我国的大地测量学及应用有着辉煌的历史和成就。1956 年我国成立了国家测绘总局，颁布了大地测量法式和相应的细则规范。20 世纪 70～90 年代开始建立国家重力网，2000 年完成了国家似大地水准面的计算，并建立了 2000 国家大地坐标系（CGCS2000）及其坐标基准框架，为国家经济建设和大型工程建设提供了空间基准。2019 年以来，我国大地测量工作者面向国家经济发展和国防建设发展需求，顺利完成了多项有影响力的重大工程和研究工作：北斗卫星导航系统于 2021 年 7 月 31 日正式向全球用户提供定位、导航、定时（PNT）服务和国际搜救服务；历尽艰辛，综合运用多种大地测量技术，于 2020 年 12 月完成了 2020 珠峰高程测量；突破系列卫星平台和载荷关键技术，于 2021 年成功发射了我国第一组低-低跟踪重力测量卫星；于 2023 年 3 月成功发射了我国第一组低-低伴飞海洋测高卫星；初步实现了我国海底大地测量基准试验网建设，研制了成套海底信标装备，突破了海洋大地测量基准建设系列关键技术。

　　为了更好地推动我国大地测量学科的发展，中国科学院于 1989 年 11 月成立了动力大地测量学重点实验室，是中国科学院从事现代大地测量学、地球物理学和地球动力学交叉前沿学科研究的实验室。实验室面向国家重大战略需求，瞄准国际大地测量与地球动力学学科前沿，以地球系统动力过程为主线，利用现代大地测量技术和数值模拟方法，开展地球动力学过程的数值模拟研究，揭示地球各圈层相互作用的动力学机制；同时，发展大地测量新方法和新技术，解决国家航空航天、军事测绘、资源能源勘探开发、地质灾害监测及应急响应等方面战略需求中的重大科学问题和关键技术问题。2011 年，依托中国科学院测量与地球物理研究所（现中国科学院精密测量科学与技术创新研究院），科学技术部成立了大地测量与地球动力学国家重点实验室，标志着我国大地测量学科的研究水平和国际影响力达到了一个新的高度。围绕我国航空航天、军事国防等国民经济建设和社会发展的重大需求，大地测量与地球动力学学科领域的专家学者对重大科学和技术问题开展综合研究，取得了一系列成果。这些最新的研究成果为"大地测量与地球动力学丛书"的出版奠定了坚实的基础。

本套丛书由大地测量与地球动力学国家重点实验室组织撰写，丛书编委覆盖国内大地测量与地球动力学领域 20 余家研究单位的 30 余位资深专家及中青年科技骨干人才，能够切实反映我国大地测量和地球动力学的前沿研究成果。丛书分为重力场探测理论方法与应用，形变与地壳监测、动力学及应用，GNSS 与 InSAR 多源探测理论、方法应用，基准与海洋、极地、月球大地测量学 4 个板块；既有理论的深入探讨，又有实践的生动展示，既有国际的视野，又有国内的特色，既有基础的研究，又有应用的案例，力求做到全面、权威、前沿和实用。本套丛书面向国家重大战略需求，可以为深空、深地、深海、深测等领域的发展应用提供重要的指导作用，为国家安全、社会可持续发展和地球科学研究做出基础性、战略性、前瞻性的重大贡献，在推动学科交叉与融合、拓展学科应用领域、加速新兴分支学科发展等方面具有重要意义。

本套丛书的出版，既是为了满足广大大地测量与地球动力学工作者和相关领域的科研人员、教师、学生的学习和研究需求，也是为了展示大地测量与地球动力学的学科成果，激发读者的思考和创新。特别感谢大地测量与地球动力学国家重点实验室对本套丛书的编写和出版的大力支持和帮助，同时，也感谢所有参与本套丛书编写的作者，为本套丛书的出版提供了坚实的学术基础。由于时间仓促，编写和校对过程中难免会有一些疏漏，敬请读者批评指正，我们将不胜感激。希望本套丛书的出版，能够为我国大地测量与地球动力学的学科发展和应用贡献一份力量！

中国科学院院士

2024 年 1 月

1957 年，苏联首颗人造地球卫星 Sputnik 的成功发射，标志着人类正式进入航天时代，并揭开了人类利用卫星开发导航定位系统的序幕。在子午卫星系统（Transit）的基础上，美国进一步建立了全球定位系统（global positioning system，GPS），其后各大国也纷纷组建了自己的导航卫星系统，如苏联/俄罗斯的格洛纳斯导航卫星系统（Global Navigation Satellite System，GLONASS）（又称格洛纳斯）、我国的北斗卫星导航系统（Beidou Navigation Satellite System，BDS）和欧洲的伽利略（Galileo）定位系统。经过多年的发展，全球导航卫星系统（global navigation satellite system，GNSS）已经成为重要的时空信息基础设施，不仅在防灾减灾、变形监测、海上搜救等领域发挥着举足轻重的作用，而且对经济、政治、军事也具有极其重要的意义，是大国核心竞争力的体现。近年来，低地球轨道（low earth orbit，LEO）（简称低轨）卫星得到了越来越多的关注。除用于气象、海洋测高、重力场、遥感等研究的低轨卫星，国内外科研机构与商业公司聚焦低轨卫星在通信与导航增强等方面的优势，提出了一系列集成通信导航等多功能于一体的大型低轨星座计划。作为争夺未来时空信息主导权的重要手段，大型低轨星座已经成为世界各科技强国争相抢占的科技高地，其建设与发展进入了"加速跑"阶段。

精确、可靠地确定 GNSS 和 LEO 卫星的轨道，是 GNSS 和 LEO 星座实现高质量服务的先决条件与必要前提。在过去的数十年间，卫星精密定轨的理论与方法不断完善，但伴随着当前 GNSS 与 LEO 星座的迅猛发展，GNSS/LEO 卫星精密定轨也面临着模型精细化、效率提升等一系列挑战，引起了国内外高校、研究机构和工业界众多研究人员的研究热情，并在今后很长一段时间仍将是卫星大地测量、卫星导航定位等领域的前沿热点方向。为了进一步推动 GNSS/LEO 卫星精密定轨技术的发展，本书系统总结团队多年来在 GNSS/LEO 卫星精密定轨及其联合定轨方面的研究成果，为后续从事相关研究、开发和应用的科技工作者提供有益参考。

围绕 GNSS/LEO 联合精密定轨的理论与相关研究情况，本书主要内容如下。

第 1 章介绍 GNSS 与低轨卫星发展历程与现状，对低轨卫星分类进行详细阐述，明确各类低轨卫星的功能与特点。进一步，梳理 GNSS 卫星非保守力建模、GNSS/LEO 联合精密定轨、多频多系统 GNSS 非差非组合模型、LEO 星载 GNSS 接收机天线相位中心在轨标定、LEO 星载观测值相位模糊度固定等方向的发展历程与现状。

第 2 章阐述卫星精密定轨理论与方法，是适用于各类人造地球卫星在轨运动的基本理论，其中时间系统和坐标系统是描述物体空间位置的基础。此外介绍时间系统和坐标系统的定义、种类、各系统间转换关系。人造地球卫星受摄运动符合万有引力定律，因此本章对卫星动力模型、观测模型、力模型进行梳理，并论述定轨解算中的方程构建、轨道积分理论。

第 3 章阐述 GNSS 卫星精密定轨基本模型。首先介绍 GNSS 卫星的摄动力模型和偏航姿态模型，主要用于构建 GNSS 卫星精确的运动方程；然后介绍精密定轨中的数学模型，对 GNSS 基本观测方程、精密误差改正和随机模型等进行介绍；最后分别论述最小二乘及均方根信息滤波两种参数估计方法在精密定轨事后批处理和实时处理两种类型中的应用。

第 4 章阐述近年来国际上 GNSS 卫星精密定轨方面的最新研究进展。首先介绍 GNSS 卫星太阳光压模型精化方法；然后分别介绍非差模糊度固定和多频 GNSS 观测值在卫星精密定轨中的应用；最后针对目前多频多系统 GNSS 精密定轨的解算效率问题，阐述分块消参法和多线程处理方法。

第 5 章介绍低轨卫星精密定轨的理论与方法。首先简要介绍低轨卫星精密定轨的三种方法及影响定轨精度的非保守力摄动模型构建；然后就低轨卫星天线相位中心在轨标定问题进行理论分析并给出实际结果；最后应用模糊度固定技术进行低轨卫星定轨研究，通过详细比较各类模糊度固定技术在实现条件、固定性能及精度贡献等方面的差异，确定不同技术的适用场景，同时提升低轨卫星在不同任务需求下的绝对定轨精度和相对定轨精度。

第 6 章阐述高/中/低轨卫星联合精密定轨的理论与方法。首先介绍 GNSS/LEO 卫星联合定轨的数学模型，在此基础上深入分析包括地面测站数量/分布及低轨卫星轨道类型、数量等在内的多个因素对联合定轨的影响；然后介绍基于 LEO 星载数据估计 GNSS 卫星相位中心的理论，并给出相应的估计结果；此外，介绍基于 LEO 星载数据估计 GNSS 卫星伪距/相位偏差的方法，深入发掘 LEO 卫星在 GNSS 卫星伪距/相位偏差估计中的优势与贡献。

第 7 章介绍 GNSS/LEO 高精度轨道产品服务与应用。以 GREAT 软件为例，介绍 GNSS 高精度数据处理软件的设计、功能与应用。针对 GNSS/LEO 高精度产品的处理，介绍产品的自动化生成过程与在线发布展示情况。阐述高精度产品在实时精密定位、低轨增强导航与地球参考框架参数确定等方面的应用。

本书是作者团队多年研究积累的系统总结，本书的研究成果获得了科技部重点研发计划项目（2021YFB2501102）、国家自然科学基金面上项目（41974027）、中德国际合作交流项目（M-0054）等科研项目的联合支持。

作者虽然在 GNSS/LEO 精密定轨理论、方法及应用领域取得了一定成果，但由于研究深度和水平有限，书中难免存在疏漏或不足之处，敬请读者批评指正。

作　者

2023 年 11 月

目录

第
1
章

绪　　论

1.1　概　　述

全球导航卫星系统（GNSS）可以利用导航卫星发射的信号进行精准测时、测距，进而向全球用户提供全天候、全天时、高精度的定位、导航和授时（positioning, navigation and timing，PNT）服务，在精密农业、海洋资源勘测、水文监测、大气监测、地质灾害预警和地壳板块运动监测等领域得到了广泛的应用。

目前主要的 GNSS 包括美国的全球定位系统（GPS）、俄罗斯的格洛纳斯导航卫星系统（GLONASS）、中国的北斗卫星导航系统（BDS）和欧盟的伽利略（Galileo）定位系统。此外，也有国家建立区域卫星导航系统，如印度区域导航卫星系统（Indian Regional Navigational Satellite System，IRNSS）及日本的准天顶导航卫星系统（Quasi-zenith Satellite System，QZSS）。一方面，各国加入全球卫星导航系统的建设行列增加了地面可观测卫星数量，目前超过 130 颗卫星可以被观测到；另一方面，新一代的卫星能够播发三频或更多频率的导航信号，可以提供更为丰富的观测信息，对提高 GNSS 定位、导航和授时的服务性能具有重要的意义。

随着中高轨道导航星座的逐步建设与完善，低轨（LEO）星座已经成为各国主要竞争的新兴热点。低轨卫星一般是指轨道高度低于 1500 km 的一类近地人造地球卫星。凭借其对地观测精度高与观测周期短的优势，低轨卫星在地球空间环境探测领域扮演着重要的角色，如地磁探测、海洋测高、地球重力场反演、气象监测等，同时在互联网通信、导航增强等领域也发挥着越来越重要的作用。低轨卫星轨道高度低，信号在传播过程中的损失会更少，有助于改善信号受遮蔽环境下的定位效果。同时，低轨卫星的运动速度更快，因此几何构型变化得更快，参数的可估性大大增强，有望从根本上解决精密定位收敛慢的难题，实现广域快速精密定位。

随着未来大型低轨星座的发射升空，可利用的低轨卫星会越来越多，研究 GNSS/LEO 联合精密定轨的理论与方法，有助于充分发挥不同轨道高度、不同轨道类型卫星的优势，使其更好地服务于各研究与应用领域，具有极其重要的研究意义。

1.2 GNSS 发展历程

1.2.1 美国 GPS

GPS 从 20 世纪 70 年代开始研制，其建设历程可以分为三个阶段：1973～1978 年进行可行性研究，其间研制、测试第一代试验卫星与地面 GPS 接收机；1979～1984 年开始全面研制各种用途的接收机与各类卫星，发射了 BLOCK 试验卫星，开放二维定位服务给部分特许用户；1985～1995 年进入实用组网阶段，24 颗卫星 1993 年开始提供初始服务，卫星完整星座组网成功，实现全面运行。经过 20 多年的建设，GPS 系统达到了计划时的目的，虽然 GPS 系统在当时已处于领先地位，但仍然存在一些技术缺陷，为了满足美国国防现代化更高的要求，美国在 1999 年提出了 GPS 现代化计划。

GPS 现代化计划也有三个阶段：第一阶段发射 BLOCK IIR-M 系列卫星，增加第二个民用信号 L2C 和军用 M 码信号，M 码信号加强了抗干扰能力；第二阶段发射 BLOCK II-F 系列卫星，其设计使用寿命更长，新增第三个民用信号 L5，加强了所有信号的质量、强度和准确性；第三阶段自 2018 年至今，发射 GPS III 系列卫星，新增第 4 个民用信号 L1C，能与其他 GNSS 互操作，增强信号的可靠性、准确性和完整性（弋耀武 等，2022；卢鋆 等，2021；刘健和曹冲，2020；郭树人 等，2019）。截至 2023 年 12 月，GPS 正常在轨工作卫星中，BLOCK II-R 型号有 7 颗，BLOCK II-F 型号有 11 颗，BLOCK IIR-M 型号有 7 颗，BLOCK III-A 型号有 6 颗，总计 31 颗，均为中地球轨道（medium earth orbit，MEO）卫星，详见表 1.1。

表 1.1 GPS 空间段状态

伪随机噪声码编号	空间飞行器编号	轨道面	卫星类型	发射日期	启用日期	在轨运行天数	运行状态
G02	61	D1	II-R	2004 年 11 月 6 日	2004 年 11 月 22 日	6968	正常
G03	69	E1	II-F	2014 年 10 月 29 日	2014 年 12 月 12 日	3291	正常
G04	74	F4	III-A	2018 年 12 月 23 日	2020 年 1 月 13 日	1447	正常
G05	50	E3	IIR-M	2009 年 8 月 17 日	2009 年 8 月 27 日	5234	正常
G06	67	D4	II-F	2014 年 5 月 17 日	2014 年 6 月 10 日	3485	正常
G07	48	A4	IIR-M	2008 年 3 月 15 日	2008 年 3 月 24 日	5752	正常
G08	72	C3	II-F	2015 年 7 月 15 日	2015 年 8 月 12 日	3060	正常
G09	68	F3	II-F	2014 年 8 月 2 日	2014 年 9 月 17 日	3392	正常
G10	73	E2	II-F	2015 年 10 月 30 日	2015 年 12 月 9 日	2937	正常
G11	78	D5	III-A	2021 年 6 月 17 日	2022 年 5 月 25 日	585	正常
G12	58	B4	IIR-M	2006 年 11 月 17 日	2006 年 12 月 13 日	6220	正常
G13	43	F6	II-R	2097 年 7 月 23 日	2098 年 1 月 31 日	9456	正常
G14	77	B6	III-A	2020 年 11 月 5 日	2020 年 12 月 2 日	1122	正常
G15	55	F2	IIR-M	2007 年 10 月 17 日	2007 年 10 月 31 日	5897	正常

伪随机噪声码编号	空间飞行器编号	轨道面	卫星类型	发射日期	启用日期	在轨运行天数	运行状态
G16	56	B1	II-R	2003 年 1 月 29 日	2003 年 2 月 18 日	7609	正常
G17	53	C4	IIR-M	2005 年 9 月 26 日	2005 年 11 月 13 日	6582	正常
G18	75	D6	III-A	2019 年 8 月 22 日	2020 年 4 月 1 日	1367	正常
G19	59	C5	II-R	2004 年 3 月 20 日	2004 年 4 月 5 日	7204	正常
G20	51	E4	II-R	2000 年 5 月 11 日	2000 年 6 月 1 日	8603	正常
G21	45	D3	II-R	2003 年 3 月 31 日	2003 年 4 月 12 日	7562	正常
G22	44	B3	II-R	2000 年 7 月 16 日	2000 年 8 月 17 日	7745	正常
G23	76	E5	III-A	2020 年 6 月 30 日	2020 年 10 月 1 日	1177	正常
G24	65	A1	II-F	2012 年 10 月 4 日	2012 年 11 月 14 日	4052	正常
G25	62	B2	II-F	2010 年 5 月 28 日	2010 年 8 月 27 日	4868	正常
G26	71	B5	II-F	2015 年 3 月 25 日	2015 年 4 月 20 日	3169	正常
G27	66	C2	II-F	2013 年 5 月 15 日	2013 年 6 月 21 日	3830	不可用
G28	79	A6	III-A	2023 年 1 月 18 日	2023 年 2 月 16 日	292	正常
G29	57	C1	IIR-M	2007 年 12 月 20 日	2008 年 1 月 2 日	5836	正常
G30	64	A3	II-F	2014 年 2 月 21 日	2014 年 5 月 30 日	3499	正常
G31	52	A2	IIR-M	2006 年 9 月 25 日	2006 年 10 月 13 日	6280	正常
G32	70	F1	II-F	2016 年 2 月 5 日	2016 年 3 月 9 日	2851	正常

注：表中数据统计时间截至 2023 年 12 月。

1.2.2 俄罗斯 GLONASS

GLONASS 与 GPS 同期开始研发和建设，于 1996 年形成了用 24 颗卫星组成的完整星座。苏联解体后，俄罗斯开始负责 GLONASS 的建设和维护，由于政治与经济等原因，同时也因为该系统卫星设计中存在使用寿命短等缺陷，其正常在轨工作的卫星数量不断减少。截至 2001 年，GLONASS 仅有 6 颗正常在轨卫星，服务功能一度处于基本瘫痪状态。2002 年之后，俄罗斯发射 GLONASS-M 系列卫星进行替换，该系统已于 2011 年恢复正常运行。GLONASS 随后开始现代化建设，开发具有增强功能的新一代 GLONASS-K 系列卫星。俄罗斯加快 MEO 卫星更新换代的同时，计划增加倾斜地球同步轨道（inclined geo-synchronous orbit，IGSO）卫星和地球静止轨道（geostationary earth orbit，GEO）卫星，构建 GLONASS 混合星座，全面提升系统性能。

GLONASS 的 24 颗卫星分布于 3 个中等高度近圆形轨道，轨道高度为 19 100 km，倾角为 64.8°，周期为 11 h 15 min 44 s。与 GPS 不同，GLONASS 卫星在轨道上移动方向与地球的自转方向相反。GLONASS 使用频分多址（frequency division multiple access，FDMA）协议，更加复杂和耗能，但具有更高的安全性。GLONASS 空间段状态详见表 1.2。

表 1.2　GLONASS 空间段状态

伪随机噪声码编号	空间飞行器编号	轨道面	频率号	发射日期	启用日期	在轨运行天数	运行状态
R01	730	1	1	2009 年 12 月 14 日	2010 年 1 月 30 日	5053	正常
R02	747	1	-4	2013 年 4 月 26 日	2013 年 7 月 4 日	3829	正常
R03	744	1	5	2011 年 11 月 4 日	2011 年 12 月 8 日	4399	正常
R04	759	1	6	2019 年 12 月 11 日	2020 年 1 月 3 日	1451	正常
R05	756	1	1	2018 年 6 月 17 日	2018 年 8 月 29 日	1950	正常
R06	733	1	-4	2009 年 12 月 14 日	2010 年 1 月 24 日	5015	正常
R07	745	1	5	2011 年 11 月 4 日	2011 年 12 月 18 日	4379	正常
R08	743	1	6	2011 年 11 月 4 日	2012 年 9 月 20 日	3971	正常
R09	702	2	-2	2014 年 12 月 1 日	2016 年 2 月 15 日	2790	正常
R10	723	2	-7	2007 年 12 月 25 日	2008 年 1 月 22 日	5485	正常
R11	705	2	0	2020 年 10 月 25 日	2022 年 4 月 28 日	608	正常
R12	758	2	-1	2019 年 5 月 27 日	2019 年 6 月 22 日	1650	正常
R13	721	2	-2	2007 年 12 月 25 日	2008 年 2 月 8 日	5797	正常
R14	752	2	-7	2017 年 9 月 22 日	2017 年 10 月 16 日	2263	正常
R15	757	2	0	2018 年 11 月 3 日	2018 年 11 月 27 日	1860	正常
R16	761	2	-1	2022 年 11 月 28 日	2022 年 12 月 22 日	374	正常
R17	751	3	4	2016 年 2 月 7 日	2016 年 2 月 28 日	2850	正常
R18	754	3	-3	2014 年 3 月 24 日	2014 年 4 月 14 日	3537	正常
R19	720	3	3	2007 年 10 月 26 日	2007 年 11 月 25 日	5851	正常
R20	719	3	2	2007 年 10 月 26 日	2007 年 11 月 27 日	5845	正常
R21	755	3	4	2014 年 6 月 14 日	2014 年 8 月 3 日	3417	正常
R22	706	3	-3	2022 年 7 月 7 日	2022 年 12 月 30 日	363	正常
R23	732	3	3	2010 年 3 月 2 日	2010 年 3 月 28 日	4996	正常
R24	760	3	2	2020 年 3 月 16 日	2020 年 4 月 14 日	1353	正常
R08	703	1	——	2023 年 8 月 7 日	——	——	在轨测试
R25	707	3	——	2022 年 10 月 10 日	——	——	在轨测试

注：表中数据统计时间截至 2024 年 1 月。

1.2.3　中国 BDS

我国自 20 世纪 80 年代提出建设独立自主的导航卫星系统的设想，以向全球用户提供全天候、全天时、高精度的定位、导航和授时服务为目标，历经 40 余年的探索实践，实现了 BDS 从无到有，从有源定位到无源定位，从区域到全球。BDS 建设遵循"三步走"战略：第一步建成北斗卫星导航试验系统（北斗一号系统，BDS-1），实现了导航系统从无到有；第二步建成北斗二号系统（BDS-2），为亚太地区提供区域性导航服务；最后建成北斗三号系统（BDS-3），实现全球组网，提供全球服务（Yang et al., 2017）。

北斗一号系统是根据陈芳允院士提出的利用两颗地球同步卫星实现导航定位的设想而建立的区域性有源导航系统。2000年10月及12月，我国自行研制的两颗地球同步卫星相继发射升空，由此组成了第一代北斗导航系统的卫星星座，初步满足了我国及周边地区的PNT需求。单靠双星定位只能确定用户的平面位置，海拔高程信息则需要地面中心站通过高程模型获取，因此北斗一号系统定位服务依赖于地面中心站，用户不能实现独立自主定位。但其具有投资少、建设速度快的优点且具备一定的通信功能。

北斗二号系统是区域性的卫星导航系统，具备为亚太地区用户提供定位、授时、短报文通信等服务的功能。北斗二号系统的建设从2004年启动到2012年基本完成，其星座构型创新性地采用了中高轨混合星座架构，由5颗GEO卫星、5颗IGSO卫星及4颗MEO卫星组成。在随后的发展中，又相继发射了数颗北斗二号替换卫星与备用卫星。截至2022年4月，北斗二号系统共有包括5颗GEO卫星、7颗IGSO卫星及3颗MEO卫星在内的15颗在轨卫星。

北斗三号系统是中国最新一代卫星导航系统。2015年，包括2颗IGSO卫星和3颗MEO卫星在内的5颗BDS-3试验卫星（BDS-3S）被依次发射入太空，用于验证北斗三号系统卫星的设计完备性和新技术稳定性。首颗北斗三号系统的正式卫星于2017年11月成功部署至预期轨道。北斗三号系统已于2019年完成全部MEO卫星的发射，并于2020年完成全面部署。截至2021年4月，北斗三号系统有24颗MEO卫星、3颗IGSO卫星和3颗GEO卫星提供服务，其中24颗MEO卫星分别由中国空间技术研究院（China Academy of Space Technology，CAST）及上海微小卫星工程中心（Shanghai Engineering Center for Microsatellites，SECM）研制。北斗三号系统可提供覆盖全球范围的PNT服务。相较于北斗二号系统卫星，北斗三号系统卫星搭载了更高性能的铷原子钟（铷钟）和氢原子钟（氢钟），增加了性能更优的B1C、B2a等信号，并增加了星间链路功能。BDS空间段状态如表1.3所示。

表1.3 BDS空间段状态

伪随机噪声码编号	空间飞行器编号	类型	原子钟	厂家	发射时间	状态	服务信号
C01	GEO-8	BDS-2	铷钟	CAST	2019年5月17日	正常	B1I/B2I/B3I
C02	GEO-6	BDS-2	铷钟	CAST	2012年10月25日	正常	B1I/B2I/B3I
C03	GEO-7	BDS-2	铷钟	CAST	2016年6月12日	正常	B1I/B2I/B3I
C04	GEO-4	BDS-2	铷钟	CAST	2010年11月1日	正常	B1I/B2I/B3I
C05	GEO-5	BDS-2	铷钟	CAST	2012年2月25日	正常	B1I/B2I/B3I
C06	IGSO-1	BDS-2	铷钟	CAST	2010年8月1日	正常	B1I/B2I/B3I
C07	IGSO-2	BDS-2	铷钟	CAST	2010年12月18日	正常	B1I/B2I/B3I
C08	IGSO-3	BDS-2	铷钟	CAST	2011年4月10日	正常	B1I/B2I/B3I
C09	IGSO-4	BDS-2	铷钟	CAST	2011年7月27日	正常	B1I/B2I/B3I

伪随机噪声码编号	空间飞行器编号	类型	原子钟	厂家	发射时间	状态	服务信号
C10	IGSO-5	BDS-2	铷钟	CAST	2011 年 12 月 2 日	正常	B1I/B2I/B3I
C11	MEO-3	BDS-2	铷钟	CAST	2012 年 4 月 30 日	正常	B1I/B2I/B3I
C12	MEO-4	BDS-2	铷钟	CAST	2012 年 4 月 30 日	正常	B1I/B2I/B3I
C13	IGSO-6	BDS-2	铷钟	CAST	2016 年 3 月 30 日	正常	B1I/B2I/B3I
C14	MEO-6	BDS-2	铷钟	CAST	2012 年 9 月 19 日	正常	B1I/B2I/B3I
C16	IGSO-7	BDS-2	铷钟	CAST	2018 年 7 月 10 日	正常	B1I/B2I/B3I
C19	MEO-1	BDS-3	铷钟	CAST	2017 年 11 月 5 日	正常	B1I/B3I/B1C/B2a/B2b
C20	MEO-2	BDS-3	铷钟	CAST	2017 年 11 月 5 日	正常	B1I/B3I/B1C/B2a/B2b
C21	MEO-3	BDS-3	铷钟	CAST	2018 年 2 月 12 日	正常	B1I/B3I/B1C/B2a/B2b
C22	MEO-4	BDS-3	铷钟	CAST	2018 年 2 月 12 日	正常	B1I/B3I/B1C/B2a/B2b
C23	MEO-5	BDS-3	铷钟	CAST	2018 年 7 月 29 日	正常	B1I/B3I/B1C/B2a/B2b
C24	MEO-6	BDS-3	铷钟	CAST	2018 年 7 月 29 日	正常	B1I/B3I/B1C/B2a/B2b
C25	MEO-11	BDS-3	氢钟	SECM	2018 年 8 月 25 日	正常	B1I/B3I/B1C/B2a/B2b
C26	MEO-12	BDS-3	氢钟	SECM	2018 年 8 月 25 日	正常	B1I/B3I/B1C/B2a/B2b
C27	MEO-7	BDS-3	氢钟	SECM	2018 年 1 月 12 日	正常	B1I/B3I/B1C/B2a/B2b
C28	MEO-8	BDS-3	氢钟	SECM	2018 年 1 月 12 日	正常	B1I/B3I/B1C/B2a/B2b
C29	MEO-9	BDS-3	氢钟	SECM	2018 年 3 月 30 日	正常	B1I/B3I/B1C/B2a/B2b
C30	MEO-10	BDS-3	氢钟	SECM	2018 年 3 月 30 日	正常	B1I/B3I/B1C/B2a/B2b
C31	IGSO-1S	BDS-3S	氢钟	SECM	2015 年 3 月 30 日	在轨试验	—
C32	MEO-13	BDS-3	铷钟	CAST	2018 年 9 月 19 日	正常	B1I/B3I/B1C/B2a/B2b
C33	MEO-14	BDS-3	铷钟	CAST	2018 年 9 月 19 日	正常	B1I/B3I/B1C/B2a/B2b
C34	MEO-15	BDS-3	氢钟	SECM	2018 年 10 月 15 日	正常	B1I/B3I/B1C/B2a/B2b
C35	MEO-16	BDS-3	氢钟	SECM	2018 年 10 月 15 日	正常	B1I/B3I/B1C/B2a/B2b
C36	MEO-17	BDS-3	铷钟	CAST	2018 年 11 月 19 日	正常	B1I/B3I/B1C/B2a/B2b
C37	MEO-18	BDS-3	铷钟	CAST	2018 年 11 月 19 日	正常	B1I/B3I/B1C/B2a/B2b
C38	IGSO-1	BDS-3	氢钟	CAST	2019 年 4 月 20 日	正常	B1I/B3I/B1C/B2a/B2b
C39	IGSO-2	BDS-3	氢钟	CAST	2019 年 6 月 25 日	正常	B1I/B3I/B1C/B2a/B2b
C40	IGSO-3	BDS-3	氢钟	CAST	2019 年 11 月 5 日	正常	B1I/B3I/B1C/B2a/B2b
C41	MEO-19	BDS-3	铷钟	CAST	2019 年 12 月 16 日	正常	B1I/B3I/B1C/B2a/B2b
C42	MEO-20	BDS-3	铷钟	CAST	2019 年 12 月 16 日	正常	B1I/B3I/B1C/B2a/B2b
C43	MEO-21	BDS-3	氢钟	SECM	2019 年 11 月 23 日	正常	B1I/B3I/B1C/B2a/B2b

伪随机噪声码编号	空间飞行器编号	类型	原子钟	厂家	发射时间	状态	服务信号
C44	MEO-22	BDS-3	氢钟	SECM	2019 年 11 月 23 日	正常	B1I/B3I/B1C/B2a/B2b
C45	MEO-23	BDS-3	氢钟	CAST	2019 年 9 月 23 日	正常	B1I/B3I/B1C/B2a/B2b
C46	MEO-24	BDS-3	氢钟	CAST	2019 年 9 月 23 日	正常	B1I/B3I/B1C/B2a/B2b
C56	IGSO-2S	BDS-3S	氢钟	CAST	2015 年 9 月 30 日	在轨试验	—
C57	MEO-1S	BDS-3S	铷钟	CAST	2015 年 7 月 25 日	在轨试验	—
C58	MEO-2S	BDS-3S	铷钟	CAST	2015 年 7 月 25 日	在轨试验	—
C59	GEO-1	BDS-3	氢钟	CAST	2018 年 11 月 1 日	正常	B1I/B3I
C60	GEO-2	BDS-3	氢钟	CAST	2020 年 3 月 9 日	正常	B1I/B3I
C61	GEO-3	BDS-3	氢钟	CAST	2020 年 6 月 23 日	在轨测试	B1I/B3I
C62	GEO-4	BDS-3	氢钟	CAST	2023 年 5 月 17 日	在轨测试	B1I/B3I
C48	MEO-26	BDS-3	氢钟	CAST	2023 年 12 月 26 日	在轨测试	B1I/B3I/B1C/B2a/B2b
C50	MEO-28	BDS-3	氢钟	CAST	2023 年 12 月 26 日	在轨测试	B1I/B3I/B1C/B2a/B2b

注：表中数据统计时间截至 2024 年 1 月。

1.2.4 欧盟 Galileo

欧盟的 Galileo 自 2002 年开始建设，是第一个具有商业性质的完全民用的卫星导航系统，不受任何国家的国防部门管控。Galileo 共有在轨试验（in-orbit validation，IOV）卫星和全工作能力（full operational capability，FOC）卫星两种。截至 2024 年 1 月，Galileo 卫星共有 23 颗正常在轨工作卫星，其中包括 3 颗 IOV 卫星和 20 颗 FOC 卫星。Galileo 的 FOC 卫星全部搭载了高精度的氢原子钟。目前，Galileo 的所有卫星均可播发 E1、E5、E5a、E5b 和 E6 频点的信号。3 颗 IOV 卫星中，E11 和 E19 搭载铷原子钟，E12 搭载氢原子钟。

在完全建成后，除了已有的公共特许服务（public regulated service，PRS）、开放服务（open service，OS）、搜救服务（search and rescue，SAR），Galileo 还可提供高精度服务（high accuracy service，HAS）和商业身份验证服务（central authentication service，CAS）。Galileo 能较好地与其他卫星导航系统兼容互操作，它的 E1 和 E5a 信号的中心频率与 GPS 的 L1 和 L5 重合，E5b 信号的中心频率与 GLONASS 的 G3 重合。Galileo 空间段状态如表 1.4 所示。

表 1.4 Galileo 空间段状态

伪随机噪声码编号	轨道面	射频号	发射日期	启用日期	运行状态
E31	A	GSAT0218	2017 年 12 月 12 日	2017 年 12 月 12 日	正常
E01	A	GSAT0210	2016 年 5 月 24 日	2016 年 12 月 1 日	停用
E21	A	GSAT0215	2017 年 12 月 12 日	2017 年 12 月 12 日	正常
E27	A	GSAT0217	2017 年 12 月 12 日	2017 年 12 月 12 日	正常

伪随机噪声码编号	轨道面	射频号	发射日期	启用日期	运行状态
E30	A	GSAT0206	2015 年 9 月 11 日	2015 年 12 月 4 日	正常
E02	A	GSAT0211	2016 年 5 月 24 日	2016 年 12 月 1 日	正常
E25	A	GSAT0216	2017 年 12 月 12 日	2017 年 12 月 12 日	正常
E24	A	GSAT0205	2015 年 9 月 11 日	2016 年 1 月 28 日	正常
E13	B	GSAT0220	2018 年 7 月 25 日	2018 年 7 月 25 日	正常
E15	B	GSAT0221	2018 年 7 月 25 日	2018 年 7 月 25 日	正常
E34	B	GSAT0223	2021 年 12 月 5 日	2022 年 5 月 5 日	正常
E36	B	GSAT0219	2018 年 7 月 25 日	2018 年 7 月 25 日	正常
E11	B	GSAT0101	2011 年 10 月 21 日	2011 年 12 月 10 日	正常
E12	B	GSAT0102	2011 年 10 月 21 日	2012 年 1 月 16 日	正常
E33	B	GSAT0222	2018 年 7 月 25 日	2018 年 7 月 25 日	正常
E26	B	GSAT0203	2015 年 3 月 27 日	2015 年 12 月 3 日	正常
E10	B	GSAT0224	2021 年 12 月 5 日	2022 年 8 月 29 日	正常
E05	C	GSAT0214	2016 年 11 月 17 日	2017 年 8 月 25 日	正常
E09	C	GSAT0209	2015 年 12 月 17 日	2016 年 4 月 22 日	正常
E04	C	GSAT0213	2016 年 11 月 17 日	2017 年 8 月 9 日	正常
E19	C	GSAT0103	2012 年 10 月 12 日	2012 年 12 月 1 日	正常
E07	C	GSAT0207	2016 年 11 月 17 日	2017 年 8 月 31 日	正常
E08	C	GSAT0208	2015 年 12 月 17 日	2016 年 4 月 22 日	正常
E03	C	GSAT0212	2016 年 11 月 17 日	2017 年 8 月 1 日	正常
E20	—	GSAT0104	2012 年 10 月 12 日	2012 年 10 月 12 日	停用
E22	—	GSAT0204	2015 年 3 月 27 日	2015 年 12 月 4 日	停用
E14	—	GSAT0202	2014 年 8 月 22 日	2016 年 8 月 5 日	停用
E18	—	GSAT0201	2014 年 8 月 22 日	2016 年 8 月 5 日	停用

注：表中数据统计时间截至 2024 年 1 月。

1.2.5 区域卫星导航系统

近年来，印度、日本、韩国快速推进本国卫星导航系统的建设发展。

2002 年日本政府批准开发 QZSS，截至 2023 年 12 月，日本的 QZSS 在轨正常工作卫星有 4 颗，其中 1 颗位于地球静止轨道，另外 3 颗分置于相间 120° 的三个倾斜地球同步轨道上，轨道周期为 23 h 56 min，倾角 45°，偏心率 0.1，轨道高度为 31 500～40 000 km，以高仰角服务和大椭圆非对称"8"字形地球同步轨道为其特征，覆盖日本国内和周边亚太范围。QZSS 播发的 5 种频率 8 种信号与 GPS 信号高度重合,是 GPS 的区域增强系统,能够提高在多山和街道狭隘环境下可用卫星数量。除 PNT 服务外,QZSS 还提供定位技术验证服务、灾害和危机管理卫星报告服务、安全确认服务等。

印度的 IRNSS 于 2006 年批准开始建设,2016 年中完成组网并正式服役,并更名为"NavIC",即印度导航星座(navigation with Indian constellation)。截至 2021 年底,NavIC 在轨 7 颗卫星,其中 GEO 卫星 3 颗、ISGO 卫星 4 颗,覆盖东经 30°～150°、南纬 65° 至北纬 65° 的区域,主要服务于印度境内及印度洋范围,播发 L5 和 S 两个频段的导航信号。其中 L5 频段信号频率为 1176.45 MHz,带宽为 24 MHz,与 GPS、QZSS 的 L5 频段及 Galileo 的 E5a 频段具有一定的互操作性。

韩国明确将于 2034 年建成韩国卫星导航系统,其中包含 3 颗 GEO 卫星和 4 颗 IGSO 卫星,将通过星基增强和地基增强,提供米级、亚米级的精确位置服务。

卫星导航与卫星通信、互联网技术融合发展所创造的新兴产业和前景广阔的市场,使各国产生极大兴趣,纷纷加入建设卫星导航系统的行列。

1.3　低轨卫星发展及分类

根据已有低轨卫星的主要功能进行分类,低轨卫星可分为对地观测卫星、低轨通信卫星等。

1.3.1　对地观测卫星

对地观测卫星的主要功能为测量地球重力场、磁场、海洋地形等物理性质,根据不同任务需求,会同时搭载 GNSS 接收机和卫星激光测距(satellite laser ranging,SLR)反射棱镜,个别卫星甚至安装了星基多普勒轨道和无线电定位组合(Doppler orbitography and radio positioning integrated by satellite,DORIS)系统接收机。其中,GNSS 和 DORIS 通常作为获取 LEO 卫星精确轨道信息的主要技术手段,SLR 则作为独立的外部技术进行轨道精度验证。图 1.1 显示了搭载不同空间大地测量技术载荷的低轨卫星概况。这些卫星分布在 300～1500 km 的轨道高度范围内,可作为星基并置的研究对象。

1.3.2　低轨通信卫星

早期的通信卫星大都为 GEO 卫星,在通信系统中实际上可看成一个悬挂在空中的通信中继站。它"居高临下",信号覆盖范围广阔,通过它转发和反射电报、电视、广播和数据等无线信号。随着卫星互联网领域蓬勃发展,仅依靠 GEO 卫星已经无法满足用户对移动网络传输速度与带宽的要求,而低轨通信卫星轨道高度低,与传统高轨同步轨道卫星相比,信号传输时延低、损耗小,带宽高,具备一定规模的低轨通信卫星能够实现全球通信网络覆盖,能够为各类应用提供通信保障。

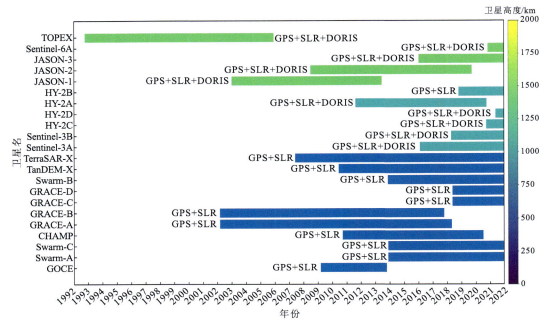

图 1.1　搭载 GNSS/SLR/DORIS 技术设备的 LEO 卫星概况

　　低轨卫星移动速度快，地面可见时间短，需要数量众多的通信卫星组网才能提供稳定的服务，由此使地面控制、保障系统较为复杂。随着卫星制造技术的发展和市场需求逐渐充沛，组建大型低轨星座的价值已经凸显。随着低轨卫星的业务范围的不断拓展，涌现出一批集成通信与导航功能于一体的低轨通信导航卫星，如早期的铱星移动通信系统。铱星于 1987 年提出并开始研制，具备卫星授时与定位（satellites time and location，STL）技术。STL 通过铱星卫星星座发射的定位信号能够穿透包括深空在内的许多遮蔽环境，可以提供独立的定位导航服务与授时服务。相较于民用全球定位系统，STL 系统具有抗欺骗能力，可以完成更为安全的定位授时服务。

　　近年来，以美国 Starlink、英国 OneWeb 等为代表的低轨通信星座正在进行高密度、大批量的卫星发射。截至 2022 年 12 月，Starlink 星座已执行 65 次发射任务，发射卫星 3558 颗，在轨活跃卫星 3117 颗。作为首个基于 LEO 卫星面向终端用户提供大规模卫星宽带接入服务的星座，Starlink 在全球范围内积累了大量的用户，与其他通过卫星提供互联网宽带服务的运营商一样，Starlink 目前的终端用户主要是地面网络无法覆盖的用户。

　　卫星互联网领域快速发展浪潮下，低轨大规模星座大容量、低延时、全球覆盖等能力特点，吸引了各国政府介入与推进，渐成领域发展新格局，同时引领火箭发射、卫星制造/运营、地面系统全链条的变革，并将持续对人类认知和进入太空的能力产生深远影响。

1.4　GNSS/LEO 联合精密定轨现状

　　精密的卫星轨道是 GNSS 高精度应用的基础，可从以下几个方面提高定轨精度：改进或完善力模型；引入 LEO 星载接收机观测量，进行 GNSS/LEO 联合定轨；利用多模 GNSS（multi-GNSS）系统联合定轨。

1.4.1 GNSS 卫星精密定轨现状

1. GNSS 卫星非保守力建模

作为中高轨卫星，GNSS 卫星受到的保守力可用较为精确的数学模型表示，但非保守力由于产生机制复杂，与卫星构型、偏航姿态等多种因素相关，难以用精确的模型描述，其中，最主要的非保守力是太阳光压。根据建模方式的不同，可以将现有的太阳光压模型分为三类，即分析型光压模型、经验型光压模型及半经验型光压模型（武子谦 等，2015）。其中，比较有代表性的有分析型的 ROCKET 系列模型（Fliegel and Gallini，1996；Fliegel et al.，1992）、经验型的 ECOM 模型（Springer et al.，1999；Beutler et al.，1994）和 GPSM 系列模型（Bar-Sever and Kuang，2005）等，可将 GPS 卫星的定轨精度提升到厘米级。而针对 GLONASS 卫星，基于射线追踪方法的 G2A（ground-to-air）系列模型（Ziebart，2004）和经验型 ECOM2 系列模型（Arnold et al.，2015）也先后建立，取得了良好的定轨精度。总体而言，目前 GPS 和 GLONASS 的太阳光压模型已较为完善，其最终轨道精度已分别达到 2.5 cm 和 3 cm。

不同于 GPS 与 GLONASS，BDS 采用混合轨道类型的卫星星座，包含 GEO、IGSO 和 MEO 三种轨道类型。其中，Steigenberger 等（2013）初步研究了 ECOM 模型下 BDS-2 GEO 卫星的精密定轨，结果表明，仅保留太阳直射方向的常数参数能显著提升 GEO 卫星的轨道精度。Wang 等（2019）进一步考虑了 GEO 卫星通信天线产生的光压加速度，建立了更为精确的经验型太阳光压模型，将 GEO 卫星轨道的激光检核精度提升至 10 cm 以内。对于 BDS-2 IGSO 和 MEO 卫星，潭冰峰（2016）和陈秋丽等（2013）先后提出了适用的分析型模型，相比于经验型 ECOM 模型，能够将轨道激光检核精度提升 18%～30%。在 BDS-3 建设开始之前，我国发射了 5 颗试验卫星（Li et al.，2019d），用于验证 BDS-3 的部分关键技术。学者也对 BDS-3 试验卫星的太阳光压模型适用性进行了研究，构建了精度更高的半经验型模型（Duan et al.，2019；Wang et al.，2018），为 BDS-3 组网卫星的太阳光压建模积累了宝贵经验。BDS-3 首颗卫星于 2017 年发射，针对 BDS-3 卫星太阳光压建模的工作也随之展开，并集中于半经验模型构建方面（Yan et al.，2019；Xia et al.，2018），但这些研究均只包含部分 BDS-3 卫星。现阶段 BDS-3 MEO 卫星精密轨道的激光检核精度为 4～5 cm（Li et al.，2020b），与 GPS 相比还有一定差距。

对于欧盟 Galileo 及日本 QZSS，由于其卫星为长方体构型，经验型 ECOM 模型与 ECOM2 模型并不能合理表达卫星所受太阳光压（Li et al.，2019c）。为了减小轨道误差，Steigenberger（2017）和 Montenbruck 等（2015）先后针对 Galileo 初期试验卫星 GIOVE-B、在轨试验卫星和全工作能力卫星引入了先验模型，将定轨精度提高了约 1.7 倍；Montenbruck 等（2017）和 Zhao 等（2017）还构建了适用于 QZSS 卫星的先验太阳光压模型，相比于经验型 ECOM 模型和 ECOM2 模型，能够取得 14%～55% 的定轨精度提升。

除太阳光压外，国内外学者还对地球反照辐射压、天线推力这两类重要的非保守力开展了深入研究（赵群河 等，2018；Steigenberger et al.，2018；李桢 等，2017；Solano and Javier，2009）。此外，Duan 等（2021）和 Sidorov 等（2020）分别讨论了 GPS、GLONASS、Galileo 卫星的星体热辐射力来源与相应的处理方式。

2. 非差模糊度固定技术

传统的 GNSS 精密轨道和钟差确定一般采用双差模糊度固定解，而随着非差模糊度固定技术在精密单点定位（precise point positioning，PPP）上的成功应用，逐渐有学者尝试将非差模糊度固定技术应用到 GPS 卫星精密定轨估钟中。作为 12 个国际 GNSS 服务（international GNSS service，IGS）分析中心之一的法国国家空间研究中心（Centre National d'Études Spatiales，CNES）自 2009 年开始生成基于非差模糊度固定技术的 GPS 轨道和钟差产品，即 IGS GRG 产品。Loyer 等（2012）在 GPS 精密定轨过程中依次解算出非差宽巷（wide-lane，WL）和窄巷（narrow-lane，NL）模糊度的整数值，并先后在无电离层组合相位观测值上减去整周的宽巷和窄巷模糊度，从而得到非差模糊度固定解的 GPS 轨道和钟差。相比于浮点解，非差模糊度固定解的重叠轨道均方根（root mean square，RMS）在切向和法向从 6 cm 提升到了 3 cm。同时，通过此方法估计的卫星钟差吸收了卫星端的非校准相位延迟（uncalibrated phase delay，UPD），即整数钟，可以直接用于 PPP 模糊度固定。随后，CNES 从 2011 年开始发布 IGS 实时轨道钟差产品，并实现了实时动态 PPP 的非差模糊度固定解，取得了良好的实时动态定位效果（Laurichesse et al.，2011）。Katsigianni 等（2019）进一步将 CNES 的非差模糊度固定解定轨策略扩展到了 GPS+Galileo 的联合定轨，得到了 GPS+Galileo 的非差固定解轨道和整数钟产品。目前，CNES 提供的精密轨道和整数卫星钟差产品已经广泛应用于 PPP 的非差模糊度固定。

不同于 CNES 的非差模糊度固定解策略，Blewitt 等（2010）提出了一种基于载波伪距（carrier-range）观测值的非差模糊度固定解方法。carrier-range 观测值是改正了整周模糊度的非差载波相位观测值，由于消除了模糊度的影响，这种观测值可以和伪距一样直接表示距离，不同的是它的精度要高得多，能够达到毫米级。利用 carrier-range 观测值进行 GNSS 定轨、估钟和定位等的解算，就能直接得到高精度的非差模糊度固定解结果。此外，使用 carrier-range 观测值进行解算时，由于不需要估计模糊度参数，可以极大地提升 GNSS 大网解算和 GNSS 定轨等的计算效率。不过这种方法生成的 carrier-range 观测值所用模糊度仍然是从双差整数模糊度中恢复出来的，其依赖于所选的基线质量的优劣。

Chen 等（2014）基于上述研究提出了一种利用 PPP 非差模糊度固定技术来获取 carrier-range 观测值的方法。首先选取一个全球分布的 GPS 跟踪站网进行整网解算，计算 GPS 精密轨道和钟差，然后利用网解得到的非差模糊度进行宽巷和窄巷的 UPD 估计；之后利用得到的 GPS 轨道钟差及 UPD 产品在每个测站上进行 PPP 模糊度固定，恢复出每个测站的非差整周模糊度，从而将载波相位观测值转化为 carrier-range 观测值；最后利用这些 carrier-range 观测值进行定轨，得到非差模糊度固定解的 GPS 轨道和钟差。定轨结果表明，非差模糊度固定解的轨道相比于双差模糊度固定解的重叠轨道 RMS 提升了约 10%，并且相比于使用原始相位观测值进行参数估计，利用 carrier-range 观测值可以显著提高计算效率，并且需要处理的测站数量越多，提高的效果越明显，当处理 460 个测站时，参数估计的时间从 82 min 缩短到 14 min。Chen 等（2014）进一步利用 carrier-range 观测值的非差模糊度固定解方法实现了 GPS 高频整数钟的快速估计，参数估计时间仅为传统方法的 1/6，同时得到的整数钟还能直接用于 PPP 模糊度固定。随着多模 GNSS 的不断发展和建设，相关的研究也不断深入。Li 等（2019b）利用相似的非差模糊度固定方法实现了 GPS、Galileo、

BDS 和 GLONASS 四系统的实时整数钟快速估计,使四系统实时 PPP 非差模糊度固定成为可能。

3. 多频多系统 GNSS 非差非组合模型

GNSS 中,GPS 和 GLONASS 建设时期最早,这两个系统所有卫星均能播发双频信号。基于双频信号,精密数据处理中较难建模的电离层误差可以通过双频观测值的线性组合削弱。例如,通过双频无电离层组合(ionospheric-free,IF)模型,无须额外的建模和分析便可以消除电离层误差中的一阶项的影响,将电离层误差的影响削弱至厘米级别以下(Odijk et al.,2003)。除此之外,双频数据处理中,通过 IF 模型,相位观测值中的模糊度参数数量也减少一半,处理过程中的运算量得到显著减少。除 GPS 和 GLONASS 外,后续建设的 BDS 和 Galileo 等系统同样采用单卫星可同时播发两个或两个以上频率信号的设计。

目前,双频 IF 模型被广泛应用于 GNSS 精密数据处理领域,几乎所有的 IGS/MGEX 分析中都采用双频伪距和相位的 IF 组合观测值作为基本观测量(Prange et al.,2017;Guo et al.,2016;Dach et al.,2009)。然而,IF 模型同样存在缺点:首先,IF 模型仅消除了电离层延迟误差的一阶项,随着对 GNSS 精密数据处理精度要求的不断提高,电离层高阶项对精密数据处理的影响同样不可忽视(李航,2018);其次,已有研究表明,电离层约束信息的引入,可以提升 GNSS 精密应用的性能(Xiang et al.,2020),而电离层信息在 IF 模型中没有得到任何利用。随着 GNSS 的不断发展建设,越来越多的卫星可以播放 3 个及 3 个以上频率信号,如 GPS 新卫星新增了 L5 频率信号(Tran,2004),BDS-3 和 Galileo 全部卫星都可以播发 5 个频率的信号(Bury et al.,2020)。在多频多系统 GNSS 数据处理中,IF 模型因其自身的局限性,不易进行多频扩展,因而较难充分利用丰富的 GNSS 多频观测值信号。

随着各大卫星导航系统建设完成,多频多系统 GNSS 精密应用研究也不断深入,非组合(uncombined,UC)模型因其数学表达式简洁统一、无须进行任何线性组合、模型未放大观测值噪声、可重复利用所有频率的观测值和良好的多频扩展能力等优点逐渐成为 GNSS 精密数据处理领域的研究热点(辜声峰,2013)。张小红等(2013b)对 IF 模型和 UC 模型进行了详细的比较,并对 UC 模型中的函数模型、随机模型、待估参数等进行了系统而深入的研究。针对非组合模型中的电离层延迟问题,Zhang 等(2016)提出了不同的建模方法。Guo 等(2016)推导了三频 UC 模型和三频 IF 模型并对两种模型的 PPP 精度进行了详细的评估。对于多频多系统 UC 模型中模糊度固定的问题,也有学者进行了深入的研究(Li et al.,2020a;Guo et al.,2016)。此外,张小红等(2013b)分析了三频观测值对 BDS 模糊度固定的提升效果,Liu 等(2019b)通过多频多系统 UC 模型估计了码偏差产品,Liu 等(2019a)全面评估了多频多系统 UC 模型的模型精度。

在精密定轨领域,同样有部分学者研究多频多系统 UC 模型,包括 LEO 卫星的 UC 模型定轨策略。郭靖等(2014)推导了导航卫星定轨的双频 UC 模型,指出了 UC 模型中电离层参数的引入对定轨过程的影响,并对基于 UC 模型的精密定轨中的钟差基准问题进行了初步讨论。Zeng 等(2019)对 GPS 卫星的双频 UC 模型和双频 IF 模型精密定轨进行了详细的比较,并论述了两种模型定轨精度的等价性。Strasser 等(2019)对 UC 模型中的钟差基准、秩亏问题、电离层延迟、卫星和测站硬件延迟改正等问题进行了系统性的讨论。曾添（2020）讨论了双频和三频 UC 模型对导航卫星精密定轨的影响，给出了双频和三频 UC 模糊度的双差固定策略，并针对 UC 模型中的电离层参数，提出了一种基于站-星-历元的电离层消除方法。

现今，欧洲定轨中心（Center for Orbit Determination in Europe，CODE）、欧洲航天局（European Space Agency，ESA）、德国地学研究中心（German Research Centre for Geosciences，GFZ）和武汉大学（Wuhan University，WHU）等多家 IGS/MGEX（multi-GNSS experiment）分析中心在轨道和钟差产品的计算中仅使用双频 IF 组合观测值，提供的是基于双频 IF 组合钟差基准的轨道和钟差产品。随着 GNSS 的不断发展，GPS 中可播发 L5 频率信号的卫星不断增加，Galileo 和 BDS-3 等新系统的卫星也支持三频及以上频率的信号。如何将多频多系统 GNSS 中越来越丰富的频率信号应用于 GNSS 精密定轨仍有待进一步研究解决。

1.4.2　LEO 卫星精密定轨现状

当前 LEO 卫星精密定轨研究重点集中于动力学模型和几何观测模型的精化。

1. LEO 卫星非保守力建模

LEO 卫星所处的轨道高度存在稀薄大气环境，相比于 MEO 卫星，受到的非保守力随轨道高度变化更加复杂。例如，在轨道高度小于 600 km 的情况下，非保守力中大气阻力的影响大于太阳光压、日月三体引力，而大气密度随轨道高度的增加呈现指数衰减趋势，大气阻力随着轨道高度增加迅速减小，在轨道高度大于 900 km 时，大气阻力可忽略不计。一些研究者将难以建模的摄动力视为一种随机脉冲误差，使用分段经验加速度吸收动力学模型误差和没有被模型化的误差，将经验力模型化繁为简，从而提高 LEO 卫星动力学定轨精度（王跃，2020；Jäggi et al.，2006）。经验加速度模型非常适用于事后高精度轨道重构，但模型的引入在很大程度上影响了太阳光压系数和大气阻力系数的准确求解，制约了 LEO 卫星轨道的预报精度（Montenbruck et al.，2002）。

根据卫星任务对轨道精度和实际计算的需要，传统的建模方法通常将卫星简化为球体，将卫星面质比视为常值，并在定轨中将大气阻力系数和太阳光压系数作为未知量与卫星的运动状态矢量一起估计（谷德峰，2009）。此时，卫星迎风面积和光照面积计算不准确将导致大气阻力和太阳光压摄动计算的模型误差进一步增大。为满足卫星任务对高精度定轨的要求，对非保守力进行精细化建模逐渐成为新的研究热点（Montenbruck，2018b）。Hackel 等（2017）首次对 TerraSAR-X 卫星的星体结构建立了宏观（macro）模型，由于其对卫星构型描述更为精细，定轨结果显示：相比于传统的球模型，宏观模型使 TerraSAR-X 卫星定轨中的经验加速度参数估计显著变小，侧面反映了动力学模型的精细化能够进一步提高卫星的定轨精度。陈润静等（2013）使用宏观模型对 GRACE 卫星的太阳光压和大气阻力摄动进行建模，结果表明，该模型能够提高精密定轨的稳定性。Montenbruck 等（2018a）进一步将宏观模型应用于 Sentinel-3A 卫星精密定轨中，同样提高了卫星定轨精度。对卫星轨道动力学模型的构建、精化和补偿一直是航天领域的热点问题，是进一步提高 LEO 卫星定轨精度的主要手段之一。

2. 星载 GNSS 接收机天线相位中心在轨标定

星载 GNSS 天线相位中心偏差（phase center offset，PCO）及变化是 LEO 卫星高精度定轨过程中不可忽略的误差项。Luthcke 等（2003）利用 5 个月的星载 GPS 观测数据对 JASON-1 和 JASON-2 卫星接收机天线相位中心进行了在轨重标定，实现了 1 cm 的径向定轨精度。Jäggi 等（2009）基于 GRACE 卫星 GPS 数据深入比较分析了残差法和直接估计法对天线相位中心变化（phase center variation，PCV）的估计性能，并评估了其对定轨精度的影响。上述两种方法均能够较好地恢复 LEO 卫星 PCV，但是残差法相比于直接估计法更容易受模糊度参数和钟差参数的影响。改正 PCV 后，GRACE 卫星相对定轨精度由 10 mm 提升至 6 mm。Montenbruck 等（2009）将 TerraSAR-X 和 GRACE 卫星天线相位中心改正和 PCV 地面标定值作为先验信息，利用残差法重新估计了一组 PCV 模型。利用新估计的 PCV 模型，几何法轨道和简化动力学轨道一致性可提升至 3.5 cm，相位观测值残差可降至 4 mm，接近噪声水平。Lu 等（2019）较为系统地分析了不同 BDS 卫星处理策略下的 PCV 模型对 LEO 卫星精密定轨的贡献，论证了 LEO 卫星双系统定轨过程中考虑北斗卫星 PCV 的必要性。结果表明，改正 BDS 的 PCV 后，LEO 卫星 GPS+BDS 双系统定轨重叠弧段 RMS 可以减少 3 mm，BDS 相位观测值验后残差可降低 12%。

3. 星载观测值相位模糊度固定

相位模糊度固定是提高 LEO 卫星定轨精度极为有效的方法，可利用 LEO 卫星星间双差进行模糊度的固定。GRACE、TanDEM-X 和 Swarm 等卫星低轨编队任务的实践结果验证了星间双差模糊度固定技术在 LEO 卫星毫米级精度相对定轨方面的优秀性能（Mao et al.，2019；Allende-Alba et al.，2017；Jäggi et al.，2012）。但是星间双差模糊度固定的成功实施通常需要更为严苛的条件，如编队卫星需要搭载质量相同的大地测量级接收机、编队卫星间需维持较为稳定的中短距离基线。

近年来，受益于 PPP 技术的发展，单接收机模糊度固定技术被成功应用于 LEO 卫星精密定轨，在 LEO 卫星高精度轨道获取方面展现出了巨大的潜力，LEO 卫星单星利用该方法进行模糊度固定需要借助外部偏差产品（如未校验的相位延迟产品），以分离 GNSS 卫星端硬件延迟。众多学者的研究证明了单星模糊度固定对卫星定轨精度提升的贡献。基于 CNES 的宽巷偏差和相应的 GPS 轨道钟差产品，Montenbruck 等（2018a）成功将单星模糊度固定解技术应用于 Sentienl-3A 卫星，使 Sentinel-3A 卫星轨道在 SLR 高质量测站上的检校残差 RMS 降至 5 mm，并同时发现了 Sentinel-3A 卫星接收机相位中心和质心之间的系统性偏差。Li 等（2019a）以 Swarm-A 和 Sentinel-3A 卫星为研究对象，评估了单星模糊度固定对 LEO 卫星实时几何法定轨的贡献，其结果显示在模糊度固定的帮助下，4～5 cm 的实时几何法定轨精度是可以实现的。其他学者的研究也论证了单星模糊度固定技术在 LEO 卫星定轨方面的优势（Zhou et al.，2021；张强，2018；张小红 等，2013a）。

4. 基于多系统观测值的 LEO 卫星定轨

伴随着多系统 GNSS 时代的到来，LEO 卫星星载接收机也由早期的 GPS 单系统向多系统的方向发展，出现了一系列搭载 GPS+BDS（FY-3C 和 FY-3D）、GPS+GLONASS（COSMIC-2）、GPS+Galileo（Sentinel-6A/Jason-CS）双系统接收机的 LEO 卫星。部分学者也开展了基于多系统观测值的 LEO 卫星精密定轨研究。Li 等（2019c）利用风云三号 C 星（FY-3C）2013 年、2015 年和 2017 年各三个月的星载 GPS/BDS 数据，研究了 GPS/BDS 双系统精密定轨，详细评估了 BDS 二代卫星码偏差、不同 BDS 卫星产品及不同系统组合对定轨精度的影响。结果表明，受限于接收机信道数量及 BDS 二代区域系统，FY-3C 卫星 BDS 单系统定轨仅能取得分米级的定轨精度。相比于 GPS 单系统，GPS+BDS 双系统定轨能够取得更高的精度与可靠性。Weiss 等（2019）处理分析了 COSMIC-2 卫星 GPS+GLONASS 双系统数据，并开展了定轨试验。结果显示，GPS+GLONASS 双系统解能够取得和 GPS 单系统解相当的定轨精度。有研究针对 Sentinel-6A 卫星的 GPS+Galileo 数据进行固定解定轨处理，发现 GPS 单系统和 Galileo 单系统固定解轨道均能实现 1 cm 的定轨精度，同时 Galileo 观测值验后残差 RMS 比 GPS 小 30%～50%（Montenbruck et al.，2021）。

总结梳理 LEO 卫星精密定轨的已有研究可以发现，无论是在 GPS 单系统还是多系统条件下，目前以 GNSS 为主要跟踪手段的高精度 LEO 卫星定轨研究有模糊度固定与 PCO/PCV 建模两个重要的关注点。针对星载相位观测值模糊度固定问题，当前研究大多仅针对单一模糊度固定方法进行性能评估，少有研究涉及多种模糊度固定方法的对比分析。不同模糊度固定方法对 LEO 卫星精密定轨及编队卫星相对定轨的贡献仍缺乏系统、全面的总结性评估。针对星载接收机天线 PCV 在轨标定，已有的研究均是基于 LEO 卫星浮点解轨道进行 PCV 建模。在建模过程中浮点相位模糊度会吸收部分 PCV 误差，导致估计得到的 PCV 模型在特定方向上存在一定程度的"变形"。因此，有必要借助模糊度固定技术，将浮点模糊度吸收的部分 PCV 误差分离出来，建立更加完整、准确的 PCV 模型，进一步提升 LEO 卫星定轨精度。

1.4.3　GNSS 与 LEO 联合精密定轨现状

GNSS 与 LEO 联合精密定轨思想的提出、概念的形成以及技术的运用最早出现在 T/P（TOPEX/Poseidon）卫星的精密定轨研究中。为了提高 T/P 卫星的定轨精度，Rim 等（1995）同时联合地面测站和 T/P 卫星数据估计了 GPS 卫星和 T/P 卫星的轨道参数，试验证明了联合定轨能够同时提高 GPS 卫星和 T/P 卫星的定轨精度。Zhu 等（2004）采用实测数据对 LEO 卫星与导航卫星联合精密定轨进行了深入的研究，发现联合解算能够同时提高导航卫星和 LEO 卫星的轨道精度。在此基础上，König 等（2005）采用了更多的 LEO 卫星数据进行联合定轨，同时估计了地心参数，结果表明 LEO 星载数据不仅能提高各卫星定轨精度，还能够显著改善地心坐标精度。Boomkamp 等（2005）则采用了一种新的双差算法，同时处理高频 LEO 卫星星载 GNSS 数据和低频地面观测数据进行联合定轨，也取得了较好的结果。Hugentoble 等（2005）联合处理了 JASON-1 卫星的数据及 120 个地面站的观测数据，发现联合定轨对 LEO 卫星定轨提升效果不显著，但是对 GPS 卫星轨道及地心参数精度有显著改善。Geng 等（2008）研究了多种不同 LEO 卫星数量和不同地面测站数量的组合情况下的定轨效果，发现 3 颗 LEO 卫星加上 21 个全球分布的地面站联合定轨的导航卫星轨道精度要优于 43 个地面站的定轨精度。曾添等（2017）深入研究了星地联合定轨的方法，并详细分析了 LEO 卫星星载数据对 GPS 卫星轨道的增强效果。Huang 等（2020）采用了 7 颗 LEO 卫星进行联合定轨研究，发现 LEO 卫星的数量和轨道几何都会影响最终的定轨精度，并且在全球 26 个测站条件下，加入 3 颗不同轨道面的 LEO 卫星对导航卫星轨道精度的改善效果要优于加入 7 个地面站所带来的精度提升效果。

受限于大部分 LEO 卫星星载接收机只能接收 GPS 卫星信号这一现状，目前围绕联合定轨的研究主要集中于 GPS 卫星。而随着近年来 FY-3C、风云三号 D 星（FY-3D）等携带能同时接收 GPS 和 BDS 信号接收机的卫星发射升空，利用 LEO 星载 BDS 数据进行 BDS+LEO 联合定轨的研究也开始出现。有研究联合处理了 FY-3C 卫星的 BDS 数据和 37 个地面站跟踪数据并同时确定 BDS 卫星和 LEO 卫星的轨道钟差，发现 FY-3C 卫星能够将 BDS GEO 卫星的定轨精度提高 22%，其中对径向上的改善最为显著（熊超 等，2017）。Zhao 等（2017a）固定 FY-3C 卫星轨道对 BDS 卫星轨道进行增强，取得了较好的定轨效果，其中对 GEO 卫星轨道精度的改善尤为显著。Li 等（2020a）联合 FY-3C、FY-3D、GPS 及 BDS 卫星进行定轨研究，发现 LEO 卫星的加入能够同时改善 GPS 和 BDS 卫星的轨道精度。此外，张博（2020）和冯来平（2017）也对 BDS+LEO 联合定轨进行了深入的研究，并取得了较好的定轨效果。

目前可有效利用的 LEO 卫星数量相对较少，因此不少学者采用了仿真的方式对 GNSS+LEO 联合定轨进行了研究。Li 等（2018）仿真了 LEO 星座数据进行 GNSS+LEO 联合定轨与估钟，发现加入 LEO 卫星能够大幅改善导航卫星轨道钟差精度，但是存在效率问题，指出应合理选择 LEO 卫星以达到计算效率与定轨精度之间的平衡。计国锋（2018）研究了 LEO 卫星数量与 BDS 定轨精度之间的关系，指出 10 颗 LEO 卫星可以有效提高定轨精度，但后续加入 LEO 卫星对轨道精度改善得不明显。Li 等（2019c）仿真了大型低轨星座数据进行四系统+LEO 联合精密定轨，验证了低轨星座对 GNSS 卫星轨道增强效果，其中对 BDS GEO 卫星改善尤为显著，可将其定轨精度提升至 1 cm。

整体而言，已有大量学者对 LEO 卫星增强导航卫星精密定轨进行了相关研究，并且获得了较好的增强效果。但目前对于大型低轨星座联合定轨研究均是基于仿真数据，鲜有研究利用大量 LEO 卫星实测 GNSS 数据进行导航卫星轨道增强研究。随着未来大型低轨星座的发射升空，可利用的 LEO 卫星会越来越多，为综合考虑计算负荷及导航卫星轨道增强效果，需要以一定的标准对不同轨道高度、不同轨道类型、不同轨道面组合的 LEO 卫星进行选取，以达到计算效率与定轨精度之间的平衡，而这也是当前研究的热点与难点之一。

参 考 文 献

陈秋丽, 王海红, 陈忠贵, 2013. 基于导航卫星姿态控制规律的光压摄动建模方法// 第四届中国卫星导航学术年会, 武汉.

陈润静, 彭碧波, 高凡, 等, 2013. GRACE 卫星太阳光照与地球反照辐射压力模型的效果分析. 武汉大学学报(信息科学版), 38(2): 124, 127-130, 243.

冯来平, 2017. 低轨卫星与星间链路增强的导航卫星精密定轨研究. 郑州: 中国人民解放军战略支援部队信息工程大学.

辜声峰, 2013. 多频 GNSS 非差非组合精密数据处理理论及其应用. 武汉: 武汉大学.

谷德峰, 2009. 分布式 InSAR 卫星系统空间状态的测量与估计. 长沙: 中国人民解放军国防科技大学.

郭靖, 2014. 姿态、光压和函数模型对导航卫星精密定轨影响的研究. 武汉: 武汉大学.

郭树人, 刘成, 高为广, 等, 2019. 卫星导航增强系统建设与发展. 全球定位系统, 44(2): 1-12.

计国锋, 2018. 北斗导航卫星精密定轨及低轨增强体制研究. 西安: 长安大学.

李航, 2018. 卫星导航定位中电离层高阶项影响研究. 武汉: 武汉大学.

李桢, Ziebart M, Grey S, 等, 2017. 北斗 IGSO 卫星地球反照辐射光压建模//第八届中国卫星导航学术年会, 上海.

刘健, 曹冲, 2020. 全球卫星导航系统发展现状与趋势. 导航定位学报, 8(1): 1-8.

卢鋆, 张弓, 宿晨庚, 2021. 世界卫星导航系统的最新进展和趋势特点分析. 卫星应用(2): 32-40.

潭冰峰, 2016. 北斗/GNSS 联合精密定轨理论及太阳光压模型研究. 北京: 中国科学院大学.

王跃, 张德志, 张帆, 2020. 重力卫星星载 GPS 简化动力学精密定轨. 北京测绘, 34(4): 556-560.

武子谦, 宋淑丽, 周伟莉, 等, 2015. 导航卫星太阳辐射压模型研究进展. 地球科学进展, 30(4): 495-504.

熊超, 卢传芳, 2017. 星载数据增强 BDS 卫星精密定轨. 中国卫星导航学术年会, 上海.

弋耀武, 龚辉, 陈兆源, 2022. 全球卫星导航系统建设发展的启示. 经纬天地(5): 57-59.

张博, 2020. 低轨卫星增强北斗系统定轨理论与应用研究. 郑州: 中国人民解放军战略支援部队信息工程大学.

张强, 2018. 采用 GPS 与北斗的低轨卫星及其编队精密定轨关键技术研究. 武汉: 武汉大学.

张小红, 李盼, 左翔, 2013a. 固定模糊度的精密单点定位几何定轨方法及结果分析. 武汉大学学报(信息科学版), 38(9): 1009-1013.

张小红, 左翔, 李盼, 2013b. 非组合与组合 PPP 模型比较及定位性能分析. 武汉大学学报(信息科学版), 38(5): 561-565.

赵群河, 王小亚, 胡小工, 等, 2018. 北斗卫星地球辐射压摄动建模研究. 天文学进展, 36(1): 68-80.

周锋, 2018. 多系统 GNSS 非差非组合精密单点定位相关理论和方法研究. 上海: 华东师范大学.

曾添, 2017. 低轨卫星增强导航星定轨试验及数据处理方法研究. 郑州: 中国人民解放军战略支援部队信息工程大学.

曾添, 2020. 多频 GNSS 精密定轨及低轨卫星增强研究. 郑州: 中国人民解放军战略支援部队信息工程大学.

Allende-Alba G, Montenbruck O, Jäggi A, et al., 2017. Reduced-dynamic and kinematic baseline determination for the Swarm mission. GPS Solutions, 21(3): 1275-1284.

Arnold D, Meindl M, Beutler G, et al., 2015. CODE's new solar radiation pressure model for GNSS orbit determination. Journal of Geodesy, 89(8): 775-791.

Bar-Sever Y, Kuang D, 2005. New empirically derived solar radiation pressure model for global positioning system satellites during eclipse seasons. IPN Progress Report, 42: 159.

Beutler G, Brockmann E, Gurtner W, et al., 1994. Extended orbit modeling techniques at the CODE processing center of the international GPS service for geodynamics (IGS): Theory and initial results. Manuscr Geod, 19(6): 367-386.

Blewitt G, Bertiger W, Weiss J P, 2010. Ambizap3 and GPS carrier-range: A new data type with IGS applications.

IGS Workshop and Vertical Rates, Newcastle.

Boomkamp H, Dow J, 2005. Use of double difference observations in combined orbit solutions for LEO and GPS satellites. Advances in Space Research, 36(3): 382-391.

Bury G, Sośnica K, Zajdel R, et al., 2020. Toward the 1-cm Galileo orbits: Challenges in modeling of perturbing forces. Journal of Geodesy, 94(2): 16.

Chen H, Jiang W P, Ge M R, et al., 2014. An enhanced strategy for GNSS data processing of massive networks. Journal of Geodesy, 88(9): 857-867.

Dach R, Brockmann E, Schaer S, et al., 2009. GNSS processing at CODE: Status report. Journal of Geodesy, 83(3): 353-365.

Duan B B, Hugentobler U, 2021. Enhanced solar radiation pressure model for GPS satellites considering various physical effects. GPS Solutions, 25(2): 42.

Duan B B, Hugentobler U, Selmke I, 2019. The adjusted optical properties for Galileo/BeiDou-2/QZS-1 satellites and initial results on BeiDou-3e and QZS-2 satellites. Advances in Space Research, 63(5): 1803-1812.

Fliegel H F, Gallini T E, 1996. Solar force modeling of block IIR Global Positioning System satellites. Journal of Spacecraft and Rockets, 33(6): 863-866.

Fliegel H F, Gallini T E, Swift E R, 1992. Global Positioning System Radiation Force Model for geodetic applications. Journal of Geophysical Research: Solid Earth, 97(B1): 559-568.

Geng J, Shi C, Zhao Q, et al., 2008. Integrated Adjustment of LEO and GPS in Precision Orbit Determination. Berlin: Springer.

Guo J, Xu X L, Zhao Q L, et al., 2016. Precise orbit determination for quad-constellation satellites at Wuhan University: Strategy, result validation, and comparison. Journal of Geodesy, 90(2): 143-159.

Hackel S, Montenbruck O, Steigenberger P, et al., 2017. Model improvements and validation of TerraSAR-X precise orbit determination. Journal of Geodesy, 91(5): 547-562.

Huang W, Männel B, Sakic P, et al., 2020. Integrated processing of ground- and space-based GPS observations: Improving GPS satellite orbits observed with sparse ground networks. Journal of Geodesy, 94(10): 96.

Hugentobler U, Jäggi A, Schaer S, et al., 2005. Combined Processing of GPS Data from Ground Station and LEO Receivers in a Global Solution. Berlin: Springer.

Ivan R, 2019. GLONASS and SDCM status and development//The 14th Meeting of the International Committee on GNSS, Bangalore.

Jäggi A, Hugentobler U, Beutler G, 2006. Pseudo-stochastic orbit modeling techniques for low-earth orbiters. Journal of Geodesy, 80(1): 47-60.

Jäggi A, Dach R, Montenbruck O, et al., 2009. Phase center modeling for LEO GPS receiver antennas and its impact on precise orbit determination. Journal of Geodesy, 83(12): 1145-1162.

Jäggi A, Montenbruck O, Moon Y, et al., 2012. Inter-agency comparison of TanDEM-X baseline solutions. Advances in Space Research, 50(2): 260-271.

Katsigianni G, Loyer S, Perosanz F, et al., 2019. Improving Galileo orbit determination using zero-difference ambiguity fixing in a Multi-GNSS processing. Advances in Space Research, 63(9): 2952-2963.

König R, Reigber C, Zhu S Y, 2005. Dynamic model orbits and earth system parameters from combined GPS and LEO data. Advances in Space Research, 36(3): 431-437.

Laurichesse D, 2011. The CNES real-time PPP with undifferenced integer ambiguity resolution demonstrator. ION GNSS: 654-662.

Li B F, Ge H B, Ge M R, et al., 2019a. LEO enhanced Global Navigation Satellite System (LeGNSS) for real-time precise positioning services. Advances in Space Research, 63(1): 73-93.

Li X X, Wu J Q, Zhang K K, et al., 2019b. Real-time kinematic precise orbit determination for LEO satellites using zero-differenced ambiguity resolution. Remote Sensing, 11(23): 2815.

Li X X, Yuan Y Q, Huang J D, et al., 2019c. Galileo and QZSS precise orbit and clock determination using new satellite metadata. Journal of Geodesy, 93(8): 1123-1136.

Li X X, Yuan Y Q, Zhu Y T, et al., 2019d. Precise orbit determination for BDS3 experimental satellites using iGMAS and MGEX tracking networks. Journal of Geodesy, 93(1): 103-117.

Li X X, Zhang K K, Ma F J, et al., 2019e. Integrated precise orbit determination of multi-GNSS and large LEO constellations. Remote Sensing, 11(21): 2514.

Li X X, Zhang K K, Meng X G, et al., 2020a. LEO-BDS-GPS integrated precise orbit modeling using FengYun-3D, FengYun-3C onboard and ground observations. GPS Solutions, 24(2): 48.

Li X X, Zhu Y T, Zheng K, et al., 2020b. Precise orbit and clock products of Galileo, BDS and QZSS from MGEX since 2018: Comparison and PPP validation. Remote Sensing, 12(9): 1415.

Liu G, Zhang X H, Li P, 2019a. Improving the performance of Galileo uncombined precise point positioning ambiguity resolution using triple-frequency observations. Remote Sensing, 11(3): 341.

Liu T, Zhang B C, Yuan Y B, et al., 2019b. Multi-GNSS triple-frequency differential code bias (DCB) determination with precise point positioning (PPP). Journal of Geodesy, 93(5): 765-784.

Loyer S, Perosanz F, Mercier F, et al., 2012. Zero-difference GPS ambiguity resolution at CNES-CLS IGS Analysis Center. Journal of Geodesy, 86(11): 991-1003.

Lu C X, Zhang Q, Zhang K K, et al., 2019. Improving LEO precise orbit determination with BDS PCV calibration. GPS Solutions, 23(4): 109.

Luthcke S B, Zelensky N P, Rowlands D D, et al., 2003. The 1-centimeter orbit: Jason-1 precision orbit determination using GPS, SLR, DORIS, and altimeter data special issue: Jason-1 calibration/validation. Marine Geodesy, 26(3/4): 399-421.

Mao X, Visser P N A M, van den Ijssel J, 2019. High-dynamic baseline determination for the Swarm constellation. Aerospace Science and Technology, 88: 329-339.

Montenbruck O, Gill E, Lutze F H, 2002. Satellite orbits: Models, methods, and applications. Applied Mechanics Reviews, 55(2): B27-B28.

Montenbruck O, Garcia-Fernandez M, Yoon Y, et al., 2009. Antenna phase center calibration for precise positioning of LEO satellites. GPS Solutions, 13(1): 23-34.

Montenbruck O, Steigenberger P, Hugentobler U, 2015. Enhanced solar radiation pressure modeling for Galileo satellites. Journal of Geodesy, 89(3): 283-297.

Montenbruck O, Steigenberger P, Darugna F, 2017. Semi-analytical solar radiation pressure modeling for QZS-1 orbit-normal and yaw-steering attitude. Advances in Space Research, 59(8): 2088-2100.

Montenbruck O, Hackel S, Jäggi A, 2018a. Precise orbit determination of the Sentinel-3A altimetry satellite using ambiguity-fixed GPS carrier phase observations. Journal of Geodesy, 92(7): 711-726.

Montenbruck O, Hackel S, van den Ijssel J, et al., 2018b. Reduced dynamic and kinematic precise orbit determination for the Swarm mission from 4years of GPS tracking. GPS Solutions, 22(3): 79.

Montenbruck O, Hackel S, Wermuth M, et al., 2021. Sentinel-6A precise orbit determination using a combined GPS/Galileo receiver. Journal of Geodesy, 95(9): 109.

Odijk D, 2003. Ionosphere-free phase combinations for modernized GPS. Journal of Surveying Engineering, 129(4): 165-173.

Pearlman M R, Noll C E, Pavlis E C, et al., 2019. The ILRS: Approaching 20years and planning for the future. Journal of Geodesy, 93(11): 2161-2180.

Prange L, Orliac E, Dach R, et al., 2017. CODE's five-system orbit and clock solution: The challenges of multi-GNSS data analysis. Journal of Geodesy, 91(4): 345-360.

Rim H J, Schutz B E, Abusali P A M, et al.,1995. Effect of GPS orbit accuracy on GPS-determined TOPEX/Poseidon Orbit. Proceeding of ION GPS-95, Palm Springs.

Sidorov D, Dach R, Polle B, et al., 2020. Adopting the empirical CODE orbit model to Galileo satellites. Advances in Space Research, 66(12): 2799-2811.

Solano R, Javier C, 2009. Impact of Albedo modelling in GPS orbits. München: Technische Universität München.

Springer T A, Beutler G, Rothacher M, 1999. A new solar radiation pressure model for GPS satellites. GPS Solutions, 2(3): 50-62.

Steigenberger P, Montenbruck O, 2017. Galileo status: Orbits, clocks, and positioning. GPS Solutions, 21(2): 319-331.

Steigenberger P, Hugentobler U, Hauschild A, et al., 2013. Orbit and clock analysis of Compass GEO and IGSO satellites. Journal of Geodesy, 87(6): 515-525.

Steigenberger P, Thoelert S, Montenbruck O, 2018. GNSS satellite transmit power and its impact on orbit determination. Journal of Geodesy, 92(6): 609-624.

Strasser S, Mayer-Gürr T, Zehentner N, 2019. Processing of GNSS constellations and ground station networks using the raw observation approach. Journal of Geodesy, 93(7): 1045-1057.

Tran M, 2004. Performance evaluations of the new GPS L5 and L2 civil (L2C) signals. Navigation, 51(3): 199-212.

Wang C, Guo J, Zhao Q L, et al., 2018. Solar radiation pressure models for BeiDou-3 I2-S satellite: Comparison and augmentation. Remote Sensing, 10(1): 118.

Wang C, Guo J, Zhao Q L, et al., 2019. Empirically derived model of solar radiation pressure for BeiDou GEO satellites. Journal of Geodesy, 93(6): 791-807.

Weiss J, Hunt D, Schreiner W S, et al., 2019. COSMIC-2 precise orbit determination. American Geophysical Union, Fall Meeting, San Francisco.

Xia L, Lin B, Liu Y, et al., 2018. Satellite geometry and attitude mode of MEO satellites of BDS-3 developed by SECM. The 31st International Technical Meeting of The Satellite Division of the Institute of Navigation (ION GNSS+ 2018), Miami.

Xiang Y, Gao Y, Li Y H, 2020. Reducing convergence time of precise point positioning with ionospheric constraints and receiver differential code bias modeling. Journal of Geodesy, 94(1): 8.

Yan X Y, Huang G W, Zhang Q, et al., 2019. Estimation of the antenna phase center correction model for the BeiDou-3 MEO satellites. Remote Sensing, 11(23): 2850.

Yang Y X, Tang J, Montenbruck O, 2017. Chinese Navigation Satellite Systems. Cham: Springer.

Zehentner N, Mayer-Gürr T, 2014. New Approach to Estimate Time Variable Gravity Fields from High-Low Satellite Tracking Data. Cham: Springer.

Zeng T, Sui L F, Xiao G R, et al., 2019. Computationally efficient dual-frequency uncombined precise orbit determination based on IGS clock datum. GPS Solutions, 23(4): 105.

Zhang B C, 2016. Three methods to retrieve slant total electron content measurements from ground-based GPS receivers and performance assessment. Radio Science, 51(7): 972-988.

Zhao Q L, Wang C, Guo J, et al., 2017a. Enhanced orbit determination for BeiDou satellites with FengYun-3C onboard GNSS data. GPS Solutions, 21(3): 1179-1190.

Zhao Q L, Wang C, Guo J, et al., 2017b. Precise orbit and clock determination for BeiDou-3 experimental satellites with yaw attitude analysis. GPS Solutions, 22(1): 4.

Zhou X Y, Chen H, Fan W L, et al., 2021. Assessment of single-difference and track-to-track ambiguity resolution in LEO precise orbit determination. GPS Solutions, 25(2): 62.

Zhu S, Reigber C, König R, 2004. Integrated adjustment of CHAMP, GRACE, and GPS data. Journal of Geodesy, 78(1): 103-108.

Ziebart M, 2004. Generalized analytical solar radiation pressure modeling algorithm for spacecraft of complex shape. Journal of Spacecraft and Rockets, 41(5): 840-848.

卫星精密定轨理论与方法

2.1 概　　述

人造地球卫星精密定轨（precise orbit determination，POD）理论的研究开始于 20 世纪 50 年代末，历经半个多世纪的探索，目前已经形成一套完整的理论体系。

卫星精密定轨涉及多种时间系统和坐标系统。由于观测资料可能来源于不同机构或仪器设备，程序内部不同环节的处理与结果输出对应的时间与坐标基准也不同。因此，本章首先梳理卫星精密定轨中常用的时间系统与坐标系统，并给出不同系统之间的相互转换方法。

卫星精密定轨方法主要有动力学法（dynamic）定轨、运动学法（kinematic）定轨和简化动力学法（reduced-dynamic）定轨。动力学法定轨通过状态转移矩阵将不同观测值对应时刻的卫星状态归算到初始时刻，再通过参数估计的方法计算出更准确的参考历元卫星状态，然后通过轨道积分就能得到连续的轨道信息（刘林，1992）。运动学法定轨，也称为几何法定轨，是指完全依靠星载 GNSS 观测值或者地面观测值，通过动态定位的方式解算每个时刻的卫星位置（韩保民，2003）。该方法模型简单，且不受卫星动力学模型误差的影响，在重力场反演中被广泛应用（Bezděk et al.，2014）。但这种方法得到的是一组离散的点，无法进行轨道外推，且受观测值误差的影响较大。当观测值数量较少或者几何图形较差时，定轨结果往往较差。简化动力学法定轨则综合考虑了卫星动力学信息和几何观测信息，通过调整动力学模型的过程噪声来改变动力学信息相对几何信息的权比，并利用过程参数吸收卫星动力学模型误差。在实际情况中，卫星的受摄运动十分复杂，制约了卫星动力学模型的精度，还需要利用大量全球观测站的卫星观测数据对卫星的初始状态及部分非保守力模型的经验参数进行修正。可以看到，卫星精密定轨主要依赖两类数学模型，即卫星动力学模型和卫星观测模型。因此，本章还将对卫星基本运动规律、轨道积分方法，以及卫星精密定轨观测模型进行梳理。

2.2　时　间　系　统

2.1.1　时间系统的定义

任何参考系都需要建立自己统一的时间标准，即时间系统，以提供共同的时间参考。时间系统的建立需要明确时间基准的起点与时间尺度（即单位时间长度）。时间起点通常人为定义，而时间尺度的确定则依赖于外部物质变化。一个精确稳定的时间系统通常采用某一个可观测到的，足够稳定、连续且具有周期变化特性的物质变化现象作为时间尺度。

2.2.2　常用的时间系统

常用的时间系统有动力学时、原子时、GNSS 时、世界时和协调世界时等。

1. 动力学时

动力学时以太阳系天体运动方程中的时间变量作为时间尺度。在广义相对论框架中，时间取决于位置和时钟的运动状态。动力学时通常也称为固有时，其描述了观测点所在框架的时间系统，其时间尺度是严格均匀的。根据观测点框架的不同，动力学时可分为地球动力学时（terrestrial dynamic time，TDT）和质心动力学时（barycentric dynamic time，TDB）。1991 年国际天文联合会将 TDT 简化为地球时（terrestrial time，TT），定义为大地水准面上的固有时。TT 秒长采用国际单位制秒长（即原子时秒长），其时间原点为 1977 年 1 月 1 日 0 h 0 min 32.184 s，即其在起始时刻与国际原子时存在 32.184 s 的差异。TDB 描述了天体相对太阳系质心运动的时间变量，通常用于编制太阳系行星星历。由于相对论效应，地球时与质心动力学时之间存在微小差异，但是这一差异在计算地球定向参数时，通常可以忽略（Jekeli and Montenbruck，2017）。

2. 原子时与 GNSS 时

原子时以铯-133 原子能量跃迁中的周期性振荡作为时间尺度。1972 年 1 月国际时间局（Bureau International del'Heure，BIH）正式推出了国际原子时（international atomic time，TAI），其时间起点为 1958 年 1 月 1 日 00:00:00，单位秒长定义为铯-133 原子基态的两个超精细能级之间能量跃迁辐射振荡 9 192 631 770 周所持续的时间，这也是目前国际单位制中秒长的定义。TAI 是一种均匀的时间系统，目前由国际计量局（Bureau International des Poids et Mesures，BIPM）维护，其结合了来自世界各地 400 多个高精度原子钟数据，以保证尽可能精确地维持国际单位制秒长。

GNSS 时是 GNSS 系统专用的时间系统。GNSS 系统的时间基准是基于星载和地面原子时钟组合建立的。GNSS 时均采用国际单位制秒长，时间连续累计不进行闰秒（leap second，LS）操作，并采用自时间起点的周和周内秒计数。各 GNSS 时间系统主要差别在于时间起点不同。GPS 时（GPS time，GPST）起点为协调世界时的 1980 年 1 月 6 日 0 时，而我国 BDS 所采用的北斗时（Beidou time，BDT）的起始历元为 2006 年 1 月 1 日协调世界时 0 时。

3. 世界时与协调世界时

世界时（universal time，UT）是基于地球自转建立的时间系统，具体定义时采用太阳周日运动作为时间尺度基准。然而，当从地面观测太阳时，太阳并不是在天球上匀速运动，这导致由太阳运动确定的时间系统不是均匀的。为了建立统一均匀的时间尺度，需要引入一个虚构的平太阳概念。平太阳周年视运动轨迹位于赤道平面，其角速度恒等于真太阳的平均角速度。UT 定义为平太阳相对于格林尼治子午线时角加上 12 h，其基本时间单位为平太阳日，即平太阳两次经过格林尼治子午线的时间间隔。一个平太阳日由 86 400 s 组成。根据包含信息的不同，UT 可分为 UT0、UT1 及 UT2。UT0 为固定子午线下观测得到的世界时，UT1 在 UT0 的基础上考虑极移变化，仍受到地球自转速率中季节性变化的影响，UT2 在 UT1 基础上对季节性变化进行了修正。尽管 UT2 是 UT 对统一时间基准的最优近似，但是实际上 UT1 应用得更为广泛，因为其能够提供地球自转信息，可以用来定义格林尼治平均子午线的方向。

世界时虽然能够反映地球的自转运动，但是受到地球自转长期变慢趋势的影响，其无法提供均匀的时间尺度。而原子时虽时间尺度均匀，但是不具备实际含义，无法体现地球自转信息。为此国际时间局在 1961 年建立了协调世界时（coordinated universal time，UTC）。UTC 秒长采用国际单位制秒，为保持 UTC 与世界时的一致性，UTC 需要满足与世界时相差不超过 0.9 s。当超出这一范围时，需要进行闰秒操作，通常在每年的 1 月 1 日或者 7 月 1 日进行。因此，UTC 实质上为不连续的原子时系统。

2.2.3 不同时间系统之间的相互转换

在空间大地测量数据处理过程中，经常会进行时间系统的转换。图 2.1 给出了各种时间系统之间的转换关系。

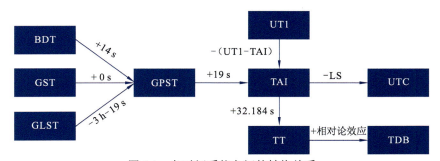

图 2.1 各时间系统之间的转换关系

具体可以由以下公式表达：

$$\mathrm{GPST} = \mathrm{GST} = \mathrm{BDT} + 14\,\mathrm{s} = \mathrm{GLST} - 3\,\mathrm{h} - 19\,\mathrm{s} \tag{2.1}$$

$$\mathrm{TAI} = \mathrm{GPST} + 19\,\mathrm{s} \tag{2.2}$$

$$\mathrm{UT1} = \mathrm{TAI} + (\mathrm{UT1} - \mathrm{TAI}) \tag{2.3}$$

$$TT = TAI + 32.184\,s \qquad\qquad (2.4)$$
$$UTC = TAI - LS \qquad\qquad (2.5)$$

式中：GPST 为 GPS 时；GST 为格林尼治恒星时（Greenwich sidereal time）；BDT 为北斗时；GLST 为 GLONASS 时；TAI 为国际原子时；UT1 为考虑极移变化的世界时；TT 为地球时；UTC 为协调世界时；s 为国际单位制秒；h 为小时。上述公式间相互组合，即可得到任意两种时间系统间的转换关系。

2.3 坐 标 系 统

2.3.1 坐标系的定义

坐标系统提供了空间点的三维位置信息。坐标系统的建立需要同时明确坐标原点、坐标轴指向及单位长度。一个科学、合理的坐标系能够起到帮助简化问题的作用。空间大地测量观测技术数学模型的建立通常涉及多种坐标系统，其中最为重要的为地心惯性坐标系和地心地固坐标系。

2.3.2 常用坐标系

卫星定轨过程中主要涉及的坐标系包括惯性坐标系、地固坐标系、站心地平坐标系、星固坐标系及轨道平面坐标系。

1. 惯性坐标系

惯性坐标系是一种理想的坐标系，它在空间中保持静止或匀速直线运动。惯性坐标系包括太阳系质心天球参考坐标系（barycentric celestial reference system，BCRS）与地心天球参考坐标系（geocentric celestial reference system，GCRS），空间大地测量数据处理中常用的 J2000 惯性坐标系就属于地心天球参考坐标系。J2000 惯性坐标系的原点定义为地球质心，正 X 轴和正 Z 轴分别指向 J2000.0 平春分点和 J2000.0 平天极，Y 轴与 X 轴、Z 轴垂直并构成右手系。

2. 地固坐标系

地固坐标系与地球固连，其原点通常定义为地球质心，X 轴正向和 Z 轴正向通常分别指向格林尼治子午线与赤道的交点和协议地极，Y 轴与 X 轴、Z 轴垂直并构成右手系。GNSS 数据处理中常用的 WGS84 坐标系和 IGS14 坐标系、SLR 数据处理中常用的 SLRF2014 坐标系及国际地球自转和参考系统服务（International Earth Rotation Service，IERS）发布的国际地球参考框架 ITRF 均为地固坐标系。

3. 站心地平坐标系

站心地平坐标系的原点定义在测站上，以测站上的法线（或垂线）为 Z 轴方向，以外为正；以过测站的子午线为 X 轴，以北为正；Y 轴与 X 轴、Z 轴构成左手系，以东为正。在空间大地测量数据处理中，GNSS 信号的接收天线相位中心偏差就表达在站心地平坐标系中。此外，测站坐标的解算结果也常在站心地平坐标系中评估。

4. 星固坐标系

不同卫星的星固坐标系定义并不一致，这里以 GNSS 卫星为例加以说明。根据 IGS 约定，GNSS 卫星的协议星固坐标系的原点定义在卫星质心，Z 轴正向指向地心；Y 轴沿着卫星太阳帆板旋转轴，Y 轴与 Z 轴、X 轴构成右手系；X 轴正向指向含太阳的半球。在空间大地测量数据处理中，GNSS 卫星端的天线相位中心偏差及 SLR 的激光反射棱镜偏心均表达在星固坐标系下。

5. 轨道平面坐标系

为了描述卫星在轨道平面内的运动情况，通常采用卫星轨道平面坐标系。当太阳、地球位置已知时，仅用一个角度量即可表达卫星在轨道面内的位置。如图 2.2 所示，该坐标系以地球质心为原点，在轨道平面内建立极坐标，以轨道午夜点为角度起算点。卫星与轨道午夜点之间的角距称为轨道角，通常记为 μ。

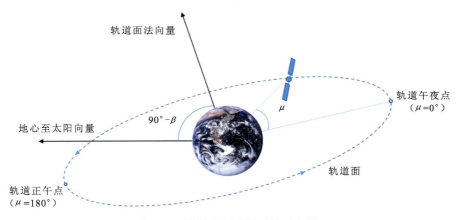

图 2.2　轨道平面坐标系的示意图

2.3.3　不同坐标系之间的相互转换

在空间大地测量数据处理中，各种坐标系统之间要进行相互转换。其中，地固坐标系与站心地平坐标系、惯性坐标系与星固坐标系、惯性坐标系与轨道平面坐标系之间的相互转换比较简单，可参见相关文献（孔祥元 等，2010）。而惯性坐标系与地固坐标系之间的转换过程较为复杂，下面对其进行详细介绍。

记[GCRS]和[ITRS]分别为地心天球参考坐标系和地固坐标系下的坐标，其中国际地球参考系统（international terrestrial reference system，ITRS）是最为常用的地球参考系统，则两者之间的转换关系可以表达为

$$[\text{GCRS}] = \boldsymbol{R}[\text{ITRS}] \tag{2.6}$$

式中：GCRS 代表地心天球参考坐标系；$\boldsymbol{R}$ 为两者之间的转换矩阵，可以进一步表达为

$$\boldsymbol{R} = \boldsymbol{B}\boldsymbol{P}\boldsymbol{N}\boldsymbol{R}_3(-\mathrm{GAST})\boldsymbol{R}_3(-\mathrm{sp})\boldsymbol{R}_2(x_p)\boldsymbol{R}_1(y_p) \tag{2.7}$$

式中：$\boldsymbol{B}$、$\boldsymbol{P}$、$\boldsymbol{N}$ 分别为框架偏差矩阵、岁差矩阵和章动矩阵；GAST 为格林尼治恒星时（Greenwich apparent sidereal time）；sp 为地球中介原点（terrestrial intermediate origin，TIO）；x_p、y_p 分别为两个极移量；$\boldsymbol{R}_1(\cdot)$、$\boldsymbol{R}_2(\cdot)$、$\boldsymbol{R}_3(\cdot)$ 表示分别围绕 X、Y、Z 轴旋转相应欧拉角而得到的旋转矩阵。下面逐一对这些变量进行介绍。

岁差矩阵可以表达为

$$\boldsymbol{P} = \boldsymbol{R}_1(-\epsilon_0)\boldsymbol{R}_3(\psi_A)\boldsymbol{R}_1(\omega_A)\boldsymbol{R}_3(-\chi_A) \tag{2.8}$$

式中：ϵ_0、ψ_A、ω_A、χ_A 分别为四个岁差变量，国际天文学联合会（International Astronomical Union，IAU）给出的 IAU2000A 岁差模型中表达为

$$\begin{aligned}
\psi_A &= 5038.478\,75''t - 1.072\,59''t^2 - 0.001\,147''t^3 \\
\omega_A &= \epsilon_0 - 0.025\,24''t + 0.051\,27''t^2 - 0.007\,726''t^3 \\
\epsilon_A &= \epsilon_0 - 46.840\,24''t - 0.000\,59''t^2 + 0.001\,813''t^3 \\
\chi_A &= 10.5526''t - 2.380\,604''t^2 - 0.001\,125''t^3 \\
\epsilon_0 &= 84\,381.448''
\end{aligned} \tag{2.9}$$

在 IAU2006 岁差模型中则为

$$\begin{aligned}
\psi_A &= 5038.481\,507''t - 1.079\,006\,9''t^2 - 0.001\,140\,45''t^3 \\
&\quad + 0.000\,132\,851''t^4 - 0.000\,000\,095\,1''t^5 \\
\omega_A &= \epsilon_0 - 0.025\,754''t + 0.051\,262\,3''t^2 - 0.007\,725\,03''t^3 \\
&\quad - 0.000\,000\,467''t^4 + 0.000\,000\,333\,7''t^5 \\
\epsilon_A &= \epsilon_0 - 46.836\,769''t - 0.000\,183\,1''t^2 + 0.002\,003\,40''t^3 \\
&\quad - 0.000\,000\,576''t^4 - 0.000\,000\,043\,4''t^5 \\
\chi_A &= 10.556\,403''t - 2.381\,429\,2''t^2 - 0.001\,211\,97''t^3 \\
&\quad + 0.000\,170\,663''t^4 - 0.000\,000\,056\,0''t^5 \\
\epsilon_0 &= 84\,381.406''
\end{aligned} \tag{2.10}$$

式中：t 为距 J2000.0 历元的世纪数（时间系统采用 TT）；ϵ_0 为 J2000.0 历元的黄赤交角；ψ_A 和 ω_A 分别为当前历元黄道经度和黄赤交角的进动量；ϵ_A 为平均黄赤交角；χ_A 为黄道在当前历元沿着赤道的进动量。注意到相比于 IAU2000A 岁差模型，IAU2006 岁差模型的变量表达均由三阶多项式扩展为五阶，同时常量 ϵ_0 的具体数值也有所不同。

目前 IERS 推荐的章动模型为 IAU2000 章动模型，黄经章动 $\Delta\psi$ 和交角章动 $\Delta\epsilon$ 均可表示为 678 个日月章动项和 687 个行星章动项的综合影响，其具体公式可见 IERS 2010 协议（Petit and Luzum，2010）。IAU2000 模型中大多数章动项的精度可达 10 μas。

需要指出的是，当使用 IAU2006 岁差模型时，章动模型也需要做相应修改。若记 IAU2000 模型章动值为 $\Delta\psi_{2000}$ 和 $\Delta\epsilon_{2000}$，与 IAU2006 岁差模型配套的章动值为 $\Delta\psi_{2006}$ 和 $\Delta\epsilon_{2006}$，则有

$$\Delta\psi_{2006} = \Delta\psi_{2000}(1 + f_{J2} + f_{\epsilon0}) \tag{2.11}$$
$$\Delta\epsilon_{2006} = \Delta\epsilon_{2000}(1 + f_{J2})$$

式中

$$f_{J2} = -0.000\,002\,777\,4t \tag{2.12}$$
$$f_{\epsilon0} = 0.000\,000\,469\,7$$

章动矩阵 N 可以表达为

$$N = R_1(-\epsilon_A)R_3(\Delta\psi)R_1(\Delta\epsilon)R_1(\epsilon_A) \tag{2.13}$$

框架偏差矩阵 B 可以表达为

$$B = R_3(-\mathrm{d}\alpha_0)R_2(-\xi_0)R_1(\eta_0) \tag{2.14}$$

式中

$$\mathrm{d}\alpha_0 = -0.014\,60'' \tag{2.15}$$
$$\eta_0 = -0.006\,819\,2''$$
$$\xi_0 = -0.016\,617\,0''$$

格林尼治恒星时（GAST）可以表达为格林尼治平恒星时（Greenwich mean sidereal time，GMST）与章动改正和春分点改正项（the equation of the equinoxes complementary terms，EECT）之和：

$$\mathrm{GAST}_{2000} = \mathrm{GMST}_{2000} + \Delta\psi\cos(\epsilon_A) + \mathrm{EECT}_{2000} \tag{2.16}$$

或

$$\mathrm{GAST}_{2006} = \mathrm{GMST}_{2006} + \Delta\psi\cos(\epsilon_A) + \mathrm{EECT}_{2000} \tag{2.17}$$

式中：GAST_{2000} 和 GAST_{2006} 分别为匹配 IAU2000A 岁差章动模型和 IAU2006/2000A 岁差章动模型的格林尼治恒星时；$\Delta\psi\cos(\epsilon_A)$ 为章动改正项；EECT_{2000} 为春分点改正项，其计算过程可参考 SOFA 函数；而 GAST_{2000} 和 GAST_{2006} 分别为 IAU2000A 和 IAU2006/2000A 岁差章动模型下的格林尼治平恒星时：

$$\begin{aligned}\mathrm{GMST}_{2000} = {}& \mathrm{ERA}_{2000} + 0.014\,506'' + 4612.157\,399\,66''t + 1.396\,677\,21''t^2 \\ & - 0.000\,093\,44''t^3 + 0.000\,018\,82''t^4 \end{aligned} \tag{2.18}$$
$$\begin{aligned}\mathrm{GMST}_{2006} = {}& \mathrm{ERA}_{2000} + 0.014\,506'' + 4612.157\,534''t + 1.391\,581\,7''t^2 \\ & - 0.000\,000\,44''t^3 - 0.000\,029\,956''t^4 - 0.000\,000\,036\,8''t^5 \end{aligned}$$

式中：ERA_{2000} 为地球旋转角，由 UT1 计算得到：

$$\mathrm{ERA}_{2000} = 2\pi(\text{UT1 Julian day frac.} + 0.779\,057\,273\,264\,0 + 0.002\,737\,811\,911\,354\,48T_u) \tag{2.19}$$
$$T_u = (\text{UT1 Julian date} - 2\,451\,545.0) \text{ 或 } T_u = (\text{UT1 MJD} - 51\,544.5)$$

地球中介原点 sp 的计算公式为

$$\mathrm{sp} = -0.000\,047''t \tag{2.20}$$

地球自转轴相对于地球自身内部结构存在相对位置变化，从而导致极点在地球表面的位置随时间而变化，这种现象称为极移。极移两个分量 x_p、y_p 的数值可通过 IERS 获得，也可以从 IGS 等大地测量技术中心的解算结果中获得。

各机构提供的极移产品均为离散值，如 IERS 提供的 C04 产品参考时刻为 UTC 时间的每天零点，IGS 提供的极移参考时刻则为每天 12:00。为了获得任意时刻的极移值，需要进行内插操作。需要指出的是，各机构发布的极移序列中已经移除了由海潮和高频章动所引起的高频极移变化，因此可以直接用于插值；得到极移内插值后，用户还需要进一步将上述高频项加回，以恢复所需时刻的"真实"极移值。海潮和章动引起的高频极移改正的具体公式可参考 IERS 2010 协议。

得到上述各变量后，即可计算惯性坐标系与地固坐标系之间的转换矩阵。

以上方法为基于春分点的转换方法。除该方法外，IERS 还推荐了基于天球中介原点（celestial intermediate origin，CIO）的转换方法：

$$R = R_3(-E)R_2(-d)R_3(E)R_3(s)R_3(-\text{ERA}_{2000})R_3(-\text{sp})R_2(x_p)R_1(y_p) \quad (2.21)$$

式中：等号右边三项与基于春分点的方法相同；格林尼治恒星时旋转矩阵被替换为地球自转角旋转矩阵；而 $R_3(-E)R_2(-d)R_3(E)R_3(s)$ 中的 E、d 可以表达为

$$E = \arctan(Y/X)$$
$$d = \arctan([(X^2+Y^2)/(1-X^2-Y^2)]^{1/2}) \quad (2.22)$$

式中：X、Y 分别为天极坐标，在 IAU2000A 或 IAU2006/2000A 岁差章动模型下的表达式可分别参考 IERS 2003 和 IERS 2010 协议（Petit and Luzum，2010；Mccarthy and Petit，2003）；s 可表示为

$$s = (s+XY/2) - XY/2 \quad (2.23)$$

式中：$s+XY/2$ 在 IAU2000A 或 IAU2006/2000A 岁差章动模型下的表达式也可参考 IERS 2003 和 IERS 2010 协议。基于春分点和基于天球中介原点这两种转换方法的精度相同。

2.4　卫星精密定轨基本问题

2.4.1　卫星基本运动规律

人造地球卫星飞行过程中会受到以地球引力为主的各种天体引力及各种摄动力，根据其受力情况可以得到卫星运动方程：

$$\ddot{r}(t) = -\frac{GM_E}{r^3}r + f_1(r,\dot{r},p,t) = f_0(r,t) + f_1(r,\dot{r},p,t) \quad (2.24)$$

式中：G 为万有引力常量；M_E 为地球质量；r、$\dot{r}$、$\ddot{r}$ 分别为卫星的位置矢量、速度矢量、加速度矢量；p 为动力学参数；f_0 为二体运动加速度；f_1 为作用在卫星上的其他各种摄动加速度总和。

为线性化求解卫星运动方程，可将式（2.24）转化为微分方程形式：

$$\begin{cases} \ddot{r} = \dot{v} \\ v = \dot{r} \\ \dot{p} = 0 \end{cases} \quad (2.25)$$

对应的卫星轨道初始状态为

$$\begin{cases} r(t_0) = r_0 \\ v(t_0) = \dot{r}_0 \\ p(t_0) = p_0 \end{cases} \quad (2.26)$$

因此，对卫星运动方程的求解便转化为以下微分方程的求解：

$$\dot{X}_t = F(X,t), \quad X(t_0) = X_0 \tag{2.27}$$

式中：$X = (r, \dot{r}, p)$ 为卫星轨道状态参数；$X_0 = (r_0, \dot{r}_0, p_0)$ 为参考历元的卫星轨道状态参数。令 $x(t) = X(t) - X^0(t)$，其中 $X^0(t)$ 表示卫星在 t 时刻的近似轨道参数，对式（2.27）进行线性化并在 t 时刻展开为一阶泰勒级数可得

$$\dot{x}(t) = \left[\frac{\partial F}{\partial X}\right]^0 x(t) \tag{2.28}$$

结合卫星初始轨道参数求解可得

$$x(t) = \Phi(t, t_0) x_0 \tag{2.29}$$

式中：$\Phi(t, t_0)$ 为卫星从 t_0 时刻到 t 时刻的状态转移矩阵，具体表示为

$$\Phi(t, t_0) = \begin{pmatrix} \dfrac{\partial r}{\partial r_0} & \dfrac{\partial r}{\partial \dot{r}_0} & \dfrac{\partial r}{\partial p} \\[2mm] \dfrac{\partial \dot{r}}{\partial r_0} & \dfrac{\partial \dot{r}}{\partial \dot{r}_0} & \dfrac{\partial \dot{r}}{\partial p} \\[2mm] 0 & 0 & I \end{pmatrix} \tag{2.30}$$

由于卫星所受摄动力较为复杂，无法通过解析方法直接求得状态转移矩阵，一般通过数值积分的方法进行求解，常用的方法有龙格-库塔法（单步法）和亚当姆斯-考威尔法（多步法）。已知卫星初始轨道参数及状态转移矩阵，便可积分求得后续任意时刻卫星的轨道参数。

2.4.2　轨道积分方法

通过数值积分的方法可以对形式与初值已知的复杂微分方程进行求解，可对运动方程积分获得状态转移矩阵。数值积分的方法有单步法与多步法。单步法通过前一个步点的值进行后一个步点值的求解，多步法通过前面多个步点的值进行后一个步点值的求解。

1.　单步法数值积分

龙格-库塔法是一种常用的单步积分法。具有七阶精度的 RK7 积分公式如下：

$$\begin{cases} x_{n+1} = x_n + h\sum_{i=0}^{9} c_i f_i + O(h^8) \\ f_0 = f(t_n, x_n) \\ f_i = f\left(t_n + \alpha_i h, x_n + h\sum_{j=0}^{i-1} \beta_{ij} f_i\right), \quad i = 1, 2, \cdots, 9 \end{cases} \tag{2.31}$$

式中：x_{n+1}、x_n 为前后两个步点的函数值；h 为数值积分步长；f 为数值积分的右函数；α_i、β_{ij} 为龙格-库塔法中用到的系数，它们具有如下关系式：

$$\begin{cases} 0 \leqslant \alpha_i \leqslant 1 \\ \sum c_i = 1 \\ \sum_{j=0}^{i-1} \beta_{ij} = \alpha_i \end{cases} \tag{2.32}$$

2. 多步法数值积分

不同于单步法积分只需要前一个步点的值，多步法积分需要当前步点之前多个步点的值。Adams 积分法为常用的多步积分方法，通过 Adams 积分法进行数值积分通常分为两步：显示预估（Adams-Bashforth）与隐式校正（Adams-Moulton）。k 阶 Adams-Bashforth 公式如下：

$$\begin{cases} x_{n+1} = x_n + h \sum_{i=0}^{k-1} \beta_{ki} f_{n-i} \\ \beta_{ki} = (-1)^i \sum_{m=i}^{k-1} \binom{m}{i} \gamma_m \\ \gamma_m = 1 - \sum_{j=0}^{m-1} \frac{1}{m+1-j} \gamma_i, \quad \gamma_0 = 1 \end{cases} \tag{2.33}$$

由式（2.33）计算得到 x_{n+1} 的一个初值以后，将其代入右函数计算 f_{n+1}，然后即可通过 Adams-Moulton 公式对 x_{n+1} 的值进行校正。k 阶 Adams-Moulton 公式如下：

$$\begin{cases} x_{n+1} = x_n + h \sum_{i=0}^{k-1} \beta_{ki}^* f_{n+1-i} \\ \beta_{ki}^* = (-1)^i \sum_{m=i}^{k-1} \binom{m}{i} \gamma_m^* \\ \gamma_m^* = -\sum_{j=0}^{m-1} \frac{1}{m+1-j} \gamma_j^*, \quad \gamma_0^* = 1 \end{cases} \tag{2.34}$$

通过单步法与多步法积分公式的对比可以发现：使用单步法进行一次积分递推，需要计算多次右函数；而使用多步法进行一次积分递推仅需要计算两次右函数，因此多步法积分的效率是高于单步法的。但是单步法积分仅需要已知一个点的初值，而多步法积分需要知道多个点的初值，因此在卫星轨道积分中，通常会通过单步法进行初始化，然后通过多步法进行卫星运动方程与变分方程的数值积分。

2.4.3 卫星精密定轨观测模型

GNSS 原始观测值包含伪距和载波相位，对于地面测站，一般观测方程如下：

$$\begin{cases} P_i = \rho + c(\delta_R - \delta_S) + c(d_{R,P} - d_{S,P}) + \text{Mf} \cdot \text{Trop} + \alpha_i I + \varepsilon_{P_i} \\ L_i = \rho + c(\delta_R - \delta_S) + c(d_{R,L} - d_{S,L}) + \text{Mf} \cdot \text{Trop} - \alpha_i I + \lambda_i N_i + \varepsilon_{L_i} \end{cases} \tag{2.35}$$

式中：P_i 和 L_i 分别为伪距和载波相位观测值；ρ 为几何距离；δ_R 和 δ_S 分别为接收机和卫星钟差；$d_{R,P}$ 和 $d_{S,P}$ 分别为伪距在接收机端和卫星端的延迟；$d_{R,L}$ 和 $d_{S,L}$ 分别为载波相位在接收机端和卫星端的延迟；Trop 为对流层延迟；Mf 为对应的投影函数；I 为电离层延迟；α_i 为电离层延迟对应的比例因子；λ_i 为对应载波相位的波长；N_i 为整周模糊度；ε_{P_i} 和 ε_{L_i} 分别为伪距和载波相位的观测噪声。数据预处理中，需要对模糊度中存在的周跳进行探测，如采用 Turboedit 算法（Blewitt，1990）等。

对于双频 GNSS 观测值，可采用无电离层组合消去电离层一阶项的影响，组合方程如下：

$$\begin{cases} P_3 = \dfrac{f_1^2}{f_1^2 - f_2^2} P_1 - \dfrac{f_2^2}{f_1^2 - f_2^2} P_2 \\ L_3 = \dfrac{f_1^2}{f_1^2 - f_2^2} L_1 - \dfrac{f_2^2}{f_1^2 - f_2^2} L_2 \end{cases} \tag{2.36}$$

即

$$\begin{cases} P_{\text{IF}} = \rho + c(\delta_R' - \delta_S') + \text{Mf} \cdot \text{Trop} + \varepsilon_{P_{\text{IF}}} \\ L_{\text{IF}} = \rho + c(\delta_R' - \delta_S') + \text{Mf} \cdot \text{Trop} + B + \varepsilon_{L_{\text{IF}}} \end{cases} \tag{2.37}$$

式中：P_{IF} 和 L_{IF} 分别为无电离层组合的伪距和载波相位观测值；δ_R' 和 δ_S' 分别为接收机和卫星钟差，包含了伪距和载波相位延迟；B 为无电离层组合的模糊度参数；$\varepsilon_{P_{\text{IF}}}$ 和 $\varepsilon_{L_{\text{IF}}}$ 分别为组合后的伪距和载波相位的观测噪声。

对于 LEO 卫星，其基本观测方程与地面测站观测方程类似。值得注意的是，由于 LEO 卫星轨道高于对流层，其观测方程中不存在对流层参数。

参 考 文 献

韩保民，2003. 基于星载 GPS 的低轨卫星几何法定轨理论研究. 武汉：中国科学院测量与地球物理研究所.

孔祥元，郭际明，刘宗泉，2010. 大地测量学基础. 2 版. 武汉：武汉大学出版社.

刘林，1992. 人造地球卫星轨道力学. 北京：高等教育出版社.

刘林，2015. 航天器定轨理论与应用. 北京：电子工业出版社.

Bezděk A, Sebera J, Klokočník J, et al., 2014. Gravity field models from kinematic orbits of CHAMP, GRACE and GOCE satellites. Advances in Space Research, 53(3): 412-429.

Blewitt G, 1990. An automatic editing algorithm for GPS data. Geophysical Research Letters, 17(3): 199-202.

Capitaine N, Wallace P T, Chapront J, 2003. Expressions for IAU 2000 precession quantities. Astronomy & Astrophysics, 412(2): 567-586.

Fukushima T, 2003. A new precession formula. Astronomical Journal, 126(1): 494-534.

Jekeli C, Montenbruck O, 2017. Time and Reference Systems. Cham: Springer.

Mccarthy D D, Petit G, 2003. IERS Conventions 2003. IERS technical note 32, Verlag des Bundesamts für Kartographie und Geodäsie, Frankfurt am Main.

Petit G, Luzum B, 2010. IERS conventions 2010. IERS technical note 36, Verlag des Bundesamts für Kartographie und Geodäsie, Frankfurt am Main.

Williams J G, 1994. Contributions to the earth's obliquity rate, precession, and nutation. The Astronomical Journal, 108: 711.

GNSS 卫星精密定轨基本模型

3.1　GNSS 卫星摄动力模型

3.1.1　保守力模型

1. 地球非球形引力

地球形状并不是规则的球体，质量分布也不均匀，因此地球重力场也非均匀分布。目前常用的重力场建模方法是球谐函数拟合，将地球非球形引力摄动产生的引力位表达为

$$U_S(r,\phi,\lambda) = \frac{GM_e}{r} + \frac{GM_e}{r}\sum_{l=1}^{\infty}\sum_{m=0}^{l}\left(\frac{a_e}{r}\right)^{l}\overline{P}_{lm}(\sin\phi)[\overline{C}_{lm}\cos(m\lambda) + \overline{S}_{lm}\sin(m\lambda)] \tag{3.1}$$

式中：(r,ϕ,λ) 为计算点的地心向径、纬度和经度；a_e 为地球赤道半径；$\overline{P}_{lm}(\sin\phi)$ 为归一化的缔合勒让德多项式；$(\overline{C}_{lm}, \overline{S}_{lm})$ 为归一化的球谐系数。常用的重力场模型有 EGM（earth gravitational model）系列模型（Pavlis et al.，2012）、EIGEN（European improved gravity model of the earth by new techniques）系列模型（Reigber et al.，2002）等，本书采用 IERS 2010 协议推荐的 EGM 2008 模型。该模型阶次分别达到 2190 和 2159，但对于轨道高度较高的 GNSS 卫星（20 000～36 000 km），采用 12×12 阶次即可满足精度需求。

2. N 体引力

除地球外，卫星还受到太空中其他天体引力摄动的影响，称为 N 体引力。N 体引力摄动的表达式较为简单：

$$\overline{P}_n = \sum_i GM_i\left[\frac{\overline{r}_i}{r_i^3} - \frac{\overline{\Delta}_i}{\Delta_i^3}\right] \tag{3.2}$$

式中：G 为万有引力常量；M_i 为第 i 个天体的质量；$\overline{r}_i$ 为该天体在 J2000.0 地心惯性坐标系中的位置矢量；$\overline{\Delta}_i$ 为卫星至摄动天体的位置矢量。天体位置矢量可以通过美国喷气推进实验室（Jet Propulsion Laboratory，JPL）提供的行星历表 DE405（Standish，1995）或 DE421（Folkner et al.，2008）获得。

3. 地球潮汐摄动

由于日月等天体对地球的引力，地球表面会产生弹性-塑性形变，所引起的地球重力场变化称为地球固体潮（solid earth tide）；同时，日月引力也会引起海洋质量分布变化进而影响地球重力场，该效应称为海潮摄动（ocean tide loading）。此外，极点运动也会造成地球重力场变化，称为极潮（pole tide）。对地球固体潮、海潮及极潮摄动的计算参考 IERS 2010 协议进行，具体体现为对重力场球谐系数的改正。

3.1.2 卫星太阳光压摄动

太阳光压是太阳光辐射直接作用在导航卫星上所产生的摄动力，可以描述为卫星星体及太阳帆板表面吸收的太阳光子施加到卫星的作用力及反射的太阳光子产生的作用力之和，而这两部分作用力的大小主要取决于太阳辐射通量、卫星有效的受照面积、卫星表面的吸收率和反射率及太阳光线的入射角等因素。在 GNSS 卫星所受非保守摄动力中，太阳光压摄动力对卫星产生的影响最大，其产生的加速度可达到所有非保守摄动力产生加速度的 95%以上。因此，对太阳光压的精细化建模也成为导航卫星动力学模型研究中的核心内容。

根据建模方式的不同，可将现有的光压模型分为三类：分析型光压模型、经验型光压模型及半分析型光压模型。其中，分析型光压模型根据卫星的物理和光学属性，通过严格的数学表达式对卫星所受太阳光压摄动力进行模型化。以面积为 A、质量为 M 的平面材料为例，太阳光以入射角 θ 照射到该平面上，如图 3.1 所示，则产生的太阳光压可以表达为三个分量的总和，分别为直射光产生的加速度 a_{inci}、由镜面反射产生的加速度 a_{refl} 和由漫反射产生的加速度 a_{difu}。这三部分加速度可以分别表示为

$$\begin{cases} a_{\text{inci}} = -\text{SF}\left(\dfrac{1\text{AU}}{|r-r_{\text{Sun}}|}\right)^2 \dfrac{A\cos\theta S_0}{Mc}(\boldsymbol{e}_{\text{N}}\cos\theta + \boldsymbol{e}_{\text{T}}\sin\theta) \\[2mm] a_{\text{refl}} = -\text{SF}\left(\dfrac{1\text{AU}}{|r-r_{\text{Sun}}|}\right)^2 \dfrac{A\cos\theta S_0}{Mc}\rho(\boldsymbol{e}_{\text{N}}\cos\theta - \boldsymbol{e}_{\text{T}}\sin\theta) \\[2mm] a_{\text{difu}} = -\text{SF}\left(\dfrac{1\text{AU}}{|r-r_{\text{Sun}}|}\right)^2 \dfrac{A\cos\theta S_0}{Mc}\dfrac{2}{3}\delta\boldsymbol{e}_{\text{N}} \end{cases} \quad (3.3)$$

式中：$S_0 = 1367 \text{ W/m}^2$ 为一个天文单位处的太阳辐射通量；c 为光速常量；SF 为阴影因子；$\boldsymbol{e}_{\text{N}}$、$\boldsymbol{e}_{\text{T}}$ 分别为平面的法向与切向单位向量；ρ 为平面材料的镜面反射系数；δ 为平面材料的漫反射系数。定义 $\boldsymbol{e}_{\text{D}}$ 为卫星-太阳方向单位向量，则

$$\boldsymbol{e}_{\text{T}} = \frac{1}{\sin\theta}\boldsymbol{e}_{\text{D}} - \frac{\cos\theta}{\sin\theta}\boldsymbol{e}_{\text{N}} \quad (3.4)$$

重构式（3.3）后，可得

$$a = -\text{SF}\left(\frac{1\text{AU}}{|r-r_{\text{Sun}}|}\right)^2 \frac{A\cos\theta S_0}{Mc}\left[(\alpha+\delta)\boldsymbol{e}_{\text{D}} + \left(\frac{2}{3}\delta + 2\rho\cos\theta\right)\boldsymbol{e}_{\text{N}}\right] \quad (3.5)$$

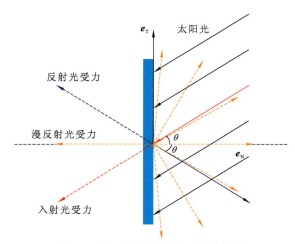

图 3.1　平面的太阳光压受力分析图

式中：$\alpha = 1 - \rho - \delta$ 为材料吸收系数。式（3.5）适用于太阳帆板。卫星本体表面一般覆盖有多种材料，不利于热量传导，因此卫星本体吸收能量后，还会对外产生辐射作用。若假设星体表面吸收的能量立刻被辐射到宇宙空间中（Fliegel et al.，1992），则该辐射力可以表示为

$$a_{\text{thermal}} = -\text{SF}\left(\frac{1\text{AU}}{|r - r_{\text{Sun}}|}\right)^2 \frac{A\cos\theta S_0}{Mc}\frac{2}{3}\alpha\boldsymbol{e}_{\text{N}} \tag{3.6}$$

因此卫星体的太阳光压加速度可以表示为

$$a = -\text{SF}\left(\frac{1\text{AU}}{|r - r_{\text{Sun}}|}\right)^2 \frac{A\cos\theta S_0}{Mc}\left[(\alpha+\delta)\left(\boldsymbol{e}_{\text{D}} + \frac{2}{3}\boldsymbol{e}_{\text{N}}\right) + 2\rho\boldsymbol{e}_{\text{N}}\cos\theta\right] \tag{3.7}$$

式（3.5）和式（3.7）均适用于平面。圆柱形表面受到的太阳光压也可以按照类似方式构建，分别表达为

$$a = -\text{SF}\left(\frac{1\text{AU}}{|r - r_{\text{Sun}}|}\right)^2 \frac{A\cos\theta S_0}{Mc}\left[(\alpha+\delta)\boldsymbol{e}_{\text{D}} + \left(\frac{\pi}{6}\delta + \frac{4}{3}\rho\cos\theta\right)\boldsymbol{e}_{\text{N}}\right] \tag{3.8}$$

$$f = -\text{SF}\left(\frac{1\text{AU}}{|r - r_{\text{Sun}}|}\right)^2 \frac{A\cos\theta S_0}{Mc}\left[(\alpha+\delta)\left(\boldsymbol{e}_{\text{D}} + \frac{\pi}{6}\boldsymbol{e}_{\text{N}}\right) + \frac{4}{3}\rho\cos\theta\boldsymbol{e}_{\text{N}}\right] \tag{3.9}$$

以上公式是分析型光压模型的主要理论基础。分析型光压模型的典型代表有 Box-Wing 模型、ROCK 系列模型（Fliegel and Gallini，1996；Fliegel et al.，1992）、Ray-tracing 模型（Darugna et al.，2018；Ziebart et al.，2005）等。其中，Box-Wing 模型将卫星结构简化成立方体、长方体或圆柱体的卫星体（box）和太阳翼（wing）的简单组合；而适用于 GPS 卫星的 ROCK 系列模型更精细地考虑了卫星上搭载的天线、帆板支架等细小星体部件的光压影响。

不同于分析型光压模型，经验型光压模型的构建不依赖卫星面板光学属性等先验信息，模型更为简洁，但模型参数的物理意义不直观。常用的经验型光压模型包括 ECOM 模型、ECOM2 模型和 GPSM 模型等。其中，ECOM 模型与 EOCM2 系列模型的表达式分别为

$$\begin{cases} a_D = D_0 + D_C\cos u + D_S\sin u \\ a_Y = Y_0 + Y_C\cos u + Y_S\sin u \\ a_B = B_0 + B_C\cos u + B_S\sin u \end{cases} \tag{3.10}$$

$$
\begin{cases}
a_D = D_0 + \sum_{i=1}^{n_D}(D_{2i,C}\cos(2i\Delta u) + D_{2i,S}\sin(2i\Delta u)) \\
a_Y = Y_0 \\
a_B = B_0 + \sum_{i=1}^{n_B}(B_{2i-1,C}\cos((2i-1)\Delta u) + B_{2i-1,S}\sin((2i-1)\Delta u))
\end{cases}
\qquad (3.11)
$$

式中：D 方向指向太阳；Y 为卫星太阳帆板旋转轴方向；B 与 D、Y 构成右手系；D_0、Y_0、B_0 为三个方向的常量加速度参数；D_C、D_S、Y_C、Y_S、B_C、B_S 为 ECOM 模型的待估周期项参数；$D_{2i,C}$、$D_{2i,S}$、$B_{2i-1,C}$、$B_{2i-1,S}$ 为 ECOM2 模型的待估周期项参数；u、Δu 分别为卫星至轨道升交点与轨道正午点的角距。基于 ECOM 模型，GPS 卫星能够取得较好的定轨精度，但对于 GLONASS、Galileo 及 QZSS 卫星，由于卫星结构的差异，该模型的定轨表现不如 ECOM2 模型（Li et al.，2020；Arnold et al.，2015）。

除分析型光压模型和经验型光压模型外，有学者还提出了半分析型光压模型，如先验 Box-Wing 模型（Montenbruck et al.，2015）和可校正 Box-Wing 模型（Rodriguez-Solano et al.，2012）。这两种模型均基于分析型 Box-Wing 模型，区别在于：先验 Box-Wing 模型通过估计经验参数（如部分 ECOM/ECOM2 参数）吸收未模型化光压误差；而可校正 Box-Wing 模型则通过估计星体受照面的光学参数、太阳帆板尺度因子、太阳帆板旋转滞后角等参数，在定轨的同时实现对卫星光学信息的估计。

3.1.3 地球反照辐射压摄动

与太阳光压摄动类似，卫星所受地球反照摄动也是由外部辐射所产生的摄动力，但其辐射源来自地球，主要分为两部分：太阳辐射照到地球表面被反射的可见光部分，以及地球自身产生的红外辐射部分（Ziebart et al.，2007）。地球反照辐射压主要受云层覆盖率、季节、轨道高度及卫星、太阳与地球间的几何关系等因素的影响，并且计算过程中需要卫星结构及光学属性等信息。在所有非保守摄动力中，地球反照辐射压对导航卫星的影响仅次于太阳光压，可占到总非保守摄动力的 2.5% 左右，可表示为

$$
a_{\mathrm{erp}} = \frac{AS_0}{|r|^2}\left\{\frac{2\gamma}{3\pi^2}[(\pi-\psi)\cos\psi + \sin\psi] + \frac{1-\gamma}{4\pi}\right\}
\qquad (3.12)
$$

式中：γ 为地球反照率；ψ 为卫星-地球-太阳构成的夹角。地球反照辐射压对 GNSS 卫星精密定轨的影响主要体现在卫星轨道径向方向，因此目前大多数 IGS 分析中心在确定卫星轨道时都将地球反照辐射作为一项重要的摄动力加以考虑。

3.1.4 星体热辐射压摄动

卫星在吸收太阳光辐射后，其星体表面温度会有一定程度的升高，而根据斯特藩-玻尔兹曼定律，卫星表面温度的存在将以热量的形式向外产生辐射，由此产生星体热辐射压力。卫星热辐射加速度 a_{thermal} 主要与卫星表面绝对温度 T、卫星表面辐射率 ε 等因素相关，具体表达式如下：

$$a_{\text{thermal}} = -\frac{2A\varepsilon\sigma T^4}{3Mc}\boldsymbol{e}_{\text{N}} \qquad (3.13)$$

式中：σ 为斯特藩-玻尔兹曼常量。与太阳光压建模方法类似，对导航卫星热辐射建模一般也有两种方法：分析型热辐射模型和经验型热辐射模型。其中，分析型热辐射模型建立在对卫星表面绝对温度、辐射率、卫星结构等多种信息精确已知的前提下，模型中各参数具有明确的物理意义（Adhya，2005）。对卫星建立分析型热辐射模型时，一般对卫星星体与太阳帆板分别进行建模。其中，卫星星体往往被多层隔热材料所包裹，建模时需要考虑隔热材料的各种属性；而太阳帆板通常具有内外两层，由内外两层温差所产生的热辐射压力与太阳光压相互耦合。在卫星信息缺乏的条件下，经验型热辐射模型则更为适用。在经验型热辐射建模中，往往先引入一个先验模型，在此基础上进行精密定轨解算并估计先验模型的尺度因子或增强参数，然后通过多次迭代对先验模型进行修正。经验热辐射模型已被成功应用于 GPS 卫星和 TOPEX/Poseidon 卫星精密定轨中，并被证实能够减小轨道误差。

3.1.5　卫星天线推力摄动

根据牛顿第三运动定律，导航卫星天线在向地面发射信号时，会对卫星产生一个反作用力，这便是天线推力。由于卫星天线指向地心，所产生的天线推力加速度集中在卫星径向上，而当天线发射功率保持不变时，将会产生一个径向常量加速度。天线推力加速度 a_{thrust} 的大小主要取决于发射功率 W，可表示为

$$a_{\text{thrust}} = -\frac{W}{Mc}\frac{r}{|r|} \qquad (3.14)$$

卫星天线推力建模的关键在于获取卫星天线的实际发射功率。一般来说，可以通过三种方法确定天线功率：卫星发射前对天线进行测量、在轨测试信号功率、通过地面高增益天线测量。其中，德国宇航中心采用 30 m 抛物面天线对不同 GNSS 卫星的信号能量进行标定，指出对于 GPS、BDS-2、Galileo 和 GLONASS 卫星，其信号功率范围分别为 50～240 W、130～185 W、95～265 W 和 20～135 W。将标定结果应用于精密定轨中，可以实现卫星轨道径向 1～27 mm 的精度提升。各卫星具体的信号功率可见 IGS 提供的卫星元数据文件。

3.2　GNSS 卫星偏航姿态模型

3.2.1　GNSS 卫星的偏航姿态控制规律

导航卫星的名义偏航姿态满足以下两个条件：一是导航天线指向地球以便地面测站能够接收到导航信号；二是保持太阳能帆板与太阳光线垂直以获取足够的太阳能。在 IGS 协议星固坐标系下，这两个条件也可以表达为：保持+Z 轴指向地心，并保持 Y 轴垂直于太阳光线。此时，卫星的名义偏航角 ψ_{nominal} 可以表示为

$$\psi_{\text{nominal}} = \text{atan2}(-\tan\beta, \sin\mu) \qquad (3.15)$$

式中，β 为太阳相对于轨道面的高度角；μ 为卫星沿着轨道面与轨道午夜点的角距。当卫星沿着轨道面运动时，将根据地球、太阳的位置不断调整偏航角，这种模式称为动态偏航（yaw-steering，YS）。YS 模式下，卫星的偏航角速率为

$$\dot{\psi}_{\text{nominal}} = \frac{\dot{\mu} \tan \beta \cos \mu}{\sin^2 \mu + \tan^2 \beta} \tag{3.16}$$

式中，$\dot{\mu}$ 为卫星运行角速度，可以表达为

$$\begin{cases} \dot{\mu} = \sqrt{\dfrac{\text{GM}_e}{a^3}} \\ a = \dfrac{r}{2 - \dfrac{rv^2}{\text{GM}_e}} \end{cases} \tag{3.17}$$

式中：GM_e 为地球的万有引力常量；r、v 分别为卫星瞬时的位置与速度。当卫星运行到轨道午夜点或正午点，即 $\cos \mu = 0$ 时，偏航角速率达到最大，为

$$\dot{\psi}_{\text{nominal,max}} = \frac{\dot{\mu}}{\tan \beta} \tag{3.18}$$

此时偏航角速率有可能会超过卫星本身动量轮的最大旋转速度 $\dot{\psi}_{\text{lim}}$，产生正午机动（noon-maneuver）和午夜机动（midnight-maneuver）。产生正午机动和午夜机动的条件为

$$\beta_{\text{lim}} = \arctan \left(\frac{\dot{\mu}}{\dot{\psi}_{\text{lim}}} \right) \tag{3.19}$$

除正午机动和午夜机动以外，某些卫星在进入地影后太阳敏感器无法获取太阳的位置，导致姿态控制失效，此时将会产生地影机动（shadow-crossing）。地影机动发生的条件为

$$|\beta| \leqslant \frac{R_{\text{E}}}{R_{\text{E}} + h} \tag{3.20}$$

式中：R_{E} 为地球半径；h 为卫星的轨道高度。

3.2.2　GPS 卫星的偏航姿态模型

GPS BLOCK IIA 卫星同时存在正午机动和地影机动。正午机动开始于卫星名义姿态角速率 $\dot{\psi}_{\text{nominal}}$ 达到最大角速率 $\dot{\psi}_{\text{lim}}$ 时刻，此后维持最大角速率直至正午机动结束。正午机动结束时刻名义姿态与实际姿态达到一致。根据 Kouba（2008）的研究，BLOCK IIA 卫星的最大偏航角速率为 $\dot{\psi}_{\text{lim}} = 0.10 - 0.13(°)/\text{s}$。正午机动的结束时刻需要迭代求解：

$$\mu_e^0 = \mu_s + \frac{\pi}{\dot{\psi}_{\text{lim}}} \dot{\mu} \tag{3.21}$$

$$\mu_e = \mu_s + \dot{\mu} \cdot \frac{\psi_e - \psi_s}{\dot{\psi}_{\text{lim}}} \tag{3.22}$$

式中：μ_s 为正午机动开始时刻的轨道角。假设正午机动结束时偏航角转过 180°，则正午机动结束时刻的轨道角初值为 μ_e^0。之后可根据式（3.21）、式（3.22）迭代更新直至得到准确的结束时刻轨道角 μ_e。

地影机动开始于卫星进入地影时刻，此后保持最大偏航速率直至退出地影。退地影时的实际偏航姿态与名义偏航姿态可能不一致，因此还需要考虑退地影后的姿态恢复。此外，BLOCK IIA 卫星姿态控制系统还会引入常量偏差，这里不再详述，可参考文献（Kouba，2008）。

BLOCK IIR 卫星不存在地影机动，而进行正午机动和午夜机动，其模式与 BLOCK IIA 正午机动类似，可按照式（3.21）、式（3.22）计算正午/午夜机动的结束时刻。BLOCK IIR 卫星的最大偏航角速率为 $\dot{\psi}_{\mathrm{lim}}$=0.20(°)/s （Kouba，2008）。

BLOCK IIF 卫星的最大偏航角速率为 $\dot{\psi}_{\mathrm{lim}}$=0.11(°)/s，需进行正午机动和地影机动。其正午机动与 BLOCK IIA、BLOCK IIR 类似（Dilssner et al.，2011a）。当太阳高度角 $|\beta|<8.6°$ 时将进行地影机动。地影机动时卫星将自主调整偏航角速率，以使得退地影时的实际偏航角与名义偏航角相同（Kuang et al.，2016）。

3.2.3　GLONASS 卫星的偏航姿态模型

GLONASS-M 卫星存在正午机动和地影机动。正午机动开始于实际偏航姿态速率超过最大速率之前，保证正午点的实际偏航姿态等于名义姿态，即为 90° 或-90°。因此，正午机动整个过程关于正午点对称（Dilssner et al.，2011b）。正午机动的开始与结束时刻也需要迭代计算（Dilssner et al.，2011b）。

地影机动发生于 $|\beta|<14.2°$ 时期。当进入地影时，卫星即以约 $\dot{\psi}_{\mathrm{lim}}$=0.25(°)/s 的最大速率进行姿态调整，在最短时间内达到退地影时刻的偏航角，其后保持该偏航角直至地影结束（Dilssner et al.，2011b）。

3.2.4　BDS 卫星的偏航姿态模型

大多数 BDS-2 IGSO 和 MEO 卫星使用动偏和零偏（the orbit-normal，ON）两种姿态控制方式，当太阳高度角约为 ±4° 时，动偏和零偏模式之间进行相互切换。零偏模式下，卫星的偏航角为零，此时卫星的太阳帆板旋转轴不再垂直于太阳光，而是垂直于轨道面。有学者通过逆动态精密单点定位方法估计了 BDS-2 卫星的实际偏航角，发现 BDS-2 IGSO 卫星 C017 和 C019 使用了 YS 模式，并进行正午/午夜机动（Xia et al.，2019；Wang et al.，2018）。C017 和 C019 的这种姿态模式也被中国空间技术研究院（CAST）制造的 BDS-3I GSO 和 MEO 卫星采用（Li et al.，2018）。CAST 卫星的正午/午夜机动发生于太阳高度角 ±2.8° 以内，这一时期卫星的偏航角可以表达为

$$\begin{cases} \beta_d = \beta + f(\mathrm{sign}(\beta_0,\beta) - \beta) \\ f = \dfrac{1}{1+80\,000\sin^4\mu} \\ \psi_{\mathrm{YS}} = \mathrm{atan2}(-\tan\beta_d,\sin\mu) \end{cases} \tag{3.23}$$

式中：$\beta_0 = 2.8°$。

对于 SECM 制造的 BDS-3 MEO 卫星，其姿态控制模型为：当太阳高度角在±3°以内时，采用一个高度角为+3°或−3°的"视太阳"代替真实的太阳高度角进行偏航姿态计算（Xia et al.，2018）：

$$\beta_S = \begin{cases} +3°, & \beta > 0° \\ -3°, & \beta < 0° \end{cases} \tag{3.24}$$

可见，SECM 卫星的正午机动与午夜机动模型可以统一由"视太阳"方法表达，只需要在特定时期改变"太阳"高度角即可，并不需要改动具体的偏航角计算方法。图 3.2 展示了 BDS-3 CAST 卫星 C19（C201）与 SECM 卫星 C27（C203）在太阳高度角接近 0° 时，轨道正午和轨道午夜附近的偏航角变化。可以看到，通过姿态建模，卫星在通过轨道正午和午夜时所需的偏航速率远小于名义姿态。值得注意的是，对于 SECM 卫星，即使在轨道正午/午夜以外的时期，其实际偏航角与名义偏航角之间也存在一定偏差。

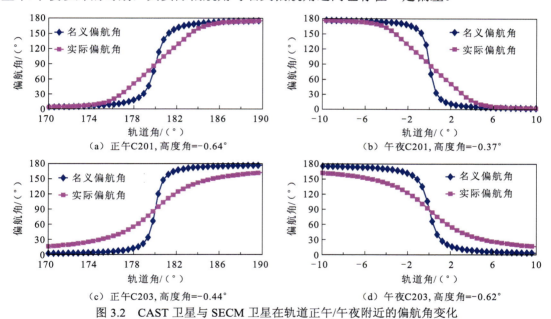

图 3.2 CAST 卫星与 SECM 卫星在轨道正午/午夜附近的偏航角变化

3.2.5 Galileo 卫星的偏航姿态模型

Galileo 卫星进行正午机动和午夜机动时，太阳的位置矢量可以表达成如下形式：

$$\boldsymbol{S} = (-\sin\eta\cos\beta, -\sin\beta, -\cos\eta\cos\beta)^{\mathrm{T}} \tag{3.25}$$

式中：$\eta = \pi + \mu$ 为卫星到正午点的角距。此时 Galileo 卫星的名义姿态为

$$\psi_{\mathrm{nominal}} = \mathrm{atan2}\left(\frac{-S_Y}{\sqrt{1-S_Z^2}}, \frac{-S_X}{\sqrt{1-S_Z^2}} \right) \tag{3.26}$$

对于 IOV 卫星，当 $|\beta| < 2°$，且卫星运行到轨道正午或午夜点附近时，卫星的实际偏航速率将超过最大偏航速率。此时，太阳矢量 $\boldsymbol{S}$ 将被"辅助"太阳矢量 $\boldsymbol{S}_H$ 代替：

$$\boldsymbol{S}_{H}=\begin{bmatrix} S_{Hx} \\ S_{Hy} \\ S_{Hz} \end{bmatrix}=\begin{bmatrix} S_x \\ 0.5(\sin\beta_y \varGamma + S_y)+0.5(\sin\beta_y \varGamma - S_y)\cos\left(\dfrac{\pi|S_x|}{\sin\beta_x}\right) \\ \sqrt{1-S_{Hx}^2-S_{Hy}^2}\,\mathrm{sign}(S_z) \end{bmatrix} \quad (3.27)$$

式中：$\varGamma$ 为"辅助"太阳矢量 $\boldsymbol{S}_H$ 初始时刻 S_y 的符号，$\boldsymbol{S}_H$ 的使用条件为

$$\begin{cases} |S_x| < \sin\beta_x \\ |S_y| < \sin\beta_y \\ \beta_x = 15.0° \ \text{且} \ \beta_y = 2.0° \end{cases} \quad (3.28)$$

对于 FOC 卫星，其姿态控制法则为

$$\psi_{\mathrm{FOC,mod}} = 90°\cdot\mathrm{sign} + (\psi_{\mathrm{FOC,init}} - 90°\cdot\mathrm{sign})\cos\left(\frac{2\pi}{5656s}t_{\mathrm{mod}}\right)$$

式中：$\psi_{\mathrm{FOC,init}}$ 为正午机动或午夜机动开始时刻的偏航角；sign 为 $\psi_{\mathrm{FOC,init}}$ 的符号；t_{mod} 为当前距机动开始时刻的时间间隔，t_{mod} 可以表示为

$$t_{\mathrm{mod}} = \frac{\mu - \mu_{\mathrm{init}}}{\dot{\mu}} \quad (3.29)$$

图 3.3 和图 3.4 分别显示了 IOV 卫星和 FOC 卫星偏航姿态的正午机动与午夜机动。当采用姿态模型时，卫星在正午、午夜点所需的偏航角速率远小于名义姿态偏航角速率。以图中两颗卫星为例，正午机动与午夜机动时名义偏航角与实际偏航角的最大差异分别为 81° 和 69°。

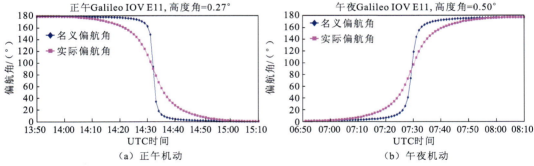

图 3.3　2017 年 6 月 19 日 Galileo IOV 卫星姿态的正午机动与午夜机动

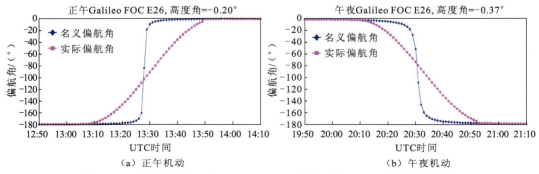

图 3.4　2017 年 6 月 20 日 Galileo FOC 卫星姿态的正午机动与午夜机动

3.3　GNSS 卫星精密定轨数学模型

除了利用前述摄动力模型和偏航姿态模型构建 GNSS 卫星的高精度运动模型，建立准确合理的 GNSS 观测数学模型也是 GNSS 卫星精密定轨的重要环节。GNSS 卫星精密定轨的数学模型包括 GNSS 观测模型、误差改正模型、随机模型，这些模型都旨在利用全球分布的高精度 GNSS 观测量，获得 GNSS 卫星厘米级的定轨结果。本节将依次介绍 GNSS 精密定轨中的这些数学模型。

3.3.1　GNSS 基本观测方程

GNSS 距离观测量主要包含伪距和载波相位两种。其中，任意频率非差的 GNSS 伪距 P 和载波相位 L 的基本观测方程可以表达为（Zhang et al.，2017；Li et al.，2015；Montenbruck et al.，2012）

$$\begin{cases} P_{r,f}^s = \rho_r^s + \mathrm{d}t_r - \mathrm{d}t^s + I_{r,f}^s + T_r^s + d_{r,f}^g + d_f^s + e_{r,f}^s \\ L_{r,f}^s = \rho_r^s + \mathrm{d}t_r - \mathrm{d}t^s - I_{r,f}^s + T_r^s + \lambda_f N_{r,f}^s + B_{r,f}^g + B_f^s + \varepsilon_{r,f}^s \end{cases} \tag{3.30}$$

式中：上标 s 和下标 r 分别表示观测值所涉及的卫星和测站接收机；上标 g 表示卫星 s 所属的导航卫星系统；下标 f 表示当前观测值所使用的频率，其对应的波长为 λ_f；$P_{r,f}^s$ 和 $L_{r,f}^s$ 分别为 GNSS 的伪距观测值和载波相位观测值；ρ_r^s 为卫星天线相位中心和测站天线相位中心间的几何距离；$\mathrm{d}t_r$ 为接收机钟在信号接收时刻的绝对钟偏差；$\mathrm{d}t^s$ 为卫星钟在信号发射时刻的绝对钟偏差；T_r^s 为 GNSS 信号传播过程中受到的对流层延迟；$N_{r,f}^s$ 为接收机 r 和卫星 s 间的整周模糊度；$d_{r,f}^g$ 和 d_f^s 分别为接收机 r 和卫星 s 的伪距上与频率 f 相关的硬件延迟偏差；$B_{r,f}^g$ 和 B_f^s 分别为接收机 r 和卫星 s 的载波相位上与频率 f 相关的硬件延迟偏差；$e_{r,f}^s$ 和 $\varepsilon_{r,f}^s$ 分别为伪距和相位上与频率 f 相关的观测误差及多路径误差的总和。

GNSS 卫星动力学模型及轨道积分过程通常表达在惯性坐标系下，因此在 GNSS 卫星精密定轨中，卫星位置状态参数需要表达在国际天球坐标系下。此外，对于测站坐标参数，其需要固定或者约束到高精度的地心地固坐标系下的坐标值。因此，式（3.30）中 ρ_r^s 需要按如下方式进行计算：

$$\rho_r^s = \| x^s(t^s) - R(t_r)x_r(t_r) \|^2 \tag{3.31}$$

式中：t^s 和 t_r 分别为信号的发射时刻和接收时刻；$x^s(t^s)$ 为信号发射时刻 t^s 时卫星在惯性坐标系下的位置坐标；$R(t_r)$ 为在接收时刻地固坐标系到惯性坐标系的坐标转换矩阵；$x_r(t_r)$ 为信号接收时刻 t_r 测站在地固坐标系的坐标。值得注意的是，在计算上述几何距离 ρ_r^s 时，还有一些诸如天线相位中心改正、相位缠绕、潮汐负荷及相对论效应等误差项均需要按照已有模型进行改正，故没有在式（3.31）中进行标明。这部分有关 GNSS 观测的误差改正模型将在 3.3.2 小节进行详细介绍。

根据式（3.29）和式（3.30），可以进一步得到对卫星及测站坐标线性化后 GNSS 卫星精密定轨的基本观测方程：

$$
\begin{cases}
p_{r,f}^s = \boldsymbol{u}_r^s(\boldsymbol{\phi}(t_s,t_0)\Delta x_{\mathrm{orb}}^s(t_0) - R(t_r)\Delta x_r(t_r) - x_r\delta_{\mathrm{eop}}\Delta x_{\mathrm{eop}}) \\
\qquad + \mathrm{d}t_r - \mathrm{d}t^s + I_{r,f}^s + T_r^s + d_{r,f} - d_f^s + e_{r,f}^s \\
l_{r,f}^s = \boldsymbol{u}_r^s(\boldsymbol{\phi}(t_s,t_0)\Delta x_{\mathrm{orb}}^s(t_0) - R(t_r)\Delta x_r(t_r) - x_r\delta_{\mathrm{eop}}\Delta x_{\mathrm{eop}}) \\
\qquad + \mathrm{d}t_r - \mathrm{d}t^s - I_{r,f}^s + T_r^s + \lambda_{\mathrm{IF}}N_{r,f}^s + b_{r,f} - b_f^s + \varepsilon_{r,f}^s
\end{cases} \tag{3.32}
$$

式中：$p_{r,f}^s$ 和 $l_{r,f}^s$ 分别为伪距和载波相位观测值与使用卫星及测站坐标初值计算的几何距离初值 ρ_r^s 的差值；$\boldsymbol{u}_r^s$ 为测站到卫星的方向向量；Δ 为相应参数的待估计的改正数；$x_{\mathrm{orb}}^s(t_0)$ 为参考时刻 t_0 下的轨道初始状态，其中包括位置、速度及动力学参数；$\boldsymbol{\phi}(t_s,t_0)$ 为参考时刻 t_0 到观测信号发射时刻 t_s 的状态转移矩阵，通过轨道积分得到；x_{eop} 为地球定向参数（earth orientation parameter，EOP），其中包括极移及其变化率、UT1 和日长变化（length of day，LOD）参数；δ_{eop} 为坐标转换矩阵 $R(t_r)$ 相较于 δ_{eop} 的偏导数。

对于测站接收机 r 和卫星 s 间的斜对流层延迟 T_r^s，可以进一步表示为

$$
T_r^s = M_r^s \mathrm{ZPD}_r = M_r^s(\mathrm{ZHD}_r + \mathrm{ZWD}_r) \tag{3.33}
$$

式中：ZPD_r 为测站接收机 r 所在天顶方向的对流层延迟；M_r^s 为天顶方向到观测信号传播路径上的投影函数。其中，ZPD_r 具体由干延迟 ZHD_r 和湿延迟 ZWD_r 两部分组成。干延迟 ZHD_r 占整体对流层延迟总量的 80%～90%，通常可以使用精密模型进行改正，其具体方法会在 3.3.2 小节进行详细介绍。对于湿延迟 ZWD_r，由于其受天气变化影响显著，同时变化规律复杂，通常将其作为参数进行估计。

此外，考虑 GNSS 观测方程中硬件延迟偏差、钟差和整周相位模糊度线性相关的特点，需要进行重新参数化，即利用钟差参数和模糊度参数吸收相应的硬件延迟偏差，以避免秩亏。此时卫星和接收机的钟差参数分别表示为 $\overline{\mathrm{d}t}^s = \mathrm{d}t^s + \mathrm{d}_f^s$ 和 $\overline{\mathrm{d}t}_r = \mathrm{d}t_r + \mathrm{d}_{r,f}^g$，模糊度参数则表示为 $\overline{N}_{r,f}^s = N_{r,f}^s + (B_{r,f}^g + B_f^s - \mathrm{d}_f^s + \mathrm{d}_{r,f}^g)/\lambda_f$。与此同时，在处理多系统的 GNSS 观测值时，接收机端的伪距硬件延迟 $d_{r,f}^g$ 和相位硬件延迟 $B_{r,f}^g$ 在不同导航系统间并不一致。考虑不同系统间的相位硬件延迟 $B_{r,f}^g$ 偏差可以被模糊度参数所吸收，而伪距硬件延迟 $d_{r,f}$ 在不同系统间存在偏差，需要在观测方程中对这一系统间偏差（inter-system bias，ISB）进行估计。额外估计的 ISB 参数通常选择一个参考系统 g_{ref}，其余卫星系统的观测方程则需要额外估计 ISB 参数，其表达式如下：

$$
\mathrm{ISB}_{r,f}^g = d_f^g - d_f^{g_{\mathrm{ref}}} \tag{3.34}
$$

因此，GNSS 精密定轨的基本观测方程（3.32）在重新参数化后可以表示为

$$
\begin{cases}
p_{r,f}^s = u_r^s(\phi(t_s,t_0)\Delta x_{\mathrm{orb}}^s(t_0) - R(t_r)\Delta x_r(t_r) - x_r\delta_{\mathrm{eop}}\Delta x_{\mathrm{eop}}) \\
\qquad + \overline{\mathrm{d}t}_r - \overline{\mathrm{d}t}^s + \mathrm{ISB}_{r,f}^g + I_{r,f}^s + T_r^s + e_{r,f}^s \\
l_{r,f}^s = u_r^s(\phi(t_s,t_0)\Delta x_{\mathrm{orb}}^s(t_0) - R(t_r)\Delta x_r(t_r) - x_r\delta_{\mathrm{eop}}\Delta x_{\mathrm{eop}}) \\
\qquad + \overline{\mathrm{d}t}_r - \overline{\mathrm{d}t}^s + \mathrm{ISB}_r^g - I_{r,f}^s + T_r^s + \lambda_{\mathrm{IF}}\overline{N}_{r,f}^s + \varepsilon_{r,f}^s
\end{cases} \tag{3.35}
$$

3.3.2　GNSS 观测值误差改正模型

GNSS 基本观测方程中存在着许多误差项可以通过精密模型加以改正，因此本小节依次对 GNSS 观测中涉及的经验误差改正模型进行相应介绍。

1. 相对论效应改正

卫星和接收机在惯性坐标系的运动状态及所受引力位不同，根据狭义相对论和广义相对论，其相应的卫星钟和地面钟都将包含一个偏差项。考虑卫星所在轨道并不是完全的圆轨道，且不同卫星位置所受地球引力位并不完全相同，对于卫星钟该偏差项将包含一个长期变化的周期项。因此，相对论效应偏差项包含了常数项和变化的周期项部分。对于常数项，设备生产厂商会在卫星上空前进行精确改正，而无须用户调整。但其残留的周期项量级最大可至米级，所以仍需用户对这一残留偏差进行相应改正。具体的改正模型如下：

$$\Delta\mathrm{rel} = -\frac{2}{c}\boldsymbol{X}^s \cdot \dot{\boldsymbol{X}}^s \qquad (3.36)$$

式中：$\boldsymbol{X}^s$ 和 $\dot{\boldsymbol{X}}^s$ 分别为卫星 s 的位置向量和速度向量；c 为真空中的光速；$\Delta\mathrm{rel}$ 为相对论效应偏差的改正值。

2. 天线相位中心改正

GNSS 量测信号测定的距离值实际上是卫星信号发射时所在的天线相位中心（antenna phase center，APC）与测站接收信号时的天线相位中心的距离值。对于天线相位中心，其无法对应一个稳定的参考点，将随着信号接收方向的变化而变化。因此，对于卫星和测站，人们更关注的是卫星的质心和测站所在地面点对应的位置坐标，即 GNSS 基本观测中对应的卫星和测站的坐标参数。因此需要对位置坐标和天线相位中心的偏差项进行改正。考虑天线相位中心总是在瞬时变化的，将各种情况下的变化综合可以得到一个平均的天线相位中心。此时，天线相位中心的偏差分为两部分，一部分为相位中心偏差（phase center offset，PCO），另一部分则为相位中心变化（phase center variation，PCV）。

通常，卫星和接收机的天线 PCO 和 PCV 由生产厂商或特定机构进行标定，用户可使用相应的天线改正产品（如 IGS 天线文件）进行改正。卫星 PCO 改正值通常提供的是星固坐标系下的三维坐标改正值，因此在精密定轨中需要将其转换至惯性坐标系下对卫星的位置坐标进行相应改正，而接收机 PCO 改正值则通常提供了测站地平坐标系下的改正值，同样需要将其转换至地固坐标系下进行改正。对于 PCV 改正值，由于其与信号接收方向相关，天线产品通常以方位角及高度角格网的方式给出，用户通过内插获得 PCV 值，将其改正至卫星-测站间的几何距离上。因此，天线相位中心对测站-卫星几何距离值的改正可以表示为如下形式：

$$\Delta\rho_r^s = \mu_r^s (R_p^s \mathrm{PCO}^s - R(t_r)R_{p,r}\mathrm{PCO}_r) + \mathrm{PCV}_r + \mathrm{PCV}^s \qquad (3.37)$$

式中：PCO^s 和 PCO_r 分别为卫星和测站的 PCO 改正值；R_p^s 和 $R_{p,r}$ 分别为星固坐标系到惯性坐标系及测站地平坐标系到地固坐标系之间的坐标转换矩阵；PCV_r 和 PCV^s 分别为测站和卫星根据方位角等内插得到的 PCV 改正值。

3. 天线相位缠绕改正

GNSS 信号发射时采用了右旋极化的方式，因此接收天线和卫星天线绕中心轴的旋转会影响基于载波相位的距离量测值，从而造成天线相位缠绕偏差。其偏差大小则与测站接收天线和卫星天线之间的相对方位有关。具体地，其改正模型如下：

$$
\begin{aligned}
\delta\phi &= \text{sign}(\zeta)\arccos(\boldsymbol{D}' \cdot \boldsymbol{D} / (|\boldsymbol{D}'|\,\|\boldsymbol{D}|)) \\
\zeta &= \boldsymbol{k} \cdot (\boldsymbol{D}' \times \boldsymbol{D}) \\
\boldsymbol{D}' &= \boldsymbol{x}' - \boldsymbol{k}(\boldsymbol{k} \cdot \boldsymbol{x}') - \boldsymbol{k} \times \boldsymbol{y}' \\
\boldsymbol{D} &= \boldsymbol{x} - \boldsymbol{k}(\boldsymbol{k} \cdot \boldsymbol{x}) + \boldsymbol{k} \times \boldsymbol{y}'
\end{aligned}
\tag{3.38}
$$

式中：$\boldsymbol{k}$ 为卫星到接收机的单位方向向量；$(\boldsymbol{x}, \boldsymbol{y}, \boldsymbol{z})$ 为测站接收机的测站地平坐标系下的单位方向向量；$(\boldsymbol{x}', \boldsymbol{y}', \boldsymbol{z}')$ 为卫星坐标的单位方向向量。

4. 地球潮汐负荷改正

在月球、太阳等天体万有引力的作用下，地球固态表面和海洋潮汐都将发生周期性涨落现象，从而对测站位置造成相应偏差。接下来分别对这两种潮汐改正模型进行介绍。

对于地球固体潮汐，其引起的测站坐标变化包含了与纬度相关的长期偏移和主要由日周期和半日周期组成的短周期项。具体地，测站位置的水平方向和垂直方向的位移可以用 n 维 m 阶的含有 Love 数和 Shida 数的球谐函数进行表示。因此，测站位置坐标在天球惯性坐标系下的三维坐标改正值可由式（3.39）表示：

$$
\begin{aligned}
\Delta r = \sum_{j=1}^{3} \frac{GM_j r^4}{GMR_j^3}\left\{[3l_2(\hat{R}_j \cdot \hat{r})]\hat{R}_j, \left[3\left(\frac{h_2}{2} - l_2\right)(\hat{R}_j \cdot \hat{r})^2 - \frac{h^2}{2}\right]\hat{r}\right\} \\
+ [-0.025\sin\phi\cos\phi\sin(\theta_g + \lambda)] \cdot \hat{r}
\end{aligned}
\tag{3.39}
$$

式中：Δr 为地球固体潮汐的三维坐标改正值；G 为万有引力常量；M_j 为摄动天体（$j = 2$ 表示月球，$j = 3$ 表示太阳）的质量；r 为地球半径；$\hat{R}_j$ 为摄动天体在地心坐标系中的位置向量；l_2 和 h_2 分别为第二志田数和第二勒夫数，其值通常为 0.0852 和 0.6090；ϕ 和 λ 分别为测站的纬度和经度；θ_g 为格林尼治恒星时。

对于地球海洋潮汐，其引起的测站坐标变化则是分潮波进行的。具体地，可由潮波的海潮图和格林函数计算得到测站在潮波径向、东南和南北向的幅度（A_i^r、A_i^{EW}、A_i^{NS}）以及相对于格林尼治子午线的相位滞后（δ_i^r、δ_i^{EW}、δ_i^{NS}），从而叠加各潮波得到地球海洋潮汐的三维坐标改正值。具体的改正模型如下所示：

$$
\Delta R_{\text{ocean}} = \sum_{j=1}^{N}\begin{bmatrix} A_i^r \cos(\omega_j t + \phi_j - \delta_j^r) \\ A_i^{EW}\cos(\omega_j t + \phi_j - \delta_j^{EW}) \\ A_i^{NS}\cos(\omega_j t + \phi_j - \delta_j^{NS}) \end{bmatrix}
\tag{3.40}
$$

式中：ω_j 和 ϕ_j 分别为分潮波的频率和相应历元时刻的天文幅角；t 为以秒计的世界时；N 为阶数，目前通常采用 11 阶。

5. 对流层延迟改正

对于测站天顶对流层延迟，其包含了干延迟和湿延迟两个部分。对于湿延迟，由于难以建模，其在前述 GNSS 观测方程中通常作为待估参数。而干延迟则常用模型进行改正。常用的对流层延迟模型有萨斯塔莫宁（Saastamoinen）模型、霍普菲尔德（Hopfield）模型等。接下来依次介绍它们的干延迟改正方法。

对于 Saastamoinen 模型，其干延迟计算公式如下：

$$\begin{cases} \mathrm{ZHD} = 0.022\,77\dfrac{P}{F(\varphi,H)} \\ P = 1013.25(1.0 - 2.2557\times10^{-5}H)^{5.2568} \\ F(\varphi,H) = 1 - 0.0026\cos(2\varphi) - 0.000\,28H \end{cases} \tag{3.41}$$

式中：P 为测站的大气压；φ 为测站纬度（rad）；H 为测站海拔（m）。

对于 Hopfield 模型，其干延迟计算公式如下：

$$\mathrm{ZHD} = 1.552[40.082 + 0.148\,98(T - 273.16) - H]\frac{P}{T} \tag{3.42}$$

式中：T 为测站的绝对温度（K）；其余符号同前述 Sasstamoinen 模型。

通过上述模型计算出的天顶对流层干延迟还需要通过投影函数将其投影到测站-卫星所在的倾斜路径上。对于投影函数模型，其包含了利用以往的观测资料建立的经验型模型，如 NMF 模型和 GMF 模型等，也包括了需要实际气象资料的模型，如 VMF 模型。这些模型都采用了三项连分的形式来表示投影函数，其差别主要在于计算系数的方法不同。下面以 GMF 模型为例，介绍投影函数具体的计算方法。

投影函数具体包括了干分量投影函数 M_H 和湿分量投影函数 M_W，其计算公式为

$$M_H = \frac{1 + \dfrac{a_h}{1 + \dfrac{b_h}{1 + c_h}}}{\sin e + \dfrac{a_h}{\sin e + \dfrac{b_h}{\sin e + c_h}}} + \left[\frac{1}{\sin e} - \frac{1 + \dfrac{a_{ht}}{1 + \dfrac{b_{ht}}{1 + c_{ht}}}}{\sin e + \dfrac{a_{ht}}{\sin e + \dfrac{b_{ht}}{\sin e + c_{ht}}}}\right] \times \frac{H}{1000} \tag{3.43}$$

$$M_W = \frac{1 + \dfrac{a_w}{1 + \dfrac{b_w}{1 + c_w}}}{\sin e + \dfrac{a_w}{\sin e + \dfrac{b_w}{\sin e + c_w}}} \tag{3.44}$$

式中：$a_{ht} = 2.53\times10^{-5}$；$b_{ht} = 5.49\times10^{-3}$；$c_{ht} = 1.14\times10^{-3}$；$H$ 为正高。GMF 模型中采用射线跟踪法计算 a_h、a_w 的值。具体地，对于干分量投影函数的系数 a_h，可表示为

$$a_h = a_0 + A\cos\left(\frac{\mathrm{doy} - 28}{365}\cdot 2\pi\right) \tag{3.45}$$

式中：a_0、A 的计算方法相同，均采用如下球谐函数展开至九阶表达式计算得到：

$$a_0 = \sum_{n=0}^{9} \sum_{m=0}^{n} P_{nm} \sin\varphi (A_{nm} \cos(m\lambda) + B_{nm} \sin(m\lambda)) \qquad (3.46)$$

湿延迟投影函数中的系数 a_w 与 a_h 相同，系数 b_h 的值为常数 0.0029，系数 c_h 则可由式（3.46）计算方法得到：

$$c_h = c_0 + \left[\left(\cos\left(\frac{\text{doy} - 28}{365} \cdot 2\pi + \psi \right) + 1 \right) \frac{c_{11}}{2} + c_{10} \right] (1 - \cos\varphi) \qquad (3.47)$$

式中：c_0、c_{11}、c_{10}、ψ 可以参考表 3.1 中的取值；湿延迟投影函数中的系数 b_w、c_w 取值均为常数，分别为 0.001 46 和 0.043 91。

表 3.1　投影函数常数系数关系

南/北半球	c_0	c_{10}	c_{11}	ψ
南半球	0.062	0.001	0.005	0
北半球	0.062	0.002	0.007	π

3.3.3　周跳探测与处理

探测和处理载波相位观测值中整周模糊度发生的跳变，是利用 GNSS 观测值进行高精度定轨的一个重要环节。通常周跳探测会通过多种方法联合探测以尽可能确保没有遗漏已发生的周跳，这些探测方法可以大体按照其性质分为两类：基于观测值随时间变化特性的方法，如高次差法、多项式拟合法；基于不同观测值类别的组合方法，如单频/双频码相组合法、单频/双频电离层残差法和多普勒积分法。下面依次介绍这两种类别的典型方法。

1. 多项式拟合法

考虑载波相位观测值中占比最大的成分是测站和卫星间的几何距离，其随时间变化程度主要取决于测站和卫星的运动状态。考虑精密定轨中的测站为静态测站数据，站星间的几何距离的时序变化通常具有较强规律，可以采用多项式拟合法进行周跳探测。具体地，考虑利用 m 个无周跳的载波相位观测值进行多项式拟合，其表达式如下所示：

$$\phi(t) = a_0 + a_1 t + a_2 t^2 + \cdots + a_n t^n, \quad m > n + 1 \qquad (3.48)$$

式中：t 为观测历元时刻；$a_0, a_1, \cdots, a_n$ 为拟合系数，可以通过最小二乘估计的方法求得。因此，利用拟合出的多项式可以外推出下一历元的载波相位观测值 $\phi'(t_{m+1} + 1)$，并与实际的观测值 $\phi(t_{m+1} + 1)$ 进行比较。此外，根据拟合参数可以计算出拟合误差 σ：

$$\sigma = \sqrt{\frac{\sum_{i=0}^{m} v_i^2}{m - (n+1)}} \qquad (3.49)$$

利用载波相位观测的外推值和实际值做差比较，当差值满足：

$$\left| \phi'(t_{m+1} + 1) - \phi(t_{m+1} + 1) \right| < 3\sigma \qquad (3.50)$$

时即可认为该实际观测值并不存在周跳。利用滑动窗口的方式即可重复上述方法进行周跳探测过程。需要注意的是，该方法利用了精密定轨中测站为静态的特点，同时还假定了接收机钟差、卫星钟差、对流层和电离层延迟不随时间发生突变的前提条件。因此，该方法的探测能力有较强的局限性，一般适用于单频高采样率的 GNSS 观测情况。

2. 双频码相组合法与双频电离层残差法

这类观测值组合方法通常利用不同观测值之间的组合关系来进行周跳探测，组合构造的观测值通常具有与测站-卫星间的几何距离、接收机钟差、卫星钟差等无关的特点，相比前述多项式拟合法有更为广泛的应用场景。这里依次介绍其中最为常用的两类观测值组合方法。

双频码相组合法通常是指利用双频载波相位和测码伪距组合观测值来进行周跳探测，其所使用的组合方法称为 Melbourne-Wübbena（MW）组合（Melbourne, 1985；Wübbena, 1985）。考虑双频伪距观测值 P_1、P_2 和载波相位观测值 L_1、L_2，则其对应的 MW 组合表达式如下：

$$\mathrm{MW} = \frac{f_1 - f_2}{f_1 + f_2}\left(\frac{P_1}{\lambda_1} + \frac{P_2}{\lambda_2}\right) - \left(\frac{L_1}{\lambda_1} - \frac{L_2}{\lambda_2}\right) = N_1 - N_2 \tag{3.51}$$

式中：f_1、f_2 为载波频率；λ_1、λ_2 为载波波长；$N_1 - N_2$ 为宽巷模糊度。利用这种 MW 组合的方式，消除了观测值中几何距离、钟差、电离层、对流层的影响，因此组合后的表达式中只剩下了模糊度相关项。此时，当 f_1 和 f_2 上的模糊度 N_1 和 N_2 没发生周跳时，MW 组合将在一个常数附近波动。所以可以利用 MW 组合值的跳变来检验周跳现象的发生。具体检验方法如下：首先逐个历元计算各测站卫星间的 MW 组合，并通过历元差分的方式获得周跳探测的检验量 $\Delta\mathrm{MW}$。若检验量 $\Delta\mathrm{MW}$ 大于设定的阈值则判定其发生周跳，否则认为没有周跳发生。具体使用中阈值的设定主要取决于伪距观测值的噪声水平。相比于前述多项式拟合法，MW 组合探测周跳具有更广泛的使用场景。MW 组合具有如下特点：①MW 组合不受接收机和卫星间几何距离值、钟差、对流层和电离层延迟的影响，因此适用于更广泛的周跳探测场景；②MW 组合构造的是宽巷模糊度，其波长较长，因而可以探测出较小的周跳。但该组合也存在一定的缺陷：①需要双频观测值，因此不适用于单频 GNSS 观测值的周跳检测；②无法确定周跳发生时对应的频率，且当两个频率上发生的周跳数值接近或者相等时，检验量 $\Delta\mathrm{MW}$ 将无法对此进行探测。

双频电离层残差法利用了双频载波相位观测值的电离层残差来探测周跳，通常又称为 GF（geometry-free）组合。GF 组合探测周跳利用了相邻历元的电离层残差变化较小的特点进行周跳检验。具体来说，考虑双频载波相位观测值 L_1、L_2，其 GF 组合观测值的表达式如下：

$$\begin{aligned}\mathrm{GF} &= L_1 - L_2 \\ &= \lambda_1 N_1 - \lambda_2 N_2 + \delta I_1 - \delta I_2 \\ &= \lambda_1 N_1 - \lambda_2 N_2 + \left(1 - \frac{f_1^2}{f_2^2}\right)\delta I_1\end{aligned} \tag{3.52}$$

式中：δI_1、δI_2 分别为第一频点和第二频点上的电离层延迟误差，其余符合含义同上所述。

若不考虑载波相位观测值的噪声和多路径效应，GF 组合观测值仅与模糊度和电离层延迟相关。具体检验流程如下：首先逐个历元利用双频载波相位观测值计算测站卫星间的 GF 组合观测值，并通过历元差分的方法求得周跳探测检验量 ΔGF。当检验量 ΔGF 大于设定的阈值时则认为检测到周跳的发生。具体的阈值设置则取决于电离层残差随历元的变化情况，与观测值采样率、电离层活跃程度相关。类似双频码相 MW 组合观测值，GF 组合也具有如下特点：①观测值不受测站卫星间几何距离、钟差、对流层延迟的影响；②由于仅利用了双频载波相位观测值，其构造的组合观测值精度较高，可以用于探测较小的周跳。同样该组合也存在相应的缺陷：①成功进行周跳探测是在电离层变化较小的前提假设下，因此在电离层活跃期间该方法将难以准确探测出周跳的发生；②当两个频率上模糊度发生了特殊周跳使得组合值 $\lambda_1 N_1$ 和 $\lambda_2 N_2$ 相等或者接近时，GF 组合检验量将无法探测出周跳的发生。

考虑 GNSS 卫星精密定轨中常使用双频 IF 组合观测值，通常可以联合 MW 组合及双频电离层残差法进行组合周跳探测判断，这样可以达到"互补"的效果，避免各自单独组合造成的探测盲区。

3.3.4 随机模型

除上述介绍的 GNSS 观测模型外，利用 GNSS 观测值进行 GNSS 卫星轨道状态参数的最优估计还需要确定随机模型。随机模型主要是为了确定不同 GNSS 观测值的精度水平、待估参数的初始精度及各类时变参数的过程噪声。本小节分观测随机模型和参数随机模型展开阐述。

1. 观测随机模型

GNSS 观测值的精度水平通常可以量化为与卫星高度角、信噪比（signal to noise ratio，SNR）相关的函数模型，确定 GNSS 观测随机模型的常用方法包括高度角函数法和信噪比函数法。

1）高度角函数法

基于高度角的随机模型是将 GNSS 观测值噪声 σ 表达成以卫星高度角 E 为变量的函数，即

$$\sigma^2 = f(E) \tag{3.53}$$

根据高度角函数 f 的不同，可以衍生出多种不同的基于卫星高度角的随机模型，其中指数函数模型和正余弦函数模型是目前应用最为广泛的高度角随机模型。

基于指数函数的高度角模型的表达式如下：

$$\sigma^2 = \sigma_0^2 (1 + a\mathrm{e}^{-E/E_0})^2 \tag{3.54}$$

式中：σ_0 为观测值在近天顶方向的标准差；E_0 为参考卫星高度角；a 为放大因子。

基于余弦函数模型的高度角模型的表达式如下：

$$\sigma^2 = a^2 + b^2 / \cos^2 E \tag{3.55}$$

基于正弦函数模型的高度角模型的表达式如下：

$$\sigma^2 = a^2 + b^2 / \sin^2 E \qquad (3.56)$$

式中：E 为卫星高度角；a、b 为待定系数，一般根据经验给定或者通过拟合方法进行确定。

2）信噪比函数法

接收机信噪比与大气延迟误差、多路径效应、天线增益和接收机内部电路等因素有关，它在一定程度上反映了观测值的数据质量，可以用来衡量观测值的噪声水平。在有 SNR 观测值的条件下，可以建立如下载波相位观测值的 SIGMA-ε 随机模型：

$$\sigma^2 = C_i \times 10^{-S/10} = B_i \left(\frac{\lambda_i}{2\pi} \right)^2 \times 10^{-S/10} \qquad (3.57)$$

式中：S 为实测信噪比；B_i 为相位跟踪环带宽；λ_i 为载波相位波长。实际计算中，通常取 $C_1 = 0.002\,24\ \mathrm{m^2 \cdot Hz}$，$C_2 = 0.000\,77\ \mathrm{m^2 \cdot Hz}$。在实际使用中，还有一种简化模型：

$$\sigma^2 = \sigma_0^2 (1 + a\mathrm{e}^{-S/S_0})^2 \qquad (3.58)$$

式中：S_0 为参考信噪比。这种简化的方法实现了信噪比随机模型与高度角随机模型在形式上的统一。然而，上述随机模型需要依赖 SNR 观测值，在实际 GNSS 观测值 RINEX 文件中，SNR 观测值并不是一个输出的必选项。很多情况下，用户无法获得实际的 SNR 观测值。不过从 RINEX 2.0 版本开始后，输出的相位观测值在最后两位增加了信号强度指数 I，根据信号强度指数可以通过以下公式计算得到相应的 SNR 值：

$$S = \begin{cases} 9, & \mathrm{int}(I / 5) > 9 \\ \mathrm{int}(I / 5), & \text{其他} \end{cases} \qquad (3.59)$$

此时，上述简化的信噪比随机模型也就可以简化为如下形式：

$$\sigma^2 = C_i \times 10^{-S/2} \qquad (3.60)$$

2. 参数随机模型

参数随机模型主要用于描述各类参数的初始精度及相应的过程噪声。GNSS 卫星精密定轨中，主要涉及的参数包含轨道状态参数、导航卫星动力学模型参数、测站坐标参数、卫星/接收机钟差参数、对流层参数、系统间偏差参数、地球定向参数（earth orientation parameter，EOP）和模糊度参数。描述参数变化的模型有常数模型、分段常数模型、随机游走模型、白噪声模型及一阶高斯-马尔可夫模型。

对于模糊度参数，通常使用常数模型，且在发生周跳后需要新增一个模糊度参数。对于卫星/接收机钟差，考虑其复杂的时变特性，通常将其估计为白噪声。特别地，对于配备了稳定性较高的原子钟，其进一步采用分段线性模型或随机游走模型。对于天顶对流层参数，可以视其变化情况，采用分段常数、分段线性及随机游走模型进行估计。对于 EOP 参数，通常可以采用分段线性或分段常数的方式进行估计。

对于 GNSS 卫星精密定轨中的测站位置参数，由于需要采用固定测站的观测数据，接收机位置参数需要采用常数模型进行估计。而对于轨道状态参数则需要采用一阶高斯-马尔可夫模型进行构建或者将不同时刻的轨道位置参数统一归化到同一时刻进行估计。而对于 GNSS 卫星动力学模型参数，其通常视为分段常数模型或随机游走模型。

3.4　GNSS 卫星精密定轨参数估计方法

为了利用地面测站的 GNSS 观测数据和 GNSS 卫星的动力学模型精确确定一段时间内卫星的轨道状态，需要使用最优估计方法确定参数的最佳估值。根据处理的数据类型不同，GNSS 卫星精密定轨的处理模式主要可以归为以下两类：①对一段时间内存储的事后观测数据进行整体批处理得到该时段内的精密轨道；②逐历元对实时观测数据进行处理并输出卫星精密轨道状态。前者常见于事后精密定轨或超快速定轨，通常采用整体最小二乘的参数估计方法；而后者主要用于实时精密定轨，通常基于滤波的方法。本节分别对这两种处理模式进行介绍。

3.4.1　基于最小二乘批处理的精密定轨方法

采用整体最小二乘批处理进行精密定轨的基本思想如下：通过初始时刻卫星轨道状态的初始值，对卫星运动方程和变分方程进行数值积分，以此构建各时刻的观测量与卫星轨道状态初始值之间的线性关系。而后借助整体最小二乘获得初始时刻下轨道状态参数的最优估值，并对上述操作进行迭代处理直至估计结果收敛。

假定 t_i 时刻下的观测方程可以抽象为如下形式：

$$Y_i = G(X_i, q, t_i) + v_i P_i \tag{3.61}$$

式中：X_i 为 t_i 时刻卫星轨道参数；q 为 GNSS 观测模型中的参数；Y_i 为 t_i 时刻的观测量；P_i 为对应观测权。首先需要对该时刻观测方程线性化并构建与初始时刻轨道状态参数的线性关系。基于初始轨道状态对卫星运动方程数值积分得到 t_i 时刻下的参考轨道为 X_i^*，观测模型参数的初值为 q^*，此时对式（3.78）进行线性展开，可得

$$Y_i = Y_i^* + \frac{\partial G}{\partial X_i}\bigg|_* (X_i - X_i^*) + \frac{\partial G}{\partial q}\bigg|_* (q - q^*) + \varepsilon_i \tag{3.62}$$

令 $y_i = Y_i - Y_i^*$，$\delta q = q - q^*$，$x_i = X_i - X_i^*$，$\tilde{H}_x = \dfrac{\partial G}{\partial X_i}\bigg|_*$，$\tilde{H}_q = \dfrac{\partial G}{\partial q}\bigg|_*$，并取：

$$\begin{cases} \tilde{x}_i = \begin{bmatrix} x_i \\ \delta q \end{bmatrix} \\ \tilde{H}_i = [\tilde{H}_x \quad \tilde{H}_q] \end{cases} \tag{3.63}$$

则线性化后的观测方程可以表示为

$$y_i = \tilde{H}_i \tilde{x}_i + \varepsilon_i \tag{3.64}$$

进一步考虑 t_i 时刻下轨道状态参数与初始时刻轨道状态参数具有如下关系式：

$$\tilde{x}_i = \begin{bmatrix} x_i \\ \delta q \end{bmatrix} = \begin{bmatrix} \psi(t_i, t_0) x_0 \\ \delta q \end{bmatrix} = \begin{bmatrix} \psi(t_i, t_0) & I \end{bmatrix} \begin{bmatrix} x_0 \\ \delta q \end{bmatrix} = \tilde{\psi}(t_i, t_0) \tilde{x}_0 \tag{3.65}$$

式中：$\psi(t_i, t_0)$ 为通过对变分方程进行数值积分得到的状态转移矩阵。最终可以得到 Y_i 有关初始时刻状态参数的如下线性表达式：

$$y_i = H_i \tilde{x}_0 + \varepsilon_i \tag{3.66}$$

式中: $H_i = \tilde{H}_i \tilde{\psi}(t_i, t_0)$。

得到上述线性化的观测方程后, 定义观测残差向量 v 为

$$v = H\tilde{x}_0 - y \tag{3.67}$$

此时, 根据最小二乘准则, 即

$$J(\tilde{x}_0) = v^{\mathrm{T}} P v = \min \tag{3.68}$$

可以得到待估参数的最优估值:

$$\hat{x}_0 = (H^{\mathrm{T}} P H)^{-1} H^{\mathrm{T}} P y \tag{3.69}$$

对应的待估参数的协因数阵为

$$Q_{\tilde{x}_0 \tilde{x}_0} = (H^{\mathrm{T}} P H)^{-1} \tag{3.70}$$

除观测方程, 实际精密定轨过程中还需要进一步考虑模型参数的先验精度。若参数的已知值为 $\bar{x}_0$, 对应的协因数阵为 Λ, 则此时最小二乘准则可以表示为

$$J(\tilde{x}_0) = v^{\mathrm{T}} P v + (\tilde{x}_0 - \bar{x}_0)^{\mathrm{T}} \Lambda (\tilde{x}_0 - \bar{x}_0) = \min \tag{3.71}$$

此时待估参数的最优估值为

$$\hat{x}_0 = (H^{\mathrm{T}} P H + \Lambda)^{-1} (H^{\mathrm{T}} P y + \Lambda \bar{x}_0) \tag{3.72}$$

对应的待估参数的协因数阵为

$$Q_{\hat{x}_0 \hat{x}_0} = (H^{\mathrm{T}} P H + \Lambda)^{-1} \tag{3.73}$$

在数据处理过程中, 由于涉及的参数较多, 观测数据量较大。为避免直接对高阶矩阵进行求逆等运算操作, 通常采用递归最小二乘的方式处理, 以提高计算效率。若将待估参数 $\tilde{x}$ 分为活跃参数 $\tilde{x}_a$ 和非活跃参数 $\tilde{x}_n$ 两类, 那么此时根据最小二乘准则得到法方程, 可以表示为

$$\begin{bmatrix} N_{11} & N_{12} \\ N_{21} & N_{22} \end{bmatrix} \begin{bmatrix} \tilde{x}_a \\ \tilde{x}_n \end{bmatrix} = \begin{bmatrix} W_1 \\ W_2 \end{bmatrix} \tag{3.74}$$

令 $Z = N_{21} N_{11}^{-1}$, 对式 (3.91) 进行变换可得

$$\begin{bmatrix} I & 0 \\ -Z & I \end{bmatrix} \begin{bmatrix} N_{11} & N_{12} \\ N_{21} & N_{22} \end{bmatrix} \begin{bmatrix} \tilde{x}_a \\ \tilde{x}_n \end{bmatrix} = \begin{bmatrix} I & 0 \\ -Z & I \end{bmatrix} \begin{bmatrix} W_1 \\ W_2 \end{bmatrix}$$

$$\Rightarrow \begin{bmatrix} N_{11} & N_{12} \\ 0 & \tilde{N}_{22} \end{bmatrix} \begin{bmatrix} \tilde{x}_a \\ \tilde{x}_n \end{bmatrix} = \begin{bmatrix} W_1 \\ \tilde{W}_2 \end{bmatrix} \tag{3.75}$$

因此, 可以通过法方程 $\tilde{N}_{22} \tilde{x}_n = \tilde{W}_2$ 单独求解参数 $\tilde{x}_n$, 而后再回代求解剩余参数 $\tilde{x}_a$。进一步, 借助该方法可以在每个历元都将与后续历元观测方程无关的参数进行消除, 以节省计算资源。同时每个历元消除参数后得到的新法方程可以继续和后续历元的观测方程叠加构成新的法方程, 直至遍历所有历元, 最终可以直接求解所有非活跃参数的 $\tilde{x}_n$ 的最优估值。而之前历元消除的活跃参数 $\tilde{x}_a$ 的最优估值则可以通过回代之前的法方程进行求解。

在经过上述方式求解得到参数的最优估值后, 需要重复上述步骤迭代进行最小二乘估计直至轨道状态参数收敛。

3.4.2　基于均方根信息滤波的实时定轨方法

对于实时数据的处理，通常采用滤波的方式进行参数估计。不同于最小二乘批处理需要存储所有的观测值信息，滤波算法无须存储历史观测数据信息，而是对待估参数的协方差矩阵信息进行存储。同时滤波算法在处理具有先验运动模型的最优估计问题时也更为直观。但计算机计算过程中存在截断误差，同时 GNSS 卫星精密定轨中涉及的数据较多，导致滤波容易因数值计算误差而发散。因此，在实时滤波定轨处理中常用均方根信息滤波（square root information filter，SRIF）作为参数估计方法。下面介绍基于均方根信息滤波的实时定轨方法。

均方根信息滤波以 QR 分解为基础实现滤波递推计算的量测更新和时间更新。考虑待估状态量的先验信息和误差方程可以表示为

$$\boldsymbol{\nu} = \begin{bmatrix} \boldsymbol{E} \\ \boldsymbol{A} \end{bmatrix} x - \begin{bmatrix} \overline{x} \\ b \end{bmatrix} \quad \begin{bmatrix} \boldsymbol{W} & 0 \\ 0 & \boldsymbol{P} \end{bmatrix} \tag{3.76}$$

式中：$\boldsymbol{W}$、$\boldsymbol{P}$ 分别为待估参数和观测方程的权矩阵。对前述观测方程权矩阵和先验信息的权矩阵进行三角化分解有 $\boldsymbol{P} = \boldsymbol{\varepsilon}_k^{\mathrm{T}} \boldsymbol{\varepsilon}_k$，$\boldsymbol{W} = \boldsymbol{R}_k^{\mathrm{T}} \boldsymbol{R}_k$。此时前述先验信息和观测方程的单位权规整化后可以表示为

$$\boldsymbol{\nu} = \begin{bmatrix} \boldsymbol{\varepsilon}_k \\ \boldsymbol{R}_k \boldsymbol{A} \end{bmatrix} x - \begin{bmatrix} \boldsymbol{\varepsilon}_k \overline{x} \\ \boldsymbol{R}_k b \end{bmatrix} \tag{3.77}$$

此时定义目标函数为

$$J(x) = \boldsymbol{\nu}^{\mathrm{T}} \boldsymbol{\nu} = \|\boldsymbol{H}x - \boldsymbol{l}\|^2 = \min \tag{3.78}$$

式中：$\boldsymbol{H} = \begin{bmatrix} \boldsymbol{\varepsilon}_k \\ \boldsymbol{R}_k \boldsymbol{A} \end{bmatrix} x$、$\boldsymbol{l} = \begin{bmatrix} \boldsymbol{\varepsilon}_k \overline{x} \\ \boldsymbol{R}_k b \end{bmatrix}$ 分别为规整化后的系数矩阵和先验残差向量。对规整化后的系数阵进行 QR 分解，有

$$\boldsymbol{H}_{(m+n) \times n} = \begin{bmatrix} \boldsymbol{\varepsilon}_{k,n \times n} \\ \boldsymbol{R}_{k,m \times m} \boldsymbol{A}_{m \times n} \end{bmatrix} = \boldsymbol{Q}_{(m+n) \times m} \begin{bmatrix} \boldsymbol{\varepsilon}_{k+1/k,n \times n} \\ \boldsymbol{0}_{m \times n} \end{bmatrix} \tag{3.79}$$

$$\boldsymbol{Q} \boldsymbol{Q}^{\mathrm{T}} = \boldsymbol{E}$$

式中：$\boldsymbol{Q}$ 为分解得到的正交矩阵。因此，对目标函数 $J(x)$ 进行正交变换，可以得到相应的等价表达：

$$\begin{aligned}
\min[J(x)] &= \min \left(\left\| \begin{bmatrix} \boldsymbol{\varepsilon}_{k+1/k} \\ \boldsymbol{0} \end{bmatrix} x - \boldsymbol{Q}^{\mathrm{T}} \begin{bmatrix} \boldsymbol{\varepsilon}_k \overline{x} \\ \boldsymbol{R}_k b \end{bmatrix} \right\|_2 \right) \\
&= \min(\| \boldsymbol{\varepsilon}_{k+1/k} x - z \|_2 + \| e \|_2) \\
&= \min(\| \boldsymbol{\varepsilon}_{k+1/k} x - z \|_2) \\
&\quad \begin{bmatrix} z \\ e \end{bmatrix} = \boldsymbol{Q}^{\mathrm{T}} \begin{bmatrix} \boldsymbol{\varepsilon}_k \overline{x} \\ \boldsymbol{R}_k b \end{bmatrix}
\end{aligned} \tag{3.80}$$

式中：e 为正规化后的后验观测残差向量。此时待估参数可以由 $x = \boldsymbol{\varepsilon}_{k+1/k}^{-1} z$ 直接求解得到，该方程在 SRIF 中也称为信息方程。可以发现此表达式与前述规整化的先验信息方程类似，此时 $\boldsymbol{\varepsilon}_{k+1/k}^{\mathrm{T}} \boldsymbol{\varepsilon}_{k+1/k}$ 即求解后参数 x 的信息权矩阵，至此已经完成了 SIRF 中的量测更新。

导航卫星实时精密定轨中需要处理大量随时间变化的动态参数，如轨道参数、钟差参数、对流层参数和模糊度参数等。尽管这些动态参数各自具有不同的特性，但它们一般化的时间更新过程都包含参数增加、参数状态更新和消参三个部分。接下来依次对这三个部分的具体算法流程进行相应的介绍。

考虑 j 时刻的信息方程为 $\varepsilon_j x = z_j$。其中，将参数 x 中分为两个类别，即 $\boldsymbol{x}^{\mathrm{T}} = [x_{r,j}, x_c]$，其中 $x_{r,j}$ 表示过了 j 时刻后需要消除的参数，x_c 表示过了 j 时刻还需要保留的参数。假定 ε_j 的信息矩阵为上三角阵（若不为上三角阵，可做一次 QR 分解后得到），此时信息方程可表示为如下形式：

$$\begin{bmatrix} \varepsilon_{r,j} & \varepsilon_{rc,j} \\ 0 & \varepsilon_{c,j} \end{bmatrix} \begin{bmatrix} x_{r,j} \\ x_{c,j} \end{bmatrix} = \begin{bmatrix} z_{r,j} \\ z_{c,j} \end{bmatrix} \tag{3.81}$$

对下个历元新增加的参数使用 $x_{n,j+1}$ 进行表示，对于新增参数，考虑其具有的先验信息方程为 $\zeta_{j+1} x_{n,j+1} = z_{n,j+1}$。此时参数增加后的信息方程可以直接表示为如下形式：

$$\begin{bmatrix} \varepsilon_{r,j} & \varepsilon_{rc,j} & 0 \\ 0 & \varepsilon_{c,j} & 0 \\ 0 & 0 & \zeta_{j+1} \end{bmatrix} \begin{bmatrix} x_{r,j} \\ x_{c,j} \\ x_{n,j+1} \end{bmatrix} = \begin{bmatrix} z_{r,j} \\ z_{c,j} \\ z_{n,j+1} \end{bmatrix} \tag{3.82}$$

考虑 $x_{r,j}$ 和 $x_{n,j+1}$，可以构建如下状态变化方程：

$$\boldsymbol{x}_{n,j+1} = \boldsymbol{\phi}_{j+1/j} x_{r,j} + \boldsymbol{\beta}_{j+1/j}$$
$$\boldsymbol{W}_\omega = \boldsymbol{R}_\omega^{\mathrm{T}} \boldsymbol{R}_\omega \tag{3.83}$$

式中：$\boldsymbol{\phi}_{j+1/j}$ 为线性化后的状态转移矩阵；$\boldsymbol{W}_\omega$ 为状态转移方程的信息权矩阵，其三角化分解后的结果为 $\boldsymbol{R}_\omega$；$\boldsymbol{\beta}_{j+1/j}$ 为状态转移方程中的过程噪声，其大小一般与状态转移的时间间隔相关。可以看到，参数状态更新过程，等价于将式（3.83）当作观测方程，对式（3.81）的信息方程完成一次量测更新。因此，对参数进行状态更新依然可以基于 QR 分解完成。这里仿照式（3.78）构造如下最小二乘模型，并对系数矩阵进行 QR 分解，可以得到

$$\min(\| Hx - l \|_2) = \min \left(\left\| \begin{bmatrix} \varepsilon_{r,j} & \varepsilon_{rc,j} & 0 \\ 0 & \varepsilon_{c,j} & 0 \\ 0 & 0 & \zeta_{j+1} \\ -R_\omega \phi & 0 & R_\omega \end{bmatrix} \begin{bmatrix} x_{r,j} \\ x_{c,j} \\ x_{n,j+1} \end{bmatrix} - \begin{bmatrix} z_{r,j} \\ z_{c,j} \\ z_{n,j+1} \\ R_\omega \beta_{j+1/j} \end{bmatrix} \right\|_2 \right)$$

$$\Downarrow H = QR \tag{3.84}$$

$$= \min \left(\left\| \begin{bmatrix} \varepsilon_{r,j+1} & \varepsilon_{rc,j+1} & \varepsilon_{rn,j+1} \\ 0 & \varepsilon_{c,j+1} & \varepsilon_{cn,j+1} \\ 0 & 0 & \varepsilon_{n,j+1} \\ 0 & 0 & 0 \end{bmatrix} \begin{bmatrix} x_{r,j} \\ x_{c,j} \\ x_{n,j+1} \end{bmatrix} - \boldsymbol{Q}^{\mathrm{T}} \begin{bmatrix} z_{r,j} \\ z_{c,j} \\ z_{n,j+1} \\ R_\omega \beta_{j+1/j} \end{bmatrix} \right\|_2 \right)$$

式中：ε_{j+1} 为 $j+1$ 时刻信息方程的信息矩阵；Q 为对系数矩阵进行 QR 分解得到的正交矩阵，即得到了参数状态更新后的信息方程。最后可以发现，由于信息矩阵为上三角矩阵，对于后续不再需要的 $x_{r,j}$ 参数，可以很自然地将其对应的信息方程中的所在行删除，方程剩余的部

分依然满足信息方程的结构。同时，由于 SRIF 算法中的时间更新和量测更新随时间不断地迭代进行，删除过时参数可以大大避免由这些参数导致的无意义计算。至此完成了 SRIF 中的时间更新，结合前述 SRIF 量测更新，即可实现轨道状态参数逐历元的最优估计。

综上所述，基于均方根信息滤波的实时定轨包括了量测更新和时间更新，具体处理流程如图 3.5 所示。

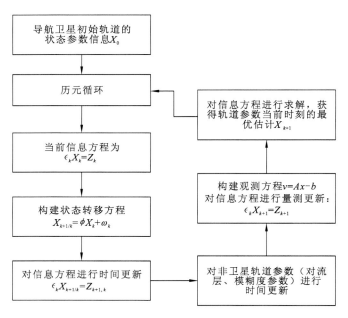

图 3.5　基于均方根信息滤波的实时定轨方法流程示意图

参 考 文 献

Adhya S, 2005. Thermal re-radiation modelling for the precise prediction and determination of spacecraft orbits. London: University College London.

Arnold D, Meindl M, Beutler G, et al., 2015. CODE's new solar radiation pressure model for GNSS orbit determination. Journal of Geodesy, 89(8): 775-791.

Bar-Sever Y E, 1996. A new model for GPS yaw attitude. Journal of Geodesy, 70(11): 714-723.

Darugna F, Steigenberger P, Montenbruck O, et al., 2018. Ray-tracing solar radiation pressure modeling for QZS-1. Advances in Space Research, 62(4): 935-943.

Dilssner F, Springer T, Enderle w, 2011a. GPSIIF yaw attitude control during eclipse season. AGU Fall Meeting, San Francisco.

Dilssner F, Springer T, Gienger G, et al., 2011b. The GLONASS-M satellite yaw-attitude model. Advances in Space Research, 47(1): 160-171.

Fliegel H F, Gallini T E, 1996. Solar force modeling of block IIR Global Positioning System satellites. Journal of Spacecraft and Rockets, 33(6): 863-866.

Fliegel H F, Gallini T E, Swift E R, 1992. Global positioning system radiation force model for geodetic applications. Journal of Geophysical Research: Solid Earth, 97(B1): 559-568.

Folkner W M, Williams J G, Boggs D H, 2008. The Planetary and Lunar Ephemeris DE 421// JPL Interoffice Memorandum IOM 343R-08-002, Jet Propulsion Laboratory, Pasadena.

Kouba J, 2008. A simplified yaw-attitude model for eclipsing GPS satellites. GPS Solution, 13(1): 1-12.

Kuang D, Desail S, Sibois A, 2016. Observed features of GPS BLOCK IIF satellite yaw maneuvers and comesponding modeling. GPS Solution, 21: 739-745.

Li X X, Ge M R, Dai X L, et al., 2015. Accuracy and reliability of multi-GNSS real-time precise positioning: GPS, GLONASS, Beidou, and Galileo. Journal of Geodesy, 89(6): 607-635.

Li X J, Hu X G, Guo R, et al., 2018. Orbit and positioning accuracy for new generation Beidou satellites during the earth eclipsing period. Journal of Navigation, 71(5): 1069-1087.

Li X X, Yuan Y Q, Zhu Y T, et al., 2020. Improving BDS-3 precise orbit determination for medium earth orbit satellites. GPS Solutions, 24(2): 53.

Melbourne W G, 1985. The case for ranging in GPS-based geodetic systems// The 1st International Symposium on Precise Positioning with the Global Positioning System.

Montenbruck O, Hugentobler U, Dach R, et al., 2012. Apparent clock variations of the BLOCK IIF-1 (SVN62) GPS satellite. GPS Solutions, 16(3): 303-313.

Montenbruck O, Steigenberger P, Hugentobler U, 2015. Enhanced solar radiation pressure modeling for Galileo satellites. Journal of Geodesy, 89(3): 283-297.

Pavlis N K, Holmes S A, Kenyon S C, et al., 2012. The development and evaluation of the Earth Gravitational Model 2008 (EGM2008). Journal of Geophysical Research: Solid Earth, 117(B4): B04406.

Reigber C, Balmino G, Schwintzer P, et al., 2002. A high-quality global gravity field model from CHAMP GPS tracking data and accelerometry (EIGEN-1S). Geophysical Research Letters, 29(14): 31-37.

Rodriguez-Solano C J, Hugentobler U, Steigenberger P, 2012. Adjustable Box-Wing model for solar radiation pressure impacting GPS satellites. Advances in Space Research, 49(7): 1113-1128.

Standish E M, 1995. The JPL planetary and lunar ephemerides. DE405/LE405, JPL IOM 312.F-98-048.

Wang C, Guo J, Zhao Q L, et al., 2018. Yaw attitude modeling for Beidou I06 and BeiDou-3 satellites. GPS Solutions, 22(4): 117.

Wübbena G, 1985. Software developments for geodetic positioning with GPS using TI 4100 code and carrier measurements. Proceedings of 1st International Symposium on Precise Position with GPS: 403-412.

Xia L, Lin B, Liu Y, et al., 2018. Satellite geometry and attitude mode of MEO satellites of BDS-3 developed by SECM. The 31st International Technical Meeting of The Satellite Division of the Institute of Navigation.

Xia F Y, Ye S R, Chen D Z, et al., 2019. Observation of BDS-2 IGSO/MEOs yaw-attitude behavior during eclipse seasons. GPS Solutions, 23(3): 71.

Zhang B C, Teunissen P J G, Yuan Y B, 2017. On the short-term temporal variations of GNSS receiver differential phase biases. Journal of Geodesy, 91(5): 563-572.

Ziebart M, Adhya S, Sibthorpe A, et al., 2005. Combined radiation pressure and thermal modelling of complex satellites: Algorithms and on-orbit tests. Advances in Space Research, 36(3): 424-430.

Ziebart M, Sibthorpe A, Cross P, et al., 2007. Cracking the GPS-SLR Orbit Anomaly. The 20th International Technical Meeting of the Satellite Division of The Institute of Navigation.

第4章

GNSS 卫星精密定轨最新进展

4.1 卫星辐射压模型精化

4.1.1 不同太阳光压模型适用性分析

目前常用的经验型 ECOM、ECOM2 模型并非是针对 BDS-3 卫星提出的，因此并不完全适用于 BDS-3；同时，基于卫星元数据建立的先验 Box-Wing 模型的精度也需要进一步评估验证。因此，本小节首先分析 ECOM、ECOM2 与基于北斗元数据的先验 Box-Wing 模型在 BDS-3 卫星定轨中的适用性。

先验 Box-Wing 模型构建时采用了北斗元数据中的卫星几何和光学参数。其中 CAST 的北斗三号 MEO 卫星星体尺寸为 $X \times Y \times Z = 1.66\ \mathrm{m} \times 1.31\ \mathrm{m} \times 2.18\ \mathrm{m}$，单侧太阳帆板面积为 $10.20\ \mathrm{m}^2$；SECM 的北斗三号 MEO 卫星星体尺寸为 $X \times Y \times Z = 2.55\ \mathrm{m} \times 1.01\ \mathrm{m} \times 1.23\ \mathrm{m}$，单侧太阳帆板面积为 $5.40\ \mathrm{m}^2$。BDS-3 卫星的太阳帆板吸收系数为 0.920。对于 CAST 卫星星体，其 $+X$ 和 $-Z$ 面采用了一种吸收系数为 0.350 的材料，$-X$、$+Y$ 和 $-Y$ 面的吸收系数为 0.135，$+Z$ 面吸收系数为 0.920。结合陈秋丽等的研究，$+X$ 和 $-Z$ 上吸收系数 0.350 的材料可能是星表多层，镜面反射系数为零；$-X$、$+Y$ 和 $-Y$ 面可能覆盖了光学太阳反射器，其镜面反射系数为 0.865（陈秋丽 等，2019；Chen，2018）。$+Z$ 面的镜面反射系数与漫反射系数则未见报道，假设其镜面反射系数为 0.080，漫反射系数为零。对于 SECM 卫星，北斗元数据中给出的吸收系数对于星体的 6 个表面都相同，为 0.200。对于没有给出的镜面反射系数和漫反射系数，分别假设其为 0.800 和 0.000。表 4.1 总结了用于先验 Box-Wing 模型构建的卫星几何和光学参数。需要指出的是，SECM 最后发射的两颗卫星 C43/C44 具有不同的星体尺寸，相比于其他 SECM 卫星，其 $\pm Y$ 面的面积更大，为 $3.78\ \mathrm{m}^2$。

表 4.1　北斗元数据公布的 MEO 卫星几何与光学参数

卫星类型	表面[面积/m²]	吸收系数	镜面反射系数	漫反射系数
	$+X$[2.86]	0.350	0.000	0.650
CAST	$-X$[1.75]	0.920	0.080	0.000
	$-X$[1.11]	0.135	0.865	0.000

卫星类型	表面[面积/m²]	吸收系数	镜面反射系数	漫反射系数
CAST	+Y[3.63]	0.135	0.865	0.000
	−Y[3.63]	0.135	0.865	0.000
	+Z[2.18]	0.920	0.080	0.000
	−Z[2.18]	0.350	0.000	0.650
	帆板[20.44]	0.920	0.080	0.000
SECM	+X[1.25]	0.200	0.800	0.000
	−X[1.25]	0.200	0.800	0.000
	+Y[3.13/3.78]	0.200	0.800	0.000
	−Y[3.13/3.78]	0.200	0.800	0.000
	+Z[2.59]	0.200	0.800	0.000
	−Z[2.59]	0.200	0.800	0.000
	帆板[10.80]	0.920	0.080	0.000

精密定轨处理采用 132 个全球分布的 IGS 多模 GNSS 试验（multi-GNSS experiment，MGEX）测站和 26 个国际 GNSS 监测评估系统（international GNSS monitoring and assessment system，iGMAS）测站，其分布情况如图 4.1 所示。数据处理软件为武汉大学测绘学院开发的卫星大地测量与多源导航软件 GREAT（GNSS+ research，application and teaching），处理时间段为 2021 年全年。在定轨解算过程中，选用 BDS 的 B1I 和 B3I 双频观测数据组成无电离层组合消除一阶电离层延迟。为了进一步提升轨道精度，联合 GPS 卫星观测数据进行 BDS-3/GPS 联合精密定轨解算，以增强测站坐标、对流层等公共参数的解算可靠性。定轨弧长为 72 h，观测值采样间隔为 300 s，采用双差模糊度固定方案固定相位模糊度。卫星天线相位中心偏差采用北斗卫星元数据中的数值改正，忽略卫星端天线相位中心变化；接收天线相位中心偏差与变化则采用 GPS L1 与 L2 频率的数值近似代替。

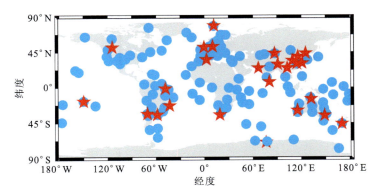

图 4.1　用于 BDS-3 卫星精密定轨的全球测站分布图

蓝色圆圈标记为 MGEX 测站，红色五角星标记为 iGMAS 测站不同太阳光压模型 BDS-3 卫星定轨结果的 24 h 重叠轨道误差均方根（root mean square，RMS）如图 4.2 所示。按卫星类型平均，可得 ECOM 模型下 CAST 卫星重叠轨道误差在切向、法向、径向上分别为 5.79 cm、3.93 cm、2.27 cm，SECM 卫星的重叠轨道误差分别为 5.31 cm、4.20 cm、1.95 cm；ECOM2 模型下重叠轨道误差整体有所增大，对于 CAST 卫星分别为 5.88 cm、3.96 cm、2.25 cm，SECM 卫星分别为 5.79 cm、4.32 cm、2.37 cm。当使用先验 Box-Wing 模型后，CAST 卫星和 SECM 卫星三个方向的重叠轨道误差最小，分别可以降低到 5.51 cm、3.91 cm、2.08 cm 和 5.14 cm、4.20 cm、1.80 cm。该结果表明，尽管北斗元数据中给出的卫星表面光学参数较为粗略，但使用其构建先验模型，仍能取得优于经验模型的定轨表现。从重叠轨道误差的角度看，径向精度提升最大，相比于 ECOM 和 ECOM2 模型能够达到 7%～24%。

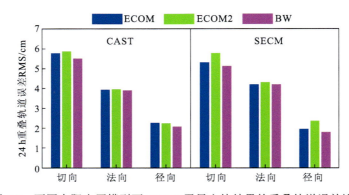

图 4.2　不同太阳光压模型下 BDS-3 卫星定轨结果的重叠轨道误差比较

所有 BDS-3 卫星都装配了激光后向反射器阵列（laser retroreflector array，LRA），其中部分 BDS-3 卫星被国际激光测距服务（International Laser Ranging Service，ILRS）日常跟踪，这些卫星是 CAST 卫星 C20、C21 及 SECM 卫星 C29、C30。这些激光数据可以通过德国慕尼黑工业大学（Technische Universität München，TUM）或美国地壳动力学数据信息系统（Crustal Dynamics Data Information System，CDDIS）免费下载。本书使用这些激光数据作为定轨结果的外部检核指标。在 SLR 处理中，激光反射阵列观测中心到卫星质心的偏心改正采用卫星元数据推荐值。对于 SLR 测站，采用 SLRF2014 框架下的测站坐标、速度和偏心率（ILRS，2020a；2020b），并改正固体地球潮汐、极潮和海洋潮汐负荷。对于大气延迟，采用 IERS 2010 协议推荐的模型进行改正（Mendes and Pavlis，2004）。仅对三天定轨弧段的中间一天进行 SLR 检核，并将大于 ±50 cm 的 SLR 残差作为异常值剔除。最终，得到三种模型的 SLR 残差平均偏差与标准差值，列于表 4.2 中。显然，相比于 ECOM 和 ECOM2 模型，先验 Box-Wing 模型的激光残差平均偏差和标准差均有改善。这表明，先验 Box-Wing 模型能够在一定程度上取得优于经验模型的定轨结果。图 4.3 进一步分析了 SLR 残差随卫星-太阳距角 ε 的变化，可以看到，绝大多数 SLR 残差落在 ±20 cm 范围内。ECOM 模型下 CAST 卫星和 SECM 卫星激光残差随卫星-太阳距角的变化斜率分别为 0.33 mm/（°）和-0.67 mm/（°），说明 ECOM 模型受到与距角相关的系统性误差影响；ECOM2 模型可以将斜率分别降低到-0.20 mm/（°）和-0.16 mm/（°）。而使用先验 Box-Wing 模型后，

SECM 卫星的斜率基本得到消除，为 0.05 mm/(°)，但 CAST 卫星的斜率增大到 0.49 mm/(°)。这表明利用北斗元数据所构建的先验 Box-Wing 模型仍存在一定缺陷，需要进一步改进。

表 4.2　BDS-3 卫星不同光压模型的 SLR 检核结果　　　　　　　　（单位：cm）

卫星	ECOM 模型		ECOM2 模型		先验 Box-Wing 模型	
	平均偏差	标准差	平均偏差	标准差	平均偏差	标准差
C20	6.29	3.53	5.73	3.35	5.86	3.29
C21	6.38	3.60	5.70	3.46	5.85	3.28
C29	−3.33	3.98	−1.66	3.47	−1.57	3.18
C30	−3.24	4.09	−1.66	3.71	−1.62	3.30

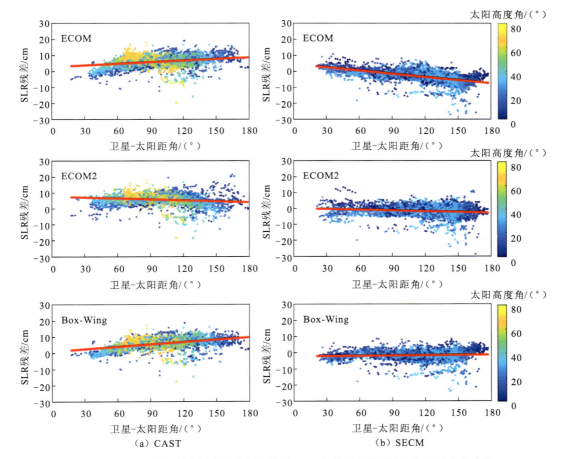

图 4.3　BDS-3 卫星不同光压模型定轨结果 SLR 检核残差随卫星-太阳距角的变化

4.1.2　半经验型太阳模型构建与验证

目前 BDS-3 卫星的表面光学参数较为粗略，因此，本小节采用可校正 Box-Wing（adjustable Box-Wing，ABW）模型（Rodriguez-Solano et al.，2012），在定轨的过程中同时

估计光学参数。ABW 模型在传统 Box-Wing 模型的基础上，额外考虑了太阳帆板的旋转滞后，这会导致太阳帆板法向与太阳方向不一致。此时太阳帆板的光压加速度应表达为

$$a = -\mathrm{SF}\left(\frac{1\mathrm{AU}}{|r - r_{\mathrm{Sun}}|}\right)^2 \frac{A\cos\theta S_0}{Mc}\left[(\alpha+\delta)\boldsymbol{e}_{\mathrm{D}} + \left(\frac{2}{3}\delta+2\rho\cos\theta\right)(\boldsymbol{e}_{\mathrm{D}}\cos\theta_{\mathrm{SB}} + \boldsymbol{e}_{\mathrm{B}}\sin\theta_{\mathrm{SB}})\right] \quad (4.1)$$

式中：θ_{SB} 为太阳帆板的旋转滞后角；$\boldsymbol{e}_{\mathrm{B}}$ 为太阳方向与太阳帆板旋转轴叉乘得到的向量，三者构成右手系。考虑太阳帆板的旋转滞后角通常为一小量，可将式（4.1）近似为

$$a = -\mathrm{SF}\left(\frac{1\mathrm{AU}}{|r - r_{\mathrm{Sun}}|}\right)^2 \frac{A\cos\theta S_0}{Mc}\left[\left(1+\rho+\frac{2}{3}\delta\right)\boldsymbol{e}_{\mathrm{D}} + \left(\frac{2}{3}\delta+2\rho\right)\theta_{\mathrm{SB}}\boldsymbol{e}_{\mathrm{B}}\right] \quad (4.2)$$

因此，ABW 模型对于太阳帆板所估计的参数包括：$\mathrm{SP} = 1+\rho+2\delta/3$、旋转滞后角 θ_{SB}。而对于卫星体，如式（4.2）所示，由于吸收系数与漫反射系数不可分离，将二者之和作为一个参数进行估计。考虑动态偏航模式下，卫星表面仅+X、+Z 和−Z 面轮流受照，故共需估计 6 个卫星体光学参数，分别为三个面的吸收系数与漫反射系数之和 PXAD、PZAD、NZAD 及镜面反射系数 PXR、PZR、NZR。此外，还需估计 Y 轴偏差参数 Y_0。

图 4.4 和图 4.5 分别显示了 CAST 与 SECM 卫星的 6 个星体光学系数估计值随太阳高度角的变化情况。相比于其他 CAST 卫星，C45、C46 这两颗最后发射的卫星在+Z 和−Z 面的光学系数明显与其他卫星不同，这可能是因为这两颗卫星存在不同的卫星构型。其他 CAST 卫星的+Z 和−Z 面光学系数较为稳定，随太阳高度角的变化小于 0.2。+X 面光学系数的变化略大于+Z 和−Z 面，为 0.2～0.5。对于 SECM 卫星，其 PXAD、PZR 和 NZR 变化均不超过 0.1，而 PZAD、NZAD 与 PXR 的变化较大。对于 C43、C44 这两颗卫星，尽管它们的形状与其他 SECM 卫星有所不同（±Y 面面积更大），但光学参数与其他 SECM 卫星之间没有明显差别。

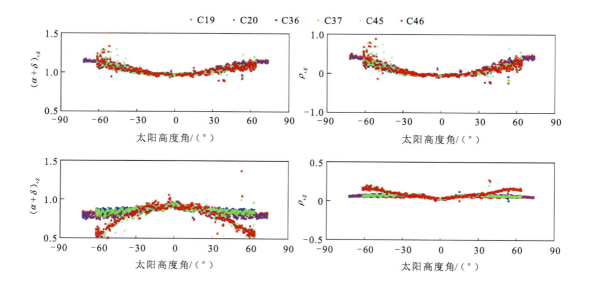

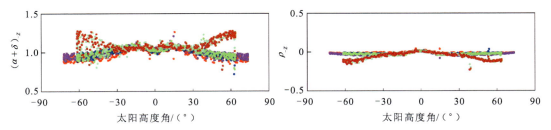

图 4.4　CAST 卫星表面光学系数估计值随太阳高度角的变化

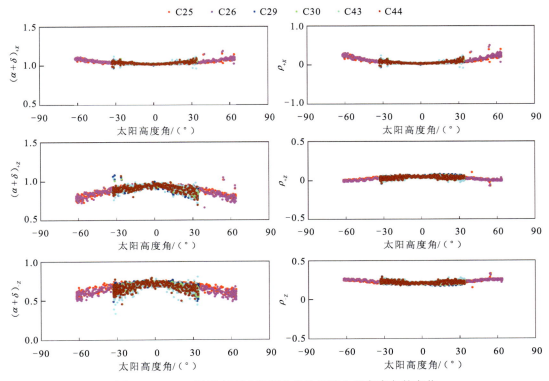

图 4.5　SECM 卫星表面光学系数估计值随太阳高度角的变化

　　通过轨道预报性能对估计得到的光学系数进行简单评估。这里的轨道预报流程如下：首先根据前文中的精密定轨结果，获得卫星参考历元的位置和速度信息；然后采用不同的光学系数，使用先验 Box-Wing 模型进行轨道预报，预报时长分别为 1 天、3 天、5 天和 7 天；最后将预报轨道与后处理精密轨道进行比较，得到轨道预测误差一维误差 RMS，如图 4.6 所示。可以看到，当使用估计的光学系数时，CAST 卫星和 SECM 卫星预报 1 天、3 天、5 天和 7 天的预测误差一维误差 RMS 能够分别从 6.1 m、22.2 m、39.5 m、52.2 m 和 4.69 m、23.1 m、48.4 m、72.2 m 减小到 3.1 m、11.4 m、19.2 m、27.1 m 和 3.2 m、16.5 m、35.8 m、55.1 m。这表明，采用估计的光学系数可以显著提高 CAST 卫星和 SECM 卫星的光压建模精度。

　　进一步通过重叠轨道误差和 SLR 检核残差两类指标，比较不同光学系数的精密定轨结果。表 4.3 统计了不同光学系数构建的先验 Box-Wing 模型的重叠轨道误差 RMS。可以看到，采用估计得到的表面光学系数能够进一步减小重叠轨道误差，相比于卫星元数据，改

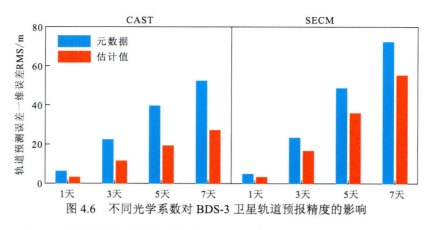

图 4.6　不同光学系数对 BDS-3 卫星轨道预报精度的影响

进约为 4%。表 4.4 统计了不同光学系数的 SLR 残差，可以看到，使用估计的光学系数能将 SLR 残差的平均偏差减小 1.1～1.3 cm，将残差标准差减小 0.1～0.3 cm。

表 4.3　不同光学系数定轨结果的重叠轨道误差 RMS　　　　　　　　（单位：cm）

卫星类型	光学系数	切向	法向	径向	一维
CAST 卫星	元数据	5.51	3.91	2.08	4.08
	估计值	5.35	3.59	2.04	3.90
SECM 卫星	元数据	5.14	4.20	1.80	3.97
	估计值	5.03	3.91	1.75	3.81

表 4.4　不同光学系数定轨结果的 SLR 残差统计　　　　　　　　（单位：cm）

卫星编号	卫星元数据		估计值	
	平均偏差	标准差	平均偏差	标准差
C20	5.86	3.29	4.64	3.05
C21	5.85	3.28	4.55	2.98
C29	−1.57	3.18	−0.36	3.07
C30	−1.62	3.30	−0.39	3.22

图 4.7 给出了基于改进光学系数的 BDS-3 先验 Box-Wing 模型的 SLR 检核残差随卫星-太阳距角 ε 的变化情况。相比于卫星元数据，CAST 卫星 SLR 残差与卫星-太阳距角的相关性显著降低，其斜率数值由 0.49 mm/（°）减小为 −0.2655 mm/（°）；而对于 SECM 卫星，其斜率与卫星元数据类似，为 −0.0768 mm/（°）。但同时也应注意到，对于 CAST 卫星，基于估计光学系数的先验 Box-Wing 模型的 SLR 残差与卫星-太阳距角的相关性仍然较大，斜率甚至略大于 ECOM2 模型。这可能与 CAST 卫星构型有关。CAST 卫星沿本体 Z 轴分为平台舱和载荷舱，其中平台舱较小（陈忠贵和武向军，2020；张旭 等，2020），因此当卫星沿轨道面运动、$+Z$ 和 $-Z$ 面轮流受照时，会引起太阳光压力的周期性变化，进而导致轨道误差呈现出与距角的相关性。而本节在光学参数估计与先验模型构建的过程中均采用了相同的 $+Z$ 与 $-Z$ 面积，因此并不能完全消除这一系统影响。此外，该构型会导致星体表

面之间产生相互遮挡，也可能引起太阳光在星体表面的二次反射，造成太阳光压建模误差。对于上述因素的精细考虑，有望进一步提高定轨精度。

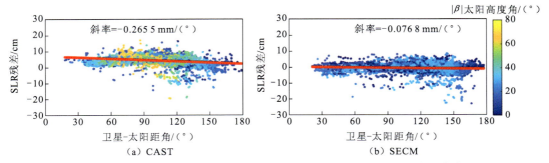

图 4.7　基于改进光学系数定轨结果的 SLR 残差随卫星-太阳距角的变化

4.2　基于非差固定解的 GNSS 卫星精密定轨

由之前的观测模型可知，在 GNSS 非差数据处理中，模糊度参数由于吸收了载波相位偏差，以及受到钟差伪距基准的影响，不具有整周特性。而在非差整周模糊度的解算中，式（3.29）中模糊度参数的估计值会与接收机端和卫星端的载波相位偏差 $B_{r,f}^{g}$、B_{f}^{s} 和伪距硬件延迟 d_{f}^{s}、$d_{r,f}^{g}$ 耦合，即 $\overline{N}_{r,f} = N_{r,f}^{s} + (B_{r,f}^{g} + B_{f}^{s} - d_{f}^{s} + d_{r,f}^{g})/\lambda_{f}$。因此，通常合并为接收机端和卫星端的总硬件延迟两项。硬件延迟中的整数部分与整周模糊度无法分离，且并不破坏模糊度的整数特性，因此浮点解无电离层 IF 组合的非差相位模糊度可以进一步表示为

$$\overline{N}_{r,\mathrm{IF}}^{s} = \tilde{N}_{r,f}^{s} + \mu_{r,f} - \mu_{\mathrm{IF}}^{s} \tag{4.3}$$

式中：$\tilde{N}_{r,\mathrm{IF}}^{s}$ 为包含了硬件延迟整周部分的整周模糊度；$\mu_{r,f}$、μ_{IF}^{s} 分别为与接收机相关和与卫星相关的小数周期偏差（fractional-cycle bias，FCB），在一些文献中也称为未校准相位硬件延迟（uncalibrated phase delay，UPD）。因此，非差整周模糊度解算的关键就是将相位模糊度的整数部分与接收机端、卫星端的 UPD 分离开。下面将阐述非差模糊度固定的相关理论及其在 GNSS 卫星精密定轨中的应用。

4.2.1　非差模糊度固定的基本理论

在非差整周模糊度中分离整数部分和小数部分时，通常将无电离层组合模糊度表示为宽巷模糊度和窄巷模糊度的线性组合形式：

$$\begin{aligned}
\lambda_{\mathrm{IF}} \overline{N}_{r,\mathrm{IF}}^{s} &= \frac{cf_{1}}{f_{1}^{2}-f_{2}^{2}} \overline{N}_{r,1}^{s} - \frac{cf_{2}}{f_{1}^{2}-f_{2}^{2}} \overline{N}_{r,2}^{s} \\
&= \frac{cf_{2}}{f_{1}^{2}-f_{2}^{2}} (\overline{N}_{r,1}^{s} - \overline{N}_{r,2}^{s}) + \frac{c}{f_{1}+f_{2}} \overline{N}_{r,1}^{s} \\
&= \frac{cf_{2}}{f_{1}^{2}-f_{2}^{2}} \overline{N}_{r,\mathrm{WL}}^{s} + \lambda_{\mathrm{NL}} \overline{N}_{r,1}^{s}
\end{aligned} \tag{4.4}$$

式中：$\overline{N}_{r,1}^s$、$\overline{N}_{r,2}^s$ 分别为 1 频、2 频上的相位观测值的模糊度；f_1、f_2 分别为 1 频、2 频上相位观测值的频率；$\overline{N}_{r,\mathrm{WL}}^s$ 为宽巷模糊度。由于 $\overline{N}_{r,1}^s$ 为窄巷模糊度，其系数波长 λ_{NL} 即为窄巷观测值波长。

宽巷模糊度波长较长，达到 86 cm 左右，比较容易固定。并且通常可以直接根据 MW 组合计算得到，因此一般首先固定宽巷模糊度。MW 组合观测值的公式如下：

$$
\begin{aligned}
O_{\mathrm{MW}} &= \frac{f_1 L_{r,1}^s - f_2 L_{r,2}^s}{f_1 - f_2} - \frac{f_1 P_{r,1}^s - f_2 P_{r,2}^s}{f_1 - f_2} \\
&= \lambda_{\mathrm{WL}} \left[\left(\frac{L_{r,1}^s}{\lambda_1} - \frac{L_{r,2}^s}{\lambda_2} \right) - \frac{f_1 - f_2}{f_1 + f_2} \left(\frac{P_{r,1}^s}{\lambda_1} + \frac{P_{r,2}^s}{\lambda_2} \right) \right]
\end{aligned}
\tag{4.5}
$$

式中：λ_1、λ_2、λ_{WL} 分别为 1 频、2 频及宽巷观测值的对应波长；$L_{r,1}^s$、$L_{r,2}^s$、$P_{r,1}^s$、$P_{r,2}^s$ 分别为 1 频、2 频上的载波相位及伪距观测值。将前述 GNSS 基本观测方程代入式（4.5），卫星到接收机的几何距离、接收机和卫星钟差、对流层延迟、电离层延迟都被消去。因此，MW 组合观测值中只包含宽巷整周模糊度、相位偏差、伪距硬件延迟，以及相位、伪距的多路径误差与随机误差之和。其中，多路径误差与随机误差的量级相比于宽巷模糊度 86 cm 的波长要小很多，且可以通过逐历元平滑消除其大部分影响，因此对宽巷模糊度的解算影响不大。于是 MW 组合观测值可以表示为宽巷模糊度、接收机端硬件延迟和卫星端硬件延迟的线性组合：

$$
\frac{\overline{O}_{\mathrm{MW}}}{\lambda_{\mathrm{WL}}} = N_{r,\mathrm{WL}}^s + \mu_{r,\mathrm{WL}} - \mu_{\mathrm{WL}}^s
\tag{4.6}
$$

式中：$\overline{O}_{\mathrm{MW}}$ 为平滑后的 MW 组合观测值；$N_{r,\mathrm{WL}}^s$ 为吸收了硬件延迟整数部分的宽巷模糊度；$\mu_{r,\mathrm{WL}}$、μ_{WL}^s 分别为接收机端和卫星端宽巷 UPD。

为了分离出接收机端和卫星端 UPD 的值 μ_r、μ^s，通常利用一个跟踪站网的 GNSS 浮点模糊度数据，采用最小二乘法进行估计。由于不同卫星系统信号在接收机中的硬件延迟不同，对 GPS、GLONASS、BDS 和 Galileo 四系统的 UPD 估计，需要对每个系统都估计单独的接收机端 UPD。假设有 n 个测站，每个测站最多观测到 m 颗卫星，则四系统 UPD 最小二乘估计的观测方程为

$$
\begin{bmatrix}
D_1^1 \\
\vdots \\
D_1^m \\
D_2^1 \\
\vdots \\
D_2^m \\
D_n^1 \\
\vdots \\
D_n^m
\end{bmatrix}
=
\begin{bmatrix}
R_{1G} & R_{1R} & R_{1C} & R_{1E} & S_1 \\
R_{2G} & R_{2R} & R_{2C} & R_{1E} & S_2 \\
\vdots & \vdots & \vdots & \vdots & \vdots \\
R_{nG} & R_{nR} & R_{nC} & R_{nE} & S_n
\end{bmatrix}
\begin{bmatrix}
\mu_{iG} \\
\mu_{iR} \\
\mu_{iC} \\
\mu_{iE} \\
\mu_s
\end{bmatrix}
\tag{4.7}
$$

式中：D_i^j 为模糊度的小数部分；R_{iG}、R_{iR}、R_{iC}、R_{iE} 分别为四系统接收机端 UPD 的系数矩阵；S_i 为卫星端 UPD 的系数矩阵；μ_{iG}、μ_{iR}、μ_{iC}、μ_{iE} 分别为四系统接收机端 UPD；μ_s 为

不同卫星的卫星端 UPD。为了避免估计过程中法方程的秩亏，需要对每个 GNSS 选择一个接收机端或卫星端 UPD 为基准，其 UPD 值为 0（Li et al.，2018）。

由于宽巷 UPD 可以在数天甚至数月内保持稳定，一般每天估计一组宽巷 UPD 值。在估计时，对每颗卫星每个连续观测弧段的宽巷模糊度进行平滑得到其小数部分，然后将一天内所有弧段的宽巷小数部分取平均值，并剔除互差较大的弧段，最终得到测站 i 卫星 j 的宽巷模糊度小数部分 D_i^j。在解算出卫星端和接收机端的宽巷 UPD 后，就可以通过取整的方式得到宽巷整周模糊度：

$$N_{r,\mathrm{WL}}^s = [\overline{N}_{r,\mathrm{WL}}^s + \tilde{\mu}_{r,\mathrm{WL}} - \tilde{\mu}_{\mathrm{WL}}^s] \tag{4.8}$$

式中：$\tilde{\mu}_{r,\mathrm{WL}}$、$\tilde{\mu}_{\mathrm{WL}}^s$ 分别为接收机端和卫星端宽巷 UPD 的估计值。用 $N_{r,\mathrm{WL}}^s$ 代替式（4.4）中的宽巷模糊度，即可得到新的窄巷模糊度计算公式：

$$\overline{N}_{r,1}^s = \frac{1}{\lambda_{\mathrm{NL}}}\left(\lambda_{\mathrm{IF}} \overline{N}_{r,\mathrm{IF}}^s - \frac{cf_2}{f_1^2 - f_2^2} N_{r,\mathrm{WL}}^s \right) \tag{4.9}$$

式（4.9）计算得到的浮点窄巷模糊度中包括了宽巷模糊度的小数部分，因此用此模糊度估计出的窄巷 UPD 也包含了宽巷 UPD 部分。multi-GNSS 窄巷 UPD 估计同样可以使用式（4.7）中的最小二乘估计法。窄巷 UPD 通常没有宽巷 UPD 稳定，一般每个观测历元或者几分钟估计一组值。类似地，窄巷整周模糊度也可以取整得到：

$$N_{r,1}^s = [\overline{N}_{r,1}^s + \tilde{\mu}_{r,\mathrm{NL}} - \tilde{\mu}_{\mathrm{NL}}^s] \tag{4.10}$$

式中：$\tilde{\mu}_{r,\mathrm{NL}}$ 和 $\tilde{\mu}_{\mathrm{NL}}^s$ 分别为接收机端和卫星端的窄巷 UPD 估计值。在对窄巷模糊度取整时，可以通过置信度检验函数（Dong and Bock，1989）计算模糊度取整法的置信度，当置信度大于 99.9%时接受取整结果。

在通过上述方程得到宽巷和窄巷模糊度的整数值后，即可以进一步得到 1 频、2 频上的载波相位观测值的整周部分，具体表达式如下：

$$\begin{aligned}
N_{r,1}^s &= N_{r,1}^s \\
N_{r,2}^s &= N_{r,1}^s - N_{r,\mathrm{WL}}^s
\end{aligned} \tag{4.11}$$

将其作为已知值在已有的 1 频、2 频上载波相位观测值上扣除，就可以得到相应的 carrier-range 观测值。利用双频 carrier-range 观测值可以得到无电离层组合观测值，此时 GNSS 卫星精密定轨线性化后的基本观测方程如下：

$$\begin{aligned}
p_{r,\mathrm{IF}}^s &= u_r^s(\phi(t_s,t_0)\Delta x_{\mathrm{orb}}^s(t_0) - R(t_r)\Delta x_r(t_r) - x_r \delta_{\mathrm{eop}}\Delta x_{\mathrm{eop}}) \\
&\quad + \tilde{d}t_r - \tilde{d}t^s + \mathrm{ISB}_r^g + T_r^s + e_{r,f}^s \\
l_{r,\mathrm{IF}}^s - \lambda_{\mathrm{IF}}N_{r,\mathrm{IF}}^s &= u_r^s(\phi(t_s,t_0)\Delta x_{\mathrm{orb}}^s(t_0) - R(t_r)\Delta x_r(t_r) - x_r \delta_{\mathrm{eop}}\Delta x_{\mathrm{eop}}) \\
&\quad + \tilde{d}t_r - \tilde{d}t^s + \mathrm{ISB}_r^g + T_r^s + \varepsilon_{r,f}^s
\end{aligned} \tag{4.12}$$

可以注意到，此时载波相位观测方程中不再需要估计模糊度参数。因此，基于该 carrier-range 观测的卫星精密定轨可以显著减少待估参数，提高计算效率，同时得到基于非常固定解的精密轨道。

4.2.2 非差固定解精密定轨的基本流程

基于上述原理和公式，基于非差固定解技术的 multi-GNSS 精密定轨的数据处理流程如图 4.8 所示，这里依次对其中的各个关键环节进行介绍。

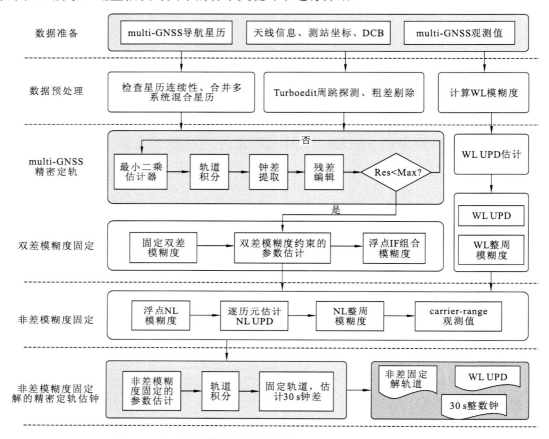

图 4.8 基于非差模糊度固定技术的 GNSS 卫星精密定轨流程

1. 数据准备与预处理

从 IGS 的数据中心下载 multi-GNSS 的导航星历和观测值，准备 IGS 天线文件、IGS 测站坐标周解文件、差分码偏差（differential code bias，DCB）文件（Schaer and Steigenberger，2006）。检查各个 GNSS 系统导航星历的连续性，并合并为多系统混合星历。利用得到的混合星历，通过 Turboedit 方法（Blewitt，1990）探测与接收机无关的交换格式观测数据文件（receiver independent exchange format observation data file，RINEXO）的周跳信息并剔除粗差。通过 MW 组合计算宽巷模糊度。

2. multi-GNSS 精密定轨

首先从导航星历中获得每颗卫星在参考时刻的位置和速度，并从全部定轨弧长的导航星历中拟合出力模型参数的初始值。然后，输入卫星初轨信息、GNSS 观测值、天线信息、测站坐标、DCB 等进行最小二乘解算，其中测站坐标固定到 IGS 的周解坐标值。在浮点解最小二乘迭代中，固定 ERP 参数（Loyer et al.，2012）。在参数估计更新卫星的初轨信息之后，通过轨道积分更新卫星的位置和速度，并提取卫星钟差和接收机钟差作为下一次参数估计的初始值。最后，通过分析参数估计的相位和伪距残差信息，剔除掉短弧段和粗差，根据残差结果判断是否进行下一次迭代。

3. 双差模糊度固定

为了后面的 UPD 估计与非差模糊度解算达到尽可能高的精度，在浮点解收敛之后，再计算双差模糊度固定解，进一步增强解的强度，并将浮点模糊度的小数部分尽可能对齐（Geng et al.，2012）。双差模糊度固定解的步骤是：首先在不同测站和不同卫星间组成双差模糊度，选择其中优质的独立基线，通过取整法固定其双差模糊度；然后将整周双差模糊度作为虚拟观测方程并给予很高的权叠加到最小二乘估计的法方程中，实现双差模糊度固定。

4. 非差模糊度固定

利用从双差模糊度固定步骤中得到的高精度非差无电离层组合模糊度和整周宽巷模糊度，根据式（4.9）计算出每个测站每颗卫星的浮点窄巷模糊度。通过最小二乘逐历元解算卫星端和接收机端窄巷 UPD，同时在浮点窄巷模糊度中扣除 UPD，再利用取整法固定为整数，置信度大于 99.9%时接受固定结果。利用前面步骤得到的观测值弧段信息，如果一个弧段有 60%的历元都成功固定，且固定到同一个值，则将该弧段的模糊度固定为这个值。由此得到所有成功固定弧段的 carrier-range 观测值，没有固定的弧段保持原状。

5. 非差模糊度固定解的精密定轨估钟

利用非差模糊度固定步骤中得到的 carrier-range 观测值，根据如式（4.12）所示的观测方程进行最小二乘参数估计。此时，对于固定模糊度的弧段，不再需要估计模糊度参数，待估参数大大减少。为了避免错误固定的非差模糊度对结果的影响，在第一次非差固定解的参数估计之后，对比每个弧段的相位观测值残差和浮点解的残差，如果比值的 RMS 太大（经验型阈值设置为 1.7），则将该弧段的 carrier-range 观测值恢复为普通相位观测值，即在下一次参数估计时依旧估计其模糊度。利用这种方法得到"干净"的 carrier-range 观测值，再进行非差固定解定轨的解算。然后，通过轨道积分得到非差固定解的卫星轨道产品。

4.2.3　卫星整数钟差

前述基于 carrier-range 观测值构建的 GNSS 卫星精密定轨的基本观测方程（4.12）中已经没有模糊度参数，因此未模型化的载波相位和伪距硬件延迟也不再能被模糊度参数所吸收。此时由于相位观测值的权比伪距观测值的要高得多，钟差参数中将会吸收相位偏差而非伪距硬件延迟。区别于传统的吸收了伪距硬件延迟的钟差，这样得到的钟差 $\widetilde{dt}_{\mathrm{IF}}^{s}$ 称为相位钟（phase clock）。精密单点定位（PPP）用户使用 $\widetilde{dt}_{\mathrm{IF}}^{s}$ 进行定位时，可以直接恢复星间单差的整周特性，因而 $\widetilde{dt}_{\mathrm{IF}}^{s}$ 又称卫星整数钟（integer clock）。在基于 carrier-range 观测值生成相应的非差固定解的卫星精密轨道产品后，通常会进一步将轨道固定，并提高参数估计的采样率，从而得到高频的整数钟产品。由此一来，在服务端生成了相应的卫星整数钟及宽巷 UPD 产品后，PPP 用户端就能利用这些产品实现 PPP 的非差模糊度固定。

下面介绍使用卫星整数钟产品 $\widetilde{dt}_r^s$ 的 PPP 无电离层组合观测模型，具体表达式为

$$P_{r,f}^s = \rho_r^s + \widehat{dt}_{r,\mathrm{IF}} - \widetilde{dt}_{\mathrm{IF}}^s + T_r^s + \xi_r^s + e_{r,f}^s$$

$$L_{r,f}^s = \rho_r^s + \widehat{dt}_{r,\mathrm{IF}} - \widetilde{dt}_{\mathrm{IF}}^s + T_r^s + \lambda_f \widehat{N}_{r,\mathrm{IF}}^s + \varepsilon_{r,f}^s \tag{4.13}$$

式中：接收机钟差 $\widehat{dt}_{r,\mathrm{IF}}$ 吸收了接收机端伪距硬件延迟偏差，即 $\widehat{dt}_{r,\mathrm{IF}} = dt_{r,\mathrm{IF}} + d_{r,\mathrm{IF}}$，$dt_{r,\mathrm{IF}}$、$d_{r,\mathrm{IF}}$ 分别为无电离层组合的接收机钟差与无电离层组合的接收机伪距硬件延迟；由于此时钟差基准的改变，伪距观测方程模型中多了一项码相偏差 ξ_r^s，其表达式如下：

$$\xi_r^s = \lambda_{\mathrm{IF}} B_{\mathrm{IF}}^s - d_{\mathrm{IF}}^s \tag{4.14}$$

由于该误差难以精确模型化，通常的策略是忽略该误差，使其进入伪距观测值残差中（Geng et al.，2019）。对于上述基于卫星整数钟的 PPP 模型，模糊度 $\widehat{N}_{r,\mathrm{IF}}^s$ 有如下表达式：

$$\widehat{N}_{r,\mathrm{IF}}^s = N_{r,\mathrm{IF}}^s + B_{r,\mathrm{IF}} - \frac{d_{r,\mathrm{IF}}}{\lambda_{\mathrm{IF}}} \tag{4.15}$$

由于此时模糊度参数 $\widehat{N}_{r,\mathrm{IF}}^s$ 只包含了接收机端的相位和伪距的硬件延迟偏差，这里将其统一合并为接收机端的 UPD（$\mu_{r,\mathrm{IF}}$）。此时对于 $\widehat{N}_{r,\mathrm{IF}}^s$ 的固定，同样是先固定宽巷模糊度再固定窄巷模糊度。在利用了前述卫星端宽巷 UPD 产品改正了宽巷模糊度中的 $\tilde{\mu}_{\mathrm{WL}}^s$ 后，剩余接收机端宽巷 UPD（$\tilde{\mu}_{r,\mathrm{WL}}$）可以通过对所有弧段的宽巷模糊度小数部分取平均得到，最终得到宽巷整周模糊度 $N_{r,\mathrm{WL}}^s$。利用浮点无电离层组合模糊度 $\widehat{N}_{r,\mathrm{IF}}^s$ 和 $N_{r,\mathrm{WL}}^s$ 可以计算相应的窄巷浮点模糊度：

$$\begin{aligned}\widehat{N}_{r,1}^s &= \frac{1}{\lambda_{\mathrm{NL}}}\left(\lambda_{\mathrm{IF}} \widehat{N}_{r,\mathrm{IF}}^s - \frac{cf_2}{f_1^2 - f_2^2} N_{r,\mathrm{WL}}^s\right)\\ &= N_{r,1}^s + \frac{1}{\lambda_{\mathrm{NL}}}\mu_{r,\mathrm{IF}}\end{aligned} \tag{4.16}$$

考虑 $\widehat{N}_{r,\mathrm{IF}}^s$ 中只包含接收机端 UPD，可以直接通过组星间单差的方式恢复星间单差窄巷模糊度的整数特性，也可以选择一个观测弧段较长、高度角较高的模糊度，将其固定到最近的整数，将其小数部分作为接收机端窄巷 UPD 值。于是其他模糊度就能利用这个接收机端窄巷 UPD 值恢复非差模糊度的整数特性。恢复了整数特性的窄巷模糊度依然受到一部分未模型化误差和随机误差的影响，由于窄巷模糊度波长较短（11 cm 左右），通常使用 Lambda 搜索（Teunissen et al.，1999）等方式固定。

4.2.4 试验分析

这里利用 2019 年年积日（day of year，DOY）060～210 共 150 天的 GPS、GLONASS、BDS 和 Galileo 数据来验证非差固定解 multi-GNSS 定轨的效果。共选取全球均匀分布的 141 个 IGS multi-GNSS（MGEX）跟踪站的观测数据，其中所有测站都能跟踪 GPS 和 GLONASS

信号，有 134 个测站可以跟踪到 Galileo 信号，119 个测站可以跟踪到 BDS 信号。所选测站的地理分布如图 4.9 所示。由于要同时确定 BDS-2 和 BDS-3 的精密轨道，需使用 BDS-2 和 BDS-3 公共的 B1I 和 B3I 双频信号。目前，只有部分 MGEX 测站能跟踪 BDS B1I 和 B3I 信号。在本书选取的测站列表中，在 2019 年 DOY 060～210 时间段能跟踪 B1I 和 B3I 信号的测站有 94 个测站。

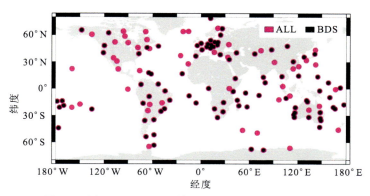

图 4.9　用于 multi-GNSS 精密定轨的 MGEX 测站分布

红色标记代表全部的 141 个测站，黑色标记代表其中能跟踪北斗 B1I 和 B3I 信号的 94 个测站

图 4.10～图 4.12 分别展示了 2019 年 DOY 060～210 天的 GPS、BDS 和 Galileo 卫星的宽巷 UPD 稳定性（GLONASS 未做模糊度固定，所以没有列出）。可以发现三大 GNSS 中，宽巷 UPD 最稳定是 Galileo，几乎没有波动，其序列的平均标准差（standard deviation，STD）仅为 0.022 周；大部分 GPS 卫星的宽巷 UPD 也都相当稳定，其序列的平均 STD 为 0.029 周。对于 BDS 卫星，宽巷 UPD 序列在长时间尺度上的稳定性较好，然而在短时间尺度上振荡较明显，特别是对于 BDS-2 卫星。可能是由于 BDS-2 卫星受星上多路径误差影响较大，伪距观测值中的噪声较大，影响了宽巷 UPD 的估计，而这个问题已经在 BDS-3 卫星

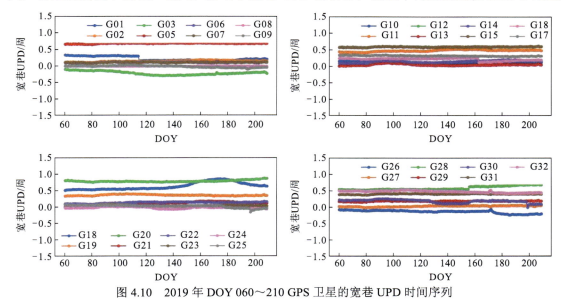

图 4.10　2019 年 DOY 060～210 GPS 卫星的宽巷 UPD 时间序列

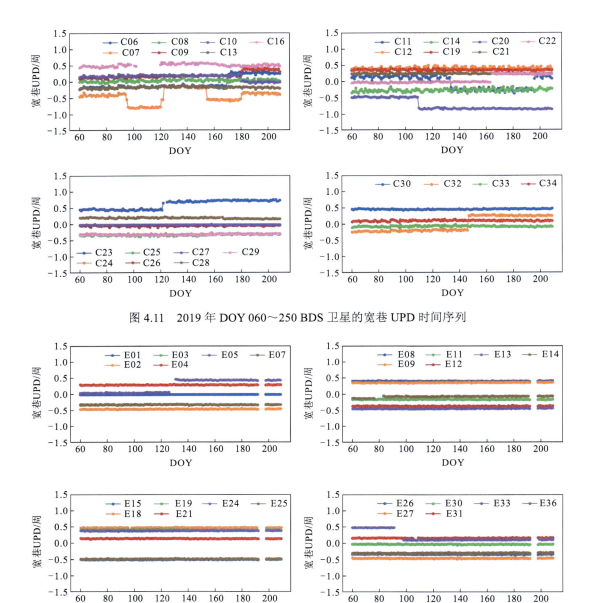

图 4.11　2019 年 DOY 060～250 BDS 卫星的宽巷 UPD 时间序列

图 4.12　2019 年 DOY 060～250 Galileo 卫星的宽巷 UPD 时间序列

上得到了解决（Zhang et al.，2017）。BDS-2 IGSO、MEO 和 BDS-3（C19～C34）卫星的宽巷 UPD 序列平均 STD 分别为 0.046 周、0.054 周和 0.025 周，可见 BDS-3 卫星的宽巷 UPD 可以达到与 GPS、Galileo 相当的水平。

　　图 4.13～图 4.15 分别展示了 GPS、BDS 和 Galileo 卫星的窄巷 UPD 在 2019 年 DOY 123 的时间序列，可以看到 GPS 和 Galileo 卫星的窄巷 UPD 都相当稳定，其序列的平均 STD 分别为 0.017 和 0.018，证实了 GPS 和 Galileo 卫星窄巷 UPD 的稳定性和可靠性。而 BDS 卫星的窄巷 UPD 的稳定性要略差一些，其平均 STD 达到 0.056 周。

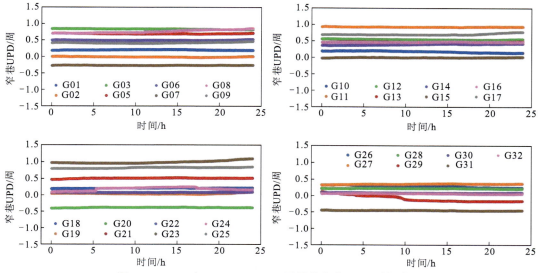

图 4.13 2019 年 DOY 123 GPS 卫星的窄巷 UPD 时间序列

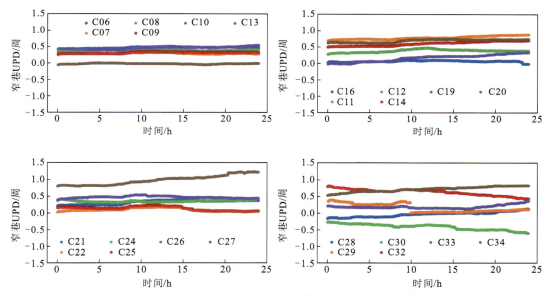

图 4.14 2019 年 DOY 123 BDS 卫星的窄巷 UPD 时间序列

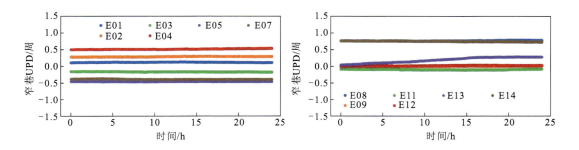

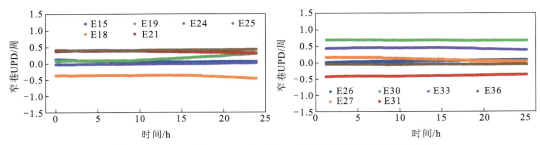

图 4.15　2019 年 DOY 123 Galileo 卫星的窄巷 UPD 时间序列

图 4.16～图 4.18 分别展示了 GPS、BDS 和 Galileo 卫星在 2019 年 DOY 60～210 时间段内的平均天边界不连续误差，图中蓝色、橙色和绿色分别表示浮点解、双差固定解和非差固定解轨道的结果。从图 4.16 中可以发现，GPS 卫星在轨道切向（along-track）的天边界不连续误差较大，而法向（cross-track）和径向（radial）的误差较小。对比浮点解、双差固定解和非差固定解的结果可以看出，固定解的轨道在三个方向上相比于浮点解都有明显提升，而非差固定解轨道的结果还能在双差固定解的结果上进一步提升，其中在切向的提升最为明显，平均误差从 3.16 cm 降低到 2.50 cm，精度提高了 21%，法向和径向的精度则分别提升了 10% 和 13%，三维（3D）方向上提升了 16%。

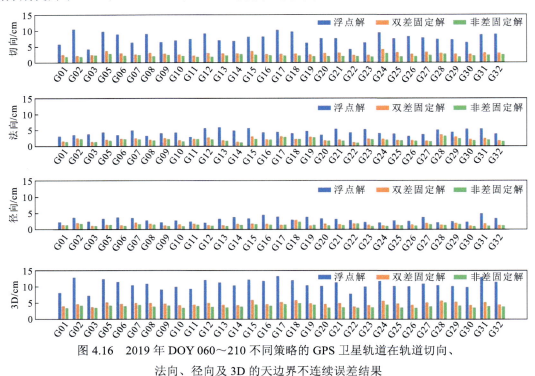

图 4.16　2019 年 DOY 060～210 不同策略的 GPS 卫星轨道在轨道切向、
法向、径向及 3D 的天边界不连续误差结果

观察图 4.17 中 BDS 卫星的天边界不连续误差结果可以发现，对于 BDS-2 和 BDS-3 的 MEO 卫星，同样是轨道切向误差较大，轨道法向和径向的误差较小并且量级接近；不过对于 BDS-2 IGSO 卫星则是径向误差最大，而切向和法向误差较小。对于 BDS-2 IGSO 卫星，非差固定解的天边界不连续误差相比于双差固定解结果在切向、法向和径向都有明显提升，

分别从 6.21 cm、6.31 cm 和 9.73 cm 减小到 4.36 cm、4.62 cm 和 7.13 cm，精度提升了 30%、27% 和 27%。对于 BDS-2 MEO 卫星，切向和法向的天边界不连续误差分别从 9.02 cm 和 4.28 cm 减小到 4.00 cm 和 3.17 cm，精度提升 56% 和 26%。BDS-3 MEO 卫星的结果与 BDS-2 MEO 卫星类似，轨道精度在切向和法向的提升较大，提升幅度达到 53% 和 27%。

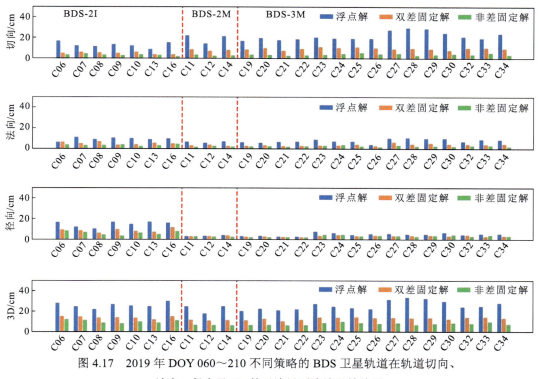

图 4.17　2019 年 DOY 060～210 不同策略的 BDS 卫星轨道在轨道切向、
法向、径向及 3D 的天边界不连续误差结果

　　Galileo 卫星的天边界不连续误差结果如图 4.18 所示，可以看出 Galileo 整体结果与 GPS 类似，都是轨道切向的误差较大，法向和径向的误差较小。其中 E11、E12、E19 三颗 IOV 卫星的定轨结果比其他 FOC 卫星略差一些，而两颗偏心率较大的 FOC 卫星（E14 和 E18）的精度与其他 FOC 卫星基本相当。Galileo 非差固定解轨道相比于双差固定解轨道的提升与 GPS 的结果接近，在切向、法向和径向分别从 3.83 cm、2.92 cm 和 2.92 cm 减小到 2.85 cm、2.54 cm 和 2.56 cm，精度提升了 26%、13% 和 12%，三维方向上提升了 18%。

　　图 4.19 展示了 C11（BDS-2M）、C21（BDS-3M）、E09（FOC）、E19（IOV）四颗具有代表性且 SLR 观测值数量较多的卫星的 SLR 残差时间序列，图中蓝色、橙色和绿色分别代表浮点解、双差固定解和非差固定解的结果。可以发现 C21、E09、E19 三颗卫星的残差序列基本都在 ±0.1 m 范围内波动，而 C11 卫星的残差结果较为离散，波峰波谷差值达到 0.4 m。对比不同模糊度固定策略的结果可以发现，固定解的残差序列相比于浮点解更集中于零附近，且波动较小，其中非差固定解序列的稳定性优于双差固定解。由于 Galileo 系统在 DOY 193～197 时间段发生大规模故障，无法提供导航定位服务，E09 和 E19 这段时间的序列出现了缺失，而 DOY 198～210 时间段的 SLR 残差则出现了明显的精度发散，特别是对于浮点解，可能是因为 Galileo 系统当时的导航定位服务性能还未完全恢复。

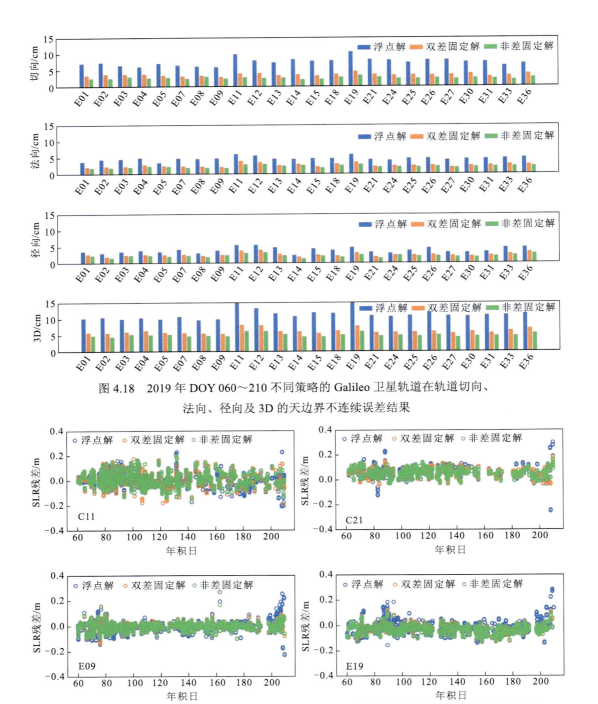

图 4.18 2019 年 DOY 060～210 不同策略的 Galileo 卫星轨道在轨道切向、
法向、径向及 3D 的天边界不连续误差结果

图 4.19 2019 年 DOY 060～210 C11、C21、E09、E19 不同策略轨道的 SLR 残差时间序列

图 4.20 给出了 GPS、Galileo 和 BDS 系统的钟差估计结果和 WUM 精密产品差值序列的 STD 结果。从图 4.20 中可以看出，GPS 和 Galileo 卫星的钟差 STD 值较小，为 0.1 ns 左右；BDS-2 IGSO 卫星的钟差 STD 较大，达到 0.2～0.4 ns，BDS-2 和 BDS-3 MEO 卫星的钟差 STD 则都在 0.15 ns 附近。一方面可能是因为 GPS 和 Galileo 本身的定轨精度较高，另一方面可能是因为 Galileo 的 FOC 卫星都搭载了高精度的氢原子钟，更加稳定。此外，

从图中可以发现，非差固定解的钟差和双差固定解的 STD 量级基本一致，说明估计的整数钟稳定性较好，为 PPP 用户直接使用整数钟产品实现非差模糊度固定提供了便利。

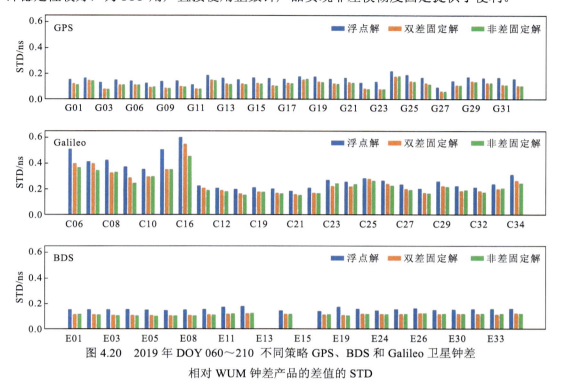

图 4.20　2019 年 DOY 060～210 不同策略 GPS、BDS 和 Galileo 卫星钟差
相对 WUM 钟差产品的差值的 STD

4.3　基于多频观测值的 GNSS 卫星精密定轨

如何充分利用越来越丰富的多频率多系统 GNSS 观测数据为用户提供高精度、高可靠性和实时效性的导航、定位与授时服务正逐渐成为高精度 GNSS 应用的热门研究领域（杨元喜，2016）。双频 IF 模型因其自身多频兼容性较差和完全舍弃电离层信息等缺点，不利于进行多频多系统拓展。随着相关研究的不断开展，非组合（uncombined，UC）模型因其表达形式简单统一且易扩展、观测信息利用充分和多频可扩展性强等优势，逐渐成为多频多系统 GNSS 精密数据处理领域新的研究热门。为了充分利用丰富的多频率 GNSS 信号观测值进行 GNSS 卫星精密定轨，构建兼容多频观测值信号和支持多系统联合解算的多频多系统 GNSS 非差非组合精密定轨模型具有重要的研究意义。本节分别针对多频无电离层 IF 组合和非组合的 GNSS 卫星精密定轨的观测模型和固定方法进行相应介绍。

4.3.1　多频 IF 组合观测值模型

前述式（3.32）中已经给出了 GNSS 卫星精密定轨中单频非差线性化后的载波相位和伪距的基本观测模型。根据无电离层组合可以消除一阶电离层的影响，得到相应的 IF 组合的观测方程。现假设有 i、j、k 三个频率的 GNSS 观测值，一般将上述三个频率构造为独立的双频 IF_{ij}、IF_{ik} 观测值，此时 GNSS 卫星精密定轨的观测方程可以表示如下：

$$
\begin{aligned}
p_{r,\text{IF}ij}^s &= u_r^s(\phi(t_s,t_0)\Delta x_{\text{orb}}^s(t_0) - R(t_r)\Delta x_r(t_r) - x_r\delta_{\text{eop}}\Delta x_{\text{eop}}) \\
&\quad + \overline{\mathrm{d}t}_{r,\text{IF}ij} - \overline{\mathrm{d}t}_{\text{IF}ij}^s + \text{ISB}_r^g + T_r^s + e_{r,\text{IF}ij}^s \\
p_{r,\text{IF}ik}^s &= u_r^s(\phi(t_s,t_0)\Delta x_{\text{orb}}^s(t_0) - R(t_r)\Delta x_r(t_r) - x_r\delta_{\text{eop}}\Delta x_{\text{eop}}) \\
&\quad + \overline{\mathrm{d}t}_{r,\text{IF}ik} - \overline{\mathrm{d}t}_{\text{IF}ik}^s + \text{ISB}_r^g + T_r^s + e_{r,\text{IF}ik}^s \\
l_{r,\text{IF}ij}^s &= u_r^s(\phi(t_s,t_0)\Delta x_{\text{orb}}^s(t_0) - R(t_r)\Delta x_r(t_r) - x_r\delta_{\text{eop}}\Delta x_{\text{eop}}) \\
&\quad + \overline{\mathrm{d}t}_{r,\text{IF}ij} - \overline{\mathrm{d}t}_{\text{IF}ij}^s + \text{ISB}_r^g + T_r^s + \lambda_{\text{IF}}\overline{N}_{r,\text{IF}ij}^s + \varepsilon_{r,\text{IF}ij}^s \\
l_{r,\text{IF}ik}^s &= u_r^s(\phi(t_s,t_0)\Delta x_{\text{orb}}^s(t_0) - R(t_r)\Delta x_r(t_r) - x_r\delta_{\text{eop}}\Delta x_{\text{eop}}) \\
&\quad + \overline{\mathrm{d}t}_{r,\text{IF}ik} - \overline{\mathrm{d}t}_{\text{IF}ik}^s + \text{ISB}_r^g + T_r^s + \lambda_{\text{IF}}\overline{N}_{r,\text{IF}ik}^s + \varepsilon_{r,\text{IF}ik}^s
\end{aligned} \tag{4.17}
$$

式中：$\overline{\mathrm{d}t}_{r,\text{IF}ij}$、$\overline{\mathrm{d}t}_{\text{IF}ij}^s$、$\overline{\mathrm{d}t}_{r,\text{IF}ik}$、$\overline{\mathrm{d}t}_{\text{IF}ik}^s$ 分别为 IF 组合基准下的接收机和卫星钟差，它们分别吸收了接收机端和卫星端的伪距硬件延迟 $d_{r,\text{IF}ij}$、$d_{\text{IF}ij}^s$、$d_{r,\text{IF}ik}$、$d_{\text{IF}ik}^s$，即可以用式（4.18）进行表示：

$$
\begin{aligned}
\overline{\mathrm{d}t}_{r,\text{IF}ij} &= \mathrm{d}t_r + \alpha_{ij}d_{r,i} + \beta_{ij}d_{r,j} \\
\overline{\mathrm{d}t}_{\text{IF}ij}^s &= \mathrm{d}t^s + \alpha_{ij}d_i^s + \beta_{ij}d_j^s \\
\overline{\mathrm{d}t}_{r,\text{IF}ik} &= \mathrm{d}t_r + \alpha_{ik}d_{r,i} + \beta_{ik}d_{r,k} \\
\overline{\mathrm{d}t}_{\text{IF}ik}^s &= \mathrm{d}t^s + \alpha_{ik}d_i^s + \beta_{ik}d_k^s
\end{aligned} \tag{4.18}
$$

式中：α_{ij}、β_{ij}、α_{ik}、β_{ik} 为 IF 组合系数，其表达式如下：

$$
\alpha_{ij} = \frac{f_i^2}{f_i^2 - f_j^2}, \quad \alpha_{ik} = \frac{f_i^2}{f_i^2 - f_k^2}
$$
$$
\beta_{ij} = \frac{-f_j^2}{f_i^2 - f_j^2}, \quad \beta_{ik} = \frac{-f_k^2}{f_i^2 - f_k^2}
\tag{4.19}
$$

在实际估计过程中，可以同时估计 $\overline{\mathrm{d}t}_{\text{IF}ij}^s$、$\overline{\mathrm{d}t}_{\text{IF}ik}^s$ 这两个卫星钟差，但是为了和 IGS/MGEX 的精密钟差产品保持一致，通常只估计 $\overline{\mathrm{d}t}_{\text{IF}ij}^s$。此时，$\overline{\mathrm{d}t}_{\text{IF}ij}^s$、$\overline{\mathrm{d}t}_{\text{IF}ik}^s$ 之间的基准偏差可以通过 DCB 改正，或者估计卫星端频率间偏差（inter frequency bias，IFB）参数的方式吸收，即

$$
\begin{aligned}
\overline{\mathrm{d}t}_{\text{IF}ik}^s &= \overline{\mathrm{d}t}_{\text{IF}ij}^s + \text{IFB}_{ik}^s \\
\text{IFB}_{ik}^s &= (\alpha_{ik} - \alpha_{ij})d_i^s - \beta_{ij}d_j^s + \beta_{ik}d_k^s
\end{aligned} \tag{4.20}
$$

同理，接收机钟差的基准偏差可以通过估计两个接收机钟差参数 $\overline{\mathrm{d}t}_{r,\text{IF}ij}$、$\overline{\mathrm{d}t}_{r,\text{IF}ik}$ 或者额外估计一个接收机端 IFB 参数的方式吸收，此时有

$$
\begin{aligned}
\overline{\mathrm{d}t}_{r,\text{IF}ik} &= \overline{\mathrm{d}t}_{r,\text{IF}ij} + \text{IFB}_{r,ik} \\
\text{IFB}_{r,ik} &= (\alpha_{ik} - \alpha_{ij})d_{r,i} - \beta_{ij}d_{r,j} + \beta_{ik}d_{r,k}
\end{aligned} \tag{4.21}
$$

在该钟差基准下，可估计的模糊度参数为

$$
\begin{aligned}
\overline{N}_{r,\text{IF}ij}^s &= N_{r,\text{IF}ij}^s + \mu_{r,\text{IF}ij} - \mu_{\text{IF}ij}^s \\
\overline{N}_{r,\text{IF}ik}^s &= N_{r,\text{IF}ik}^s + \mu_{r,\text{IF}ik} - \mu_{\text{IF}ik}^s
\end{aligned} \tag{4.22}
$$

式中：$\mu_{r,\text{IF}}$、μ_{IF}^{s} 为相应频率 IF 组合下与接收机和卫星相关的硬件延迟小数偏差。综上，固定 i、j 频率，替换 k 频率，同理可将观测模型扩展到任意频率上。

4.3.2　IF 组合模糊度固定方法

恢复浮点模糊度的整数特性得到整周模糊度可显著提升卫星精密定轨精度。IF 组合模糊度的非差固定解方法在 4.2 节已有介绍，这里主要介绍基于双差固定解的方式。GNSS 卫星精密定轨需要在一个包含数十甚至上百个地面测站的地面网络下进行，因此可借助双差的策略实现模糊度的固定。对于两个卫星和两个测站，通过线性组合可以将四个浮点模糊度组成双差的模糊度。在双差的过程中，消除模糊度中的公共误差，得到的双差模糊度消去了卫星端和接收机端的误差项，有效减弱了传播路径误差。通过对测站、卫星的观测网络组建双差，选取性能优良的独立基线，可实现在不估计硬件延迟下进行模糊度固定。在双频 IF 组合定轨的模糊度固定中，一般先进行基线组网，按照基线选取策略确定双差基线，计算得到双差模糊度。在整周模糊度的解算中，通常将 IF 模糊度表示为宽巷（WL）和窄巷（NL）模糊度的线性组合形式，WL 模糊度通常可以直接根据 MW 组合观测值计算得到，具体公式参见式（4.5）和式（4.6）。式（4.6）中的接收机端和卫星端宽巷 UPD 在本节的双差过程中可以直接被差分消去。因此，可以得到两个测站 r_1、r_2 与两颗卫星 s_1、s_2 的双差 WL 模糊度及标准差为

$$\begin{cases} N_{r1,r2,\text{WL}ij}^{s1,s2} = \overline{N}_{r1,\text{MW}ij}^{s1} - \overline{N}_{r2,\text{MW}ij}^{s1} - \overline{N}_{r1,\text{MW}ij}^{s2} + \overline{N}_{r2,\text{MW}ij}^{s2} \\ \sigma_{r1,r2,\text{WL}ij}^{s1,s2} = \sqrt{(\sigma_{r1,\text{WL}ij}^{s1})^2 + (\sigma_{r2,\text{WL}ij}^{s1})^2 + (\sigma_{r1,\text{WL}ij}^{s2})^2 + (\sigma_{r2,\text{WL}ij}^{s2})^2} \end{cases} \tag{4.23}$$

将式（4.23）代入双差无电离层组合模糊度中，可得双差 NL 模糊度的计算公式：

$$\begin{cases} N_{r1,r2,\text{NL}ij}^{s1,s2} = \dfrac{f_1+f_2}{c}\lambda_{\text{IF}} N_{r1,r2,\text{IF}ij}^{s1,s2} - \dfrac{f_2}{f_1-f_2} N_{r1,r2,\text{WL}ij}^{s1,s2} \\ \sigma_{r1,r2,\text{NL}ij}^{s1,s2} = \dfrac{f_1+f_2}{c}\sigma_{r1,r2,\text{IF}ij}^{s1,s2} \end{cases} \tag{4.24}$$

此时模糊度的双差约束表达式为

$$N_{r1,r2,\text{IF}ij}^{s1,s2} = N_{r1,\text{IF}ij}^{s1} - N_{r2,\text{IF}ij}^{s1} - N_{r1,\text{IF}ij}^{s2} + N_{r2,\text{IF}ij}^{s2} \tag{4.25}$$

通过在 GNSS 卫星精密定轨估计中添加上述约束表达式即可得到基于双差 IF 组合模糊度固定的精密轨道产品。本小节给出了任意两频 i、j 下的双差模糊度固定方法。在进行三频或多频 IF 模糊度固定时，可以依次对多个双频 IF 组合模糊度使用上述固定方法并添加相应的双差固定约束。

4.3.3　多频非组合观测值模型

双频 UC 组合模型的钟差基准不同于双频 IF 模型中的钟差基准，因此需要对其钟差基准进行特别约束。现假设 i、j 两个频率的观测值，为了和 IGS/MGEX 分析中心保持一致，一般也采用双频 IF 模型钟差基准，这需要对钟差参数进行参数重组，即

$$\overline{\mathrm{d}t}_r = \mathrm{d}t_r + d_{r,\mathrm{IF}ij}$$
$$\overline{\mathrm{d}t}^s = \mathrm{d}t^s + d_{\mathrm{IF}ij}^s \qquad (4.26)$$

此时对应的双频非组合观测方程为

$$p_{r,i}^s = u_r^s(\phi(t_s, t_0)\Delta x_{\mathrm{orb}}^s(t_0) - R(t_r)\Delta x_r(t_r) - x_r\delta_{\mathrm{eop}}\Delta x_{\mathrm{eop}})$$
$$+ \overline{\mathrm{d}t}_r - \overline{\mathrm{d}t}^s + \mathrm{ISB}_r^g + \gamma_i \tilde{I}_{r,i}^s + T_r^s + e_{r,i}^s$$

$$p_{r,j}^s = u_r^s(\phi(t_s, t_0)\Delta x_{\mathrm{orb}}^s(t_0) - R(t_r)\Delta x_r(t_r) - x_r\delta_{\mathrm{eop}}\Delta x_{\mathrm{eop}})$$
$$+ \overline{\mathrm{d}t}_r - \overline{\mathrm{d}t}^s + \mathrm{ISB}_r^g + \gamma_j \tilde{I}_{r,i}^s + T_r^s + e_{r,j}^s$$

$$l_{r,i}^s = u_r^s(\phi(t_s, t_0)\Delta x_{\mathrm{orb}}^s(t_0) - R(t_r)\Delta x_r(t_r) - x_r\delta_{\mathrm{eop}}\Delta x_{\mathrm{eop}}) \qquad (4.27)$$
$$+ \overline{\mathrm{d}t}_r - \overline{\mathrm{d}t}^s + \mathrm{ISB}_r^g - \gamma_i \tilde{I}_{r,i}^s + T_r^s + \lambda_i \overline{N}_{r,i}^s + \varepsilon_{r,i}^s$$

$$l_{r,j}^s = u_r^s(\phi(t_s, t_0)\Delta x_{\mathrm{orb}}^s(t_0) - R(t_r)\Delta x_r(t_r) - x_r\delta_{\mathrm{eop}}\Delta x_{\mathrm{eop}})$$
$$+ \overline{\mathrm{d}t}_r - \overline{\mathrm{d}t}^s + \mathrm{ISB}_r^g - \gamma_j \tilde{I}_{r,i}^s + T_r^s + \lambda_j \overline{N}_{r,j}^s + \varepsilon_{r,j}^s$$

根据最小二乘准则，此时电离层会吸收部分接收机硬件延迟，其表达式如下：

$$\tilde{I}_{r,i}^s = I_{r,i}^s + \beta_{ij}(\mathrm{DCB}_{r,ij} - \mathrm{DCB}_{ij}^s)$$
$$\mathrm{DCB}_{r,ij} = d_{r,i} - d_{r,j}, \quad \mathrm{DCB}_{ij}^s = d_i^s - d_j^s \qquad (4.28)$$

此外，UC 模糊度同样会吸收部分接收机和卫星端的硬件延迟，变为

$$\begin{cases} \overline{N}_{r,i}^s = N_{r,i}^s + [(B_{r,i} - B_i^s) + (d_{\mathrm{IF}ij}^s - d_{r,\mathrm{IF}ij}) + \gamma_i\beta_{ij}(\mathrm{DCB}_{r,ij} - \mathrm{DCB}_{ij}^s)] / \lambda_i \\ \overline{N}_{r,j}^s = N_{r,j}^s + [(B_{r,j} - B_j^s) + (d_{\mathrm{IF}ij}^s - d_{r,\mathrm{IF}ij}) + \gamma_j\beta_{ij}(\mathrm{DCB}_{r,ij} - \mathrm{DCB}_{ij}^s)] / \lambda_j \end{cases} \qquad (4.29)$$

注意到，在双频 UC 模型中，可以不进行 DCB 改正，DCB 误差会被电离层参数吸收，也可以进行 DCB 改正，此时电离层中不包含 DCB。当考虑 i、j、k 三个频率时，若还是使用 i、j 频率的双频 IF 模型钟差基准，则相应的三频 UC 模型观测方程为

$$p_{r,i}^s = u_r^s(\phi(t_s, t_0)\Delta x_{\mathrm{orb}}^s(t_0) - R(t_r)\Delta x_r(t_r) - x_r\delta_{\mathrm{eop}}\Delta x_{\mathrm{eop}})$$
$$+ \overline{\mathrm{d}t}_r - \overline{\mathrm{d}t}^s + \mathrm{ISB}_r^g + \gamma_i \tilde{I}_{r,i}^s + T_r^s + e_{r,i}^s$$

$$p_{r,j}^s = u_r^s(\phi(t_s, t_0)\Delta x_{\mathrm{orb}}^s(t_0) - R(t_r)\Delta x_r(t_r) - x_r\delta_{\mathrm{eop}}\Delta x_{\mathrm{eop}})$$
$$+ \overline{\mathrm{d}t}_r - \overline{\mathrm{d}t}^s + \mathrm{ISB}_r^g + \gamma_j \tilde{I}_{r,i}^s + T_r^s + e_{r,j}^s$$

$$p_{r,k}^s = u_r^s(\phi(t_s, t_0)\Delta x_{\mathrm{orb}}^s(t_0) - R(t_r)\Delta x_r(t_r) - x_r\delta_{\mathrm{eop}}\Delta x_{\mathrm{eop}})$$
$$+ \overline{\mathrm{d}t}_r - \overline{\mathrm{d}t}^s + \mathrm{ISB}_r^g + \gamma_k \tilde{I}_{r,k}^s + T_r^s + \mathrm{IFB} + e_{r,k}^s$$

$$l_{r,i}^s = u_r^s(\phi(t_s, t_0)\Delta x_{\mathrm{orb}}^s(t_0) - R(t_r)\Delta x_r(t_r) - x_r\delta_{\mathrm{eop}}\Delta x_{\mathrm{eop}}) \qquad (4.30)$$
$$+ \overline{\mathrm{d}t}_r - \overline{\mathrm{d}t}^s + \mathrm{ISB}_r^g - \gamma_i \tilde{I}_{r,i}^s + T_r^s + \lambda_i \overline{N}_{r,i}^s + \varepsilon_{r,i}^s$$

$$l_{r,j}^s = u_r^s(\phi(t_s, t_0)\Delta x_{\mathrm{orb}}^s(t_0) - R(t_r)\Delta x_r(t_r) - x_r\delta_{\mathrm{eop}}\Delta x_{\mathrm{eop}})$$
$$+ \overline{\mathrm{d}t}_r - \overline{\mathrm{d}t}^s + \mathrm{ISB}_r^g - \gamma_j \tilde{I}_{r,j}^s + T_r^s + \lambda_j \overline{N}_{r,j}^s + \varepsilon_{r,j}^s$$

$$l_{r,k}^s = u_r^s(\phi(t_s, t_0)\Delta x_{\mathrm{orb}}^s(t_0) - R(t_r)\Delta x_r(t_r) - x_r\delta_{\mathrm{eop}}\Delta x_{\mathrm{eop}})$$
$$+ \overline{\mathrm{d}t}_r - \overline{\mathrm{d}t}^s + \mathrm{ISB}_r^g - \gamma_k \tilde{I}_{r,k}^s + T_r^s + \lambda_k \overline{N}_{r,k}^s + \varepsilon_{r,k}^s$$

若每颗卫星估计 IFB，则不需要 DCB 改正，IFB 参数可表示为

$$\text{IFB} = d_{r,k} - d_k^s - (d_{r,\text{IF}ij} - d_{\text{IF}ij}^s) - \gamma_k \beta_{ij}(\text{DCB}_{r,ij} - \text{DCB}_{ij}^s) \qquad (4.31)$$

此时非组合模糊度吸收了部分硬件延迟，其中 i、j 频率上的表达式与式（4.29）相同，这里给出 k 频率上的表达式：

$$\overline{N}_{r,k}^s = N_{r,k}^s + [(B_{r,k} - B_k^s) + (d_{\text{IF}ij}^s - d_{r,\text{IF}ij}) + \gamma_k \beta_{ij}(\text{DCB}_{r,ij} - \text{DCB}_{ij}^s)] / \lambda_k \qquad (4.32)$$

若只估计接收机端 IFB，则仍需要进行卫星端 DCB 改正，此时电离层参数中不包含 DCB，IFB 参数吸收的硬件延迟变为

$$\text{IFB} = d_{r,k} - d_{r,\text{IF}ij} - \gamma_k \beta_{ij} \text{DCB}_{r,ij} \qquad (4.33)$$

对于 GPS 系统，还需要额外考虑卫星频间钟偏差（inter-frequency clock bias，IFCB）（Pan et al.，2017）。忽略该误差时，会导致使用不同的观测值进行精密定轨时得到的卫星钟差估值是不同的（潘林，2020）。IFCB 会影响模糊度参数的估计，从而影响定位或者定轨的结果。IFCB 在 GPS 卫星上体现得比较明显，在使用多观测数据时需要改正。

4.3.4 非组合模糊度固定方法

UC 模糊度固定方法与 IF 模糊度固定策略基本一致，同样可以将模糊度分为 WL 模糊度和 NL 模糊度，分别进行双差固定。UC 模糊度与 IF 模糊度的固定策略不同点在于，在固定双差 WL 模糊度时，IF 模糊度需要使用 MW 组合观测值和 IF 模糊度，而 UC 模糊度则可以直接使用包含 N1 和 N2 的 UC 模糊度参数。

首先，使用包含 N1 和 N2 的非差浮点 UC 模糊度参数得到无周跳弧段内的非差 WL 模糊度 $N_{r,\text{WL}}^s$ 和标准差 $\sigma_{r,\text{WL}}^s$，通过双差得到双差 WL 模糊度 $N_{r1,r2,\text{WL}}^{s1,s2}$ 和标准差 $\sigma_{r1,r2,\text{WL}}^{s1,s2}$。通过已固定的双差 WL 模糊度，可以得到双差 NL 模糊度为

$$N_{r1,r2,\text{NL}}^{s1,s2} = \frac{f_1 + f_2}{c}[\alpha_{12} \quad \beta_{12}]N_{r1,r2,(L_1,L_2)}^{s1,s2} - \frac{f_2}{f_1 - f_2}N_{r1,r2,\text{WL}}^{s1,s2}$$

$$\sigma_{r1,r2,\text{NL}ij}^{s1,s2} = \sqrt{\left[\frac{f_1^2}{c(f_1 - f_2)} \quad \frac{-f_2^2}{c(f_1 - f_2)}\right] \Omega_{(L_1,L_2)} \left[\frac{f_1^2}{c(f_1 - f_2)} \quad \frac{-f_2^2}{c(f_1 - f_2)}\right]^T} \qquad (4.34)$$

式中：$N_{r1,r2,(L_1,L_2)}^{s1,s2}$ 为 f_1、f_2 频率上的双差 UC 模糊度组成的列向量；$\Omega_{(L_1,L_2)}$ 为 f_1、f_2 频率的双差 UC 模糊度的协方差阵；α_{12}、β_{12} 为 f_1、f_2 频率的 IF 组合系数。

在进行三频 UC 模糊度固定时，可以先对 f_1、f_2 频率的 UC 模糊度进行双差约束，再对 f_1、f_3 频率的 UC 模糊度进行双差约束，从而固定所有模糊度。其中 f_1 的双差约束值存在冗余观测值，可用于校验。此时模糊度的双差约束表达式为

$$N^{s1,s2}_{r1,r2,\text{NL12}} = \frac{f_1+f_2}{c}\begin{bmatrix} \alpha_{12} & \beta_{12} \end{bmatrix} N^{s1,s2}_{r1,r2,(L_1,L_2)} - \frac{f_2}{f_1-f_2} N^{s1,s2}_{r1,r2,\text{WL12}}$$

$$N^{s1,s3}_{r1,r3,\text{NL13}} = \frac{f_1+f_3}{c}\begin{bmatrix} \alpha_{13} & \beta_{13} \end{bmatrix} N^{s1,s2}_{r1,r2,(L_1,L_3)} - \frac{f_3}{f_1-f_3} N^{s1,s2}_{r1,r2,\text{WL13}}$$

$$\sigma^{s1,s2}_{r1,r2,\text{NL12}} = \sqrt{\begin{bmatrix} \dfrac{f_1^2}{c(f_1-f_2)} & \dfrac{-f_2^2}{c(f_1-f_2)} \end{bmatrix} \Omega_{(L_1,L_2)} \begin{bmatrix} \dfrac{f_1^2}{c(f_1-f_2)} & \dfrac{-f_2^2}{c(f_1-f_2)} \end{bmatrix}^{\mathrm{T}}} \qquad (4.35)$$

$$\sigma^{s1,s3}_{r1,r3,\text{NL13}} = \sqrt{\begin{bmatrix} \dfrac{f_1^2}{c(f_1-f_3)} & \dfrac{-f_3^2}{c(f_1-f_3)} \end{bmatrix} \Omega_{(L_1,L_3)} \begin{bmatrix} \dfrac{f_1^2}{c(f_1-f_3)} & \dfrac{-f_3^2}{c(f_1-f_3)} \end{bmatrix}^{\mathrm{T}}}$$

4.3.5　试验分析

这里利用 2020 年年积日（DOY）001～030 共 30 天的 GPS 和 Galileo 数据来验证多频非差非组合模型 multi-GNSS 定轨的效果。在选取的这段时间内，GPS 和 Galileo 分别有 30 颗和 24 颗可用卫星。另外，为了验证不同观测条件下 multi-GNSS 定轨的效果，共选取了全球均匀分布的 40、60、80 和 150 个 MGEX 跟踪站的 multi-GNSS 数据。

图 4.21 和图 4.22 分别给出了三频 UC 策略和 IF 策略 GPS 卫星定轨结果与 CODE 最终轨道产品的互差结果，并与双频 UC 策略和 IF 策略的定轨结果做比较。从图中可以发现，GPS 卫星三频 UC 策略和 IF 策略的定轨结果精度基本相当。其中，三频 IF 策略定轨浮点解的 1D RMS 平均值为 26.2 mm，三频 UC 策略的定轨浮点解的 1D RMS 平均值则分别为 26.1 mm，两者差异不超过 0.1 mm。此外，通过对比双频和三频定轨结果可以发现，无论是 UC 策略还是 IF 策略，三频定轨结果可以保持与双频定轨结果相当的精度，这说明多频 GNSS 定轨模型中的钟差基准约束策略正确，第三频率的 IFB 误差被 IFB 参数吸收，并没有被引入轨道中。对于固定解，也有类似的结论。三频 IF 策略定轨固定解的 1D RMS 平均值为 14.4 mm，三频 UC 策略定轨固定解的 1D RMS 平均值则为 14.7 mm，两者差异不超过 0.5 mm。对于 IF 策略，双频定轨固定解在法向、切向和径向上的 RMS 平均值为 17.9 mm、13.0 mm 和 11.8 mm，与三频定轨固定解的 17.7 mm、13.1 mm 和 11.8 mm 相比，两者差异不超过 0.3 mm，两者定轨结果精度相当。对于 UC 策略，双频定轨固定解与三频定轨固定解在法向、切向和径向三个方向上的 RMS 平均值差异不超过 0.2 mm，两者精度基本相当。

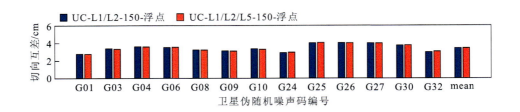

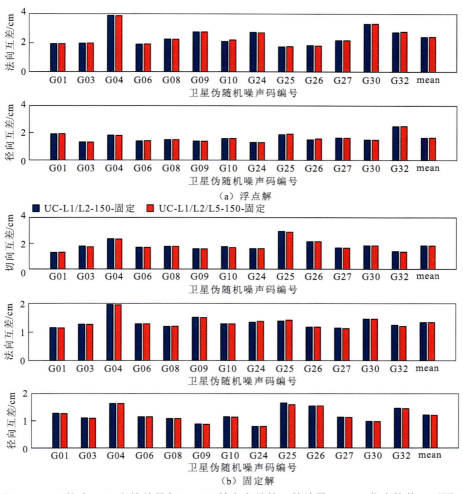

图 4.21 UC 策略 GPS 定轨结果与 CODE 精密产品的互差结果（mean 代表均值，下同）

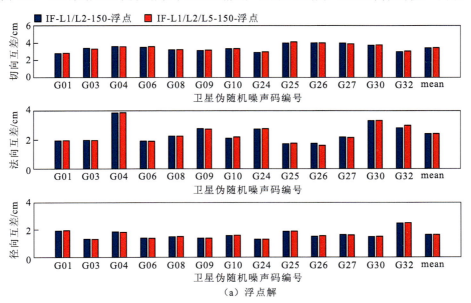

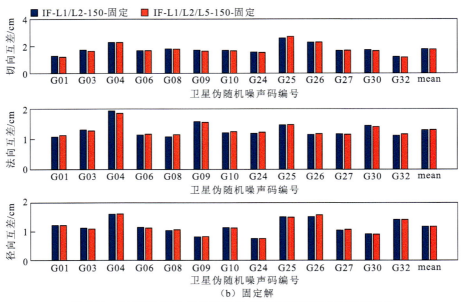

图 4.22　IF 策略 GPS 定轨结果与 CODE 精密产品的互差结果

　　表 4.5 总结了 Galileo 使用双频和三频观测值的 UC 策略和 IF 策略定轨结果与 CODE 精密产品的互差结果的 RMS 平均值。可以发现，使用相同观测值时，UC 策略和 IF 策略定轨结果的精度差异很小，两者在切向、法向与径向差异均在 1 mm 以内。使用不同观测值时，UC-E1/E5b 策略定轨浮点解的 1D RMS 平均值为 45.2 mm，比 UC-E1/E5a 和 UC-E1/E5a/E5b 策略分别大了 3.1 mm 和 2.0 mm；IF-E1/E5b 策略定轨浮点解的 1 D RMS 平均值同样为 45.2 mm，比 IF-E1/E5a 和 IF-E1/E5a/E5b 策略对应定轨结果分别大了 3.2 mm 和 2.1 mm。此外，UC-E1/E5a、UC-E1/E5b、UC-E1/E5a/E5b、IF-E1/E5a、IF-E1/E5b 和 IF-E1/E5a/E5b 这 6 种策略定轨固定解的 1D RMS 平均值分别为 20.3 mm、20.3 mm、20.4 mm、20.6 mm、20.6 mm 和 20.4 mm，相互之间差异小于 1 mm，可以认为精度相当。

表 4.5　UC/IF 策略 Galileo 定轨结果与 CODE 精密产品的互差结果　　　（单位：mm）

策略	浮点解				固定解			
	切向	法向	径向	1D	切向	法向	径向	1D
IF-E1/E5a	47.9	46.5	29.1	42.0	23.3	19.4	18.8	20.6
IF-E1/E5b	50.6	51.8	29.9	45.2	23.0	19.9	18.5	20.6
IF-E1/E5a/E5b	48.4	48.6	29.6	43.1	22.6	19.9	18.4	20.4
UC-E1/E5a	48.0	46.5	29.1	42.1	22.6	19.4	18.8	20.3
UC-E1/E5b	50.6	51.8	29.9	45.2	22.3	19.9	18.5	20.3
UC-E1/E5a/E5b	48.7	48.6	29.6	43.2	22.6	19.9	18.4	20.4

　　图 4.23 和图 4.24 给出双频/三频 UC 策略和 IF 策略 GPS 定轨的轨道边界不连续性（orbit boundary discontinuities，OBD）结果。对于 IF 策略，IF-L1/L2 策略和 IF-L1/L2/L5 策略定

轨 OBD 结果量级基本相当。其中，对于浮点解，IF-L1/L2 策略下定轨浮点解 OBD 在切向、法向、径向上平均 RMS 分别为 63.7 mm、40.7 mm 和 28.1 mm，与 IF-L1/L2/L5 策略对应的 63.8 mm、40.8 mm 和 28.3 mm 在数值上基本相当；对于 IF 策略固定解，IF-L1/L2 策略下定轨结果 OBD 平均 RMS 值在切向、法向和径向上分别为 42.8 mm、27.8 mm 和 25.2mm，与 IF-L1/L2/L5 的 42.5 mm、27.6 mm 和 24.9 mm 相比，差异不超过 0.3 mm。对于 UC 策略，UC-L1/L2 策略和 UC-L1/L2/L5 策略 OBD 结果量级基本相当，其定轨浮点解和定轨固定解对应结果的 RMS 平均值差异均不超过 0.3 mm。除此之外，通过对比 IF-L1/L2/L5 策略和 UC-L1/L2/L5 策略定轨结果，发现两者定轨浮点解和固定解 OBD 的 1D RMS 平均值都基本相当。

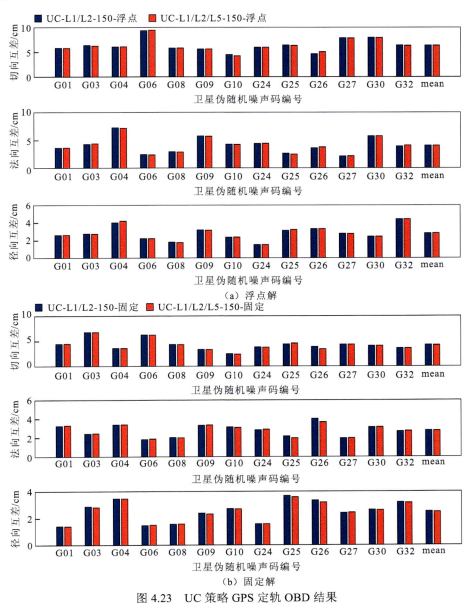

图 4.23　UC 策略 GPS 定轨 OBD 结果

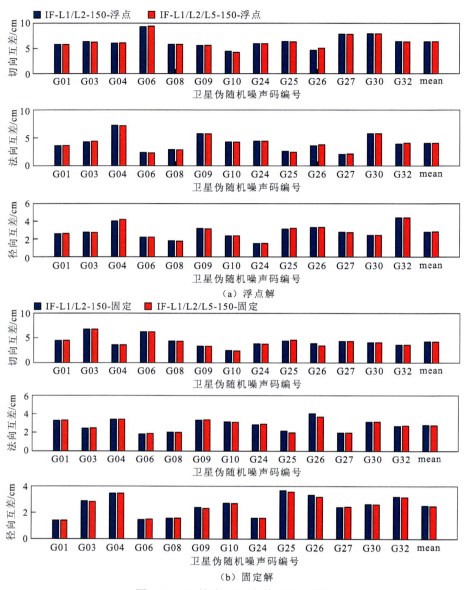

（a）浮点解

（b）固定解

图 4.24　IF 策略 GPS 定轨 OBD 结果

　　表 4.6 给出了双频和三频 UC/IF 策略 Galileo 卫星定轨的 OBD 结果的 RMS 平均值。从比较结果来看，使用相同观测值时，UC 策略和 IF 策略定轨 OBD 结果的量级基本一致。使用 E1/E5b 观测值时，UC 策略和 IF 策略定轨浮点解 OBD 结果都略差于使用 E1/E5a 和 E1/E5a/E5b 观测值时的结果。可以从表中发现，在观测值类型相同时，UC 策略和 IF 策略的定轨结果在切向、法向和径向上的定轨 OBD 结果差异均在 3 mm 以内。UC 策略的浮点解中，UC-E1/E5b 策略的精度最差，UC-E1/E5a 和 UC-E1/E5a/E5b 策略基本相当；UC 策略的固定解中，三种策略精度基本相当。对于 IF 策略，上述结论和 UC 策略类似。

表 4.6　UC/IF 策略 Galileo 定轨 OBD 结果 RMS 平均值　　　　（单位：cm）

策略	浮点解				固定解			
	切向	法向	径向	1D	切向	法向	径向	1D
IF-E1/E5a	11.7	10.2	5.7	9.5	8.3	7.2	4.3	6.8
IF-E1/E5b	13.4	11.0	5.8	10.5	8.1	6.8	4.3	6.6
IF-E1/E5a/E5b	12.1	10.5	5.6	9.8	8.1	7.1	4.1	6.7
UC-E1/E5a	11.7	10.2	5.6	9.6	8.4	7.2	4.2	6.8
UC-E1/E5b	13.3	11.0	5.7	10.5	7.9	6.8	4.1	6.5
UC-E1/E5a/E5b	12.1	10.4	5.6	9.7	8.0	6.9	4.1	6.5

图 4.25 给出了双频和三频 UC/IF 策略 Galileo 卫星定轨结果 SLR 检核结果的时序图。通过比较可以发现，当观测值类型一致时，UC 策略和 IF 策略定轨结果的 SLR 残差和 STD 都基本相当。总体而言，所有策略的 SLR 残差平均值的绝对值都小于 2 cm，不同策略的 SLR 残差平均值之间的差异在 0.3 cm 以内。使用三频观测值时，如果观测值组合策略和双频一致，其 SLR 残差平均值并没有显著小于双频观测值。以 E09 为例，其 UC-E1/E5a、UC-E1/E5b 和 UC-3 策略的 SLR 残差平均值分别为-2.6 cm、-2.5 cm 和-2.6 cm，与 IF-E1/E5a、IF-E1/E5b 和 IF-E1/E5a/E5b 策略的-2.7 cm、-2.5 cm 和-2.5 cm 相比，相互间差异都不大于 0.2 cm。同样可以比较这几种策略 SLR 残差 STD，其中 UC-E1/E5a、UC-E1/E5b 和 UC-E1/E5a/E5b 策略的 SLR 残差 STD 分别为 3.0 cm、3.2 cm 和 2.9 cm，与 IF-E1/E5a、IF-E1/E5b 和 IF-E1/E5a/E5b 策略的 3.0 cm、2.9 cm 和 3.0 cm 相比，相互间差异同样都不大于 0.3 cm。

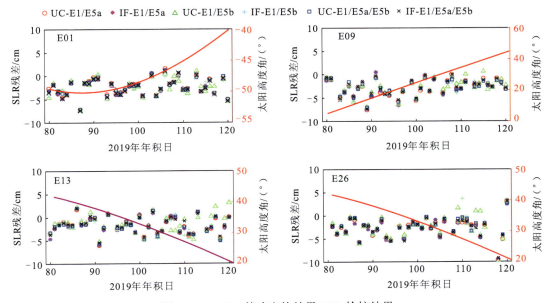

图 4.25　UC/IF 策略定轨结果 SLR 检核结果

4.4 多频多系统 GNSS 精密定轨快速解算方法

随着 GNSS 的不断发展，越来越多的卫星导航系统可以为全球用户提供 PNT 服务。高精度、高时效性和高可靠性一直都是 GNSS 高精度应用的发展目标。截至 2021 年 4 月，30 颗 GPS 卫星、24 颗 GLONASS 卫星、15 颗 BDS-2 卫星、30 颗 BDS-3 卫星及 24 颗 Galileo 卫星，共计 123 颗卫星正常在轨运行。逐渐增加的导航卫星和地面观测站数量，对大规模 GNSS 精密数据处理提出了更高的要求。

为了提供高精度和高时效性的 PNT 服务，提高多频多系统 GNSS 精密定轨的解算效率具有重要意义。本节首先介绍 GNSS 精密定轨模型中的待估参数，以对大规模地面测站下精密定轨的计算量有直观体现。其次介绍分块消参、多线程处理的解算效率优化方法。这些方法在保证解算精度的同时可以提升定轨中参数解算效率，以进一步兼容更多的测站和卫星观测信息。

4.4.1 GNSS 精密定轨模型待估参数

在 GNSS 卫星精密定轨中，为提供统一兼容、稳定和可靠的多频多系统精密产品，需要联合全球分布的大量地面监测站和各系统的导航卫星观测数据共同构建法方程进行统一解算。在非差模型中，需要充分考虑各项误差模型，尽可能利用模型参数吸收观测值误差，这导致非差模型中的待估参数数量众多。

GNSS 卫星精密定轨时，以双频非组合模型为例，假设有 m 个测站在 t 时刻接收到 i 颗 GPS 卫星、j 颗 Galileo 卫星和 k 颗 BDS 卫星的双频观测值信号，可建立 $4m(i+j+k)$ 个观测方程。假设所有卫星都只估计 5 个力学参数，地球自转参数估计 6 个，电离层参数估计每个站–星对中第一个频率上的倾斜延迟，对流层参数估计湿延迟分量，且所有测站在任意时刻都可以观测到所有的卫星，则某一个历元的待估参数可表示为

$$
X = \begin{bmatrix}
(x,y,z)_1 & \cdots & (x,y,z)_m \\
(r_x,r_y,r_z,v_x,v_y,v_z,P_1,P_2,P_3,P_4,P_5)_1 & \cdots & (r_x,r_y,r_z,v_x,v_y,v_z,P_1,P_2,P_3,P_4,P_5)_{i+j+k} \\
\mathrm{ZTD}_{\mathrm{wet}}^1 & \cdots & \mathrm{ZTD}_{\mathrm{wet}}^m \\
\Delta t_r^1 & \cdots & \Delta t_r^m \\
\Delta t_1^s & \cdots & \Delta t_{i+j+k}^s \\
N_1^1 & \cdots & N_{m(i+j+k)}^1 \\
N_1^2 & \cdots & N_{m(i+j+k)}^2 \\
\mathrm{SION}_1 & \cdots & \mathrm{SION}_{m(i+j+k)} \\
\mathrm{ISB}_{\mathrm{GE}} & , & \mathrm{ISB}_{\mathrm{GC}} \\
(\mathrm{xpole}, \mathrm{ypole}, \mathrm{ut1-utc}, d_{\mathrm{xpole}}, d_{\mathrm{ypole}}, d_{\mathrm{ut1-utc}})
\end{bmatrix}
\tag{4.36}
$$

按参数特性及作用时间，可以将待估参数分为如下三类（许小龙，2019）：

（1）全局参数，即整个参数解算期间不发生变化的参数，如测站坐标 (x,y,z)、地球自转参数

$(\text{xpole}, \text{ypole}, \text{ut1}-\text{utc}, d_{\text{xpole}}, d_{\text{ypole}}, d_{\text{ut1-utc}})$、卫星初始状态参数$(r_x, r_y, r_z, v_x, v_y, v_z, P_1, P_2, P_3, P_4, P_5)$等。

（2）局部参数，即在特定时间段内不发生变化的参数，如天顶对流层湿延迟参数ZTD_{wet}。

（3）过程参数，指的是用来描述参数解算过程中随时间变化的参数，这类参数一般只与当前历元相关，如电离层参数 SION、卫星钟差Δt^s、接收机钟差Δt_r。

按照上述分类方法，现假设处理历元个数为n，在不考虑模糊度和对流层参数更新的情况下，可将式（4.36）中的参数归类，如表 4.7 所示。

表 4.7 双频 GNSS 非组合定轨模型待估参数

参数名称	参数类型	参数个数
测站坐标	全局参数	$3 \times m$
卫星初始状态	全局参数	$11 \times (i+j+k)$
ISB 参数	全局参数	$2 \times m$
EOP 参数	全局参数	6
对流层参数	局部参数	m
模糊度参数	局部参数	$2 \times m \times (i+j+k)$
电离层参数	过程参数	$(i+j+k) \times m \times n$
卫星钟差	过程参数	$(i+j+k) \times n$
测站钟差	过程参数	$m \times n$
参数统计		$(6+n) \times m + (11+2m+mn+n) \times (i+j+k) + 6$

现假设有 100 个测站，进行了三系统 100 颗卫星的双频精密定轨，定轨弧段为 24 h，采样间隔为 300 s，共 288 个历元，每个测站与卫星间每个频率仅有一个模糊度，其待估参数个数如表 4.8 所示。

表 4.8 双频 GNSS 定轨模型待估参数

参数名称	参数类型	UC 模型参数个数	IF 模型参数个数
测站坐标	全局参数	3×100	3×100
卫星初始状态	全局参数	11×100	11×100
ISB 参数	全局参数	2×100	2×100
EOP 参数	全局参数	6	6
对流层参数	局部参数	100	100
模糊度参数	局部参数	$2 \times 100 \times 100$	100×100
电离层参数	过程参数	$100 \times 100 \times 288$	0
卫星钟差	过程参数	100×288	100×288
测站钟差	过程参数	100×288	100×288
参数统计	—	2 959 306	69 306

可以发现，在此假设下使用 UC 模型进行精密定轨的待估参数个数高达 2 959 306 个，使用 IF 模型进行精密定轨的待估参数个数有 69 306 个。法方程的维数与测站及卫星数量密切相关，众多待估参数，尤其是过程参数的存在，会导致构建的法方程维度巨大。过于庞大的法方程会严重影响多频多系统 GNSS 精密定轨的解算效率。

对多频多系统 GNSS 精密定轨，尤其是基于 UC 模型的精密定轨，如果不对庞大的待估参数，尤其是钟差、模糊度和电离层参数进行特殊优化，整个计算过程将对计算机性能提出极大的要求。因此，在多频多系统 GNSS 非差非组合精密定轨的参数解算过程中，需要通过使用效率优化方法进一步提升参数解算的速度。

4.4.2　分块消参法

3.4.1 小节在最小二乘法中提到，可以通过消除不活跃参数来降低法方程中求解的维度，提高计算效率。通过这一消参方法可以尽可能地减少待估参数的个数，即表 4.8 可以简化为表 4.9。

表 4.9　双频 GNSS 定轨模型待估参数

参数名称	参数类型	UC 模型参数个数	IF 模型参数个数
测站坐标	全局参数	3×100	3×100
卫星初始状态	全局参数	11×100	11×100
ISB 参数	全局参数	2×100	2×100
EOP 参数	全局参数	6	6
对流层参数	局部参数	100	100
模糊度参数	局部参数	2×100×100	100×100
电离层参数	过程参数	100×100	0
卫星钟差	过程参数	100	100
测站钟差	过程参数	100	100
参数统计	—	31 906	11 906

对比消参操作前后的待估参数个数可以发现，在进行多频多系统 GNSS 精密定轨整体解算的条件下，进行消参后只需处理当前历元中的活跃参数，显著减少了法方程维度，有效提高了定轨计算效率。需要注意的是，消参过程对消参系数的计算和存储会带来额外的时间消耗，只不过该时间一般远小于法方程维度减少后带来的时间增益。

当卫星和测站过多，尤其是多频多系统 GNSS 非差非组合精密定轨解算中，消参过程的时间损耗已逐渐成为提升程序整体解算效率的瓶颈之一。因此，需要进一步提升消参过程的计算效率。在多频多系统 GNSS 精密数据处理过程中，实际要消除的过程参数并不止一类，并且整个法方程是由不同类型的参数一起构成的。按照参数的分类条件，法方程可以重新表示为

$$\begin{bmatrix} N_{1,1}^{gg} & N_{1,2}^{gg} & \cdots & N_{1,m+1}^{gp} & N_{1,m+2}^{gp} & \cdots & N_{1,n+1}^{gl} & N_{1,n+2}^{gl} & \cdots \\ N_{2,1}^{gg} & N_{2,2}^{gg} & \cdots & N_{2,m+1}^{gp} & N_{2,m+2}^{gp} & \cdots & N_{2,n+1}^{gl} & N_{2,n+2}^{gl} & \cdots \\ \vdots & \vdots & & \vdots & \vdots & & \vdots & \vdots & \\ N_{m+1,1}^{gp} & N_{m+1,2}^{gp} & \cdots & N_{m+1,m+1}^{pp} & N_{m+1,m+2}^{pp} & \cdots & N_{m+1,n+1}^{pl} & N_{m+1,n+2}^{pl} & \cdots \\ N_{m+2,1}^{gp} & N_{m+2,2}^{gp} & \cdots & N_{m+2,m+1}^{pp} & N_{m+2,m+2}^{pp} & \cdots & N_{m+2,n+1}^{pl} & N_{m+2,n+2}^{pl} & \cdots \\ \vdots & \vdots & & \vdots & \vdots & & \vdots & \vdots & \\ N_{n+1,1}^{gl} & N_{n+1,2}^{gl} & \cdots & N_{n+1,m+1}^{pl} & N_{n+1,m+2}^{pl} & \cdots & N_{n+1,n+1}^{ll} & N_{n+1,n+2}^{ll} & \cdots \\ N_{n+2,1}^{gl} & N_{n+2,2}^{gl} & \cdots & N_{n+2,m+1}^{pl} & N_{n+2,m+2}^{pl} & \cdots & N_{n+2,n+1}^{ll} & N_{n+2,n+2}^{ll} & \cdots \\ \vdots & \vdots & & \vdots & \vdots & & & \vdots & \end{bmatrix} \begin{bmatrix} X_1^g \\ X_2^g \\ \vdots \\ X_{m+1}^p \\ X_{m+2}^p \\ \vdots \\ X_{n+1}^l \\ X_{n+2}^l \\ \vdots \end{bmatrix} \begin{bmatrix} W_1^g \\ W_2^g \\ \vdots \\ W_{m+1}^p \\ W_{m+2}^p \\ \vdots \\ W_{n+1}^l \\ W_{n+2}^l \\ \vdots \end{bmatrix} \quad (4.37)$$

式中：N 为法方程系数；X 为待估参数；W 为法方程右项；g 为全局参数（global parameter）标记；p 为过程参数（process parameter）标记；l 为局部参数（local parameter）标记。在所有参数中，有 m 个全局参数，$n-m$ 个过程参数，第 n 个参数以后为局部参数。通过参数重排后，某历元的法方程可以重新表示为

$$\begin{bmatrix} N_{PP} & N_{PG} \\ N_{GP} & N_{GG} \end{bmatrix} \begin{bmatrix} X_P \\ X_G \end{bmatrix} = \begin{bmatrix} W_P \\ W_G \end{bmatrix} \quad (4.38)$$

式中：X_P 为过程参数；X_G 为全局参数或局部参数；N_{PP} 为 X_P 对应的法矩阵；N_{GG} 为 X_G 对应的法矩阵；N_{GP} 和 N_{PG} 为法矩阵其余部分；W_P 为 X_P 对应的法方程右项；W_G 为 X_G 对应的法方程右项。此时，可以将对过程参数 X_P 的消除步骤从对单个参数的行列循环直接转换为 N_{PP} 矩阵的矩阵操作，并通过利用高效矩阵库实现计算效率的提升。此时，对参数 X_P 有如下消除因子：

$$W_P' = N_{PP}^{-1}W_P$$
$$N_{PG}' = N_{PP}^{-1}N_{PG} \quad (4.39)$$

在存储了 W_P' 和 N_{PG}' 参数的情况下，可在解算后对消除参数进行恢复：

$$X_P = W_P' - N_{PG}'X_G \quad (4.40)$$

4.4.3 多线程处理

多线程，是指从软件或者硬件上实现多个线程并发执行的技术。通过多线程技术，可以在同一时间执行多于一个线程，进而提升整体处理性能（许璟锋，2016）。在多频多系统 GNSS 精密定轨过程中，使用了大量的地面测站和卫星的观测值进行联合解算。在文件读取、轨道积分、数据预处理等过程中可通过以测站或者卫星为基本单位进行多线程处理改造。除此之外，在同一个历元中，以站-星为基本单位构建观测方程的过程同样可以进行多线程处理改造。

在多种并行计算实现中，OpenMP 框架提供了一套跨平台的、支持 Fortran 和 C/C++ 语言的多线程并行接口。OpenMP 适用于共享内存式的多处理器计算平台，其本质上是基于不同系统平台上底层的系统线程库，通过开辟多个新的线程，将原有的串行循环的程序代码分解到不同的线程中执行（图 4.26），最后统一等待所有线程处理完成。但与一般系统线程库不同，OpenMP 提供的接口实际为程序编译的指导性注释（compiler directive），

而非直接提供编程语言上的接口，由此通过编译器自动将对应的程序片段并行化。OpenMP提供的高层抽象接口避免了程序编写者与底层的系统线程库直接交互，规避了许多烦琐的细节，尤其对于并行代码实现中常见的难题（如线程粒度划分及线程间负载均衡问题），OpenMP 则是在框架层面上就已经实现。从而基于 OpenMP 框架可以帮助程序编写者更注重于并行算法上的设计，而非具体的实现细节，降低了并行算法实现的难度与复杂度，提高了开发效率。此外，基于 OpenMP 编写的程序具有高移植性，在不支持 OpenMP 的运行环境内也能让程序以原有的串行模型运行。因此，OpenMP 框架被广泛应用在针对多处理器的单机并行算法实现中。

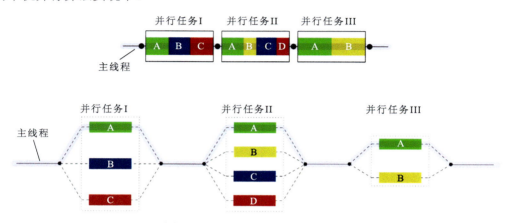

图 4.26   OpenMP 并行原理示意图

使用 OpenMP 框架实现并行算法的整体流程如下所示：首先需要分析原有的串行程序，确定或者构造一个可以并行执行的代码区域（通常为一个循环），在代码区域前加入下列程序所示的预编译指令（这里以 C++语言为例），其中 directive 和 clause 都是与具体的并行策略相关的设置。具体地，OpenMP 框架将在该代码区域执行前生成一系列子线程，对于代码区域中任务划分及线程分配的问题，则共同取决于前述并行设置、运行平台等因素。除此之外，由于 OpenMP 的并行过程涉及共享内存（如全局变量）并发读写问题，因此需要谨慎考虑并行区域中共享数据的读写冲突，在必要的地方添加 OpenMP 提供的同步互斥或通信的接口，以确保不会更改算法的原有逻辑。最后，需要采用支持 OpenMP 指令的编译器将对应程序编译为可执行程序，以测试并行算法的提升效果。OpenMP 中的预编译指令如下：

#pragma omp <directive> [clause[[，] clause] …]

尽管基于 OpenMP 框架实现并行算法的流程并不复杂，但依然存在一些需要注意的问题：首先是并行程序因竞争条件及同步错误导致的错误较难调试，这是因为具体的并行代码均是由 OpenMP 框架生成的，无法直接对应原有的代码流程；其次，待并行区域代码并没有良好的异常处理机制，从而导致对突发异常的原因排查较为困难；除此之外，由于OpenMP 提供了较为高层的并行抽象，难以实现将线程绑定到指定处理器或是其他线程级上更为细粒度的操作。

在利用多线程进行优化时，通常需要分析算法中的并行可能性，图 4.27 给出了常见的GNSS 卫星精密定轨流程。

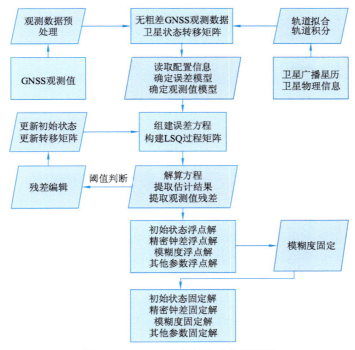

图 4.27　GNSS 卫星精密定轨流程图

（1）观测数据预处理。首先对观测值进行钟跳修复，其次使用 MGEX 分析中心提供的差分码偏差产品进行观测值改正。在已修复钟跳和差分码偏差的基础上，使用 Turboedit 方法进行周跳探测与粗差的检测。

（2）计算卫星初始轨道和状态转移矩阵。通过导航卫星播发的广播星历确定不顾及力学模型的卫星初始状态，随后依据广播星历文件拟合得到顾及力学模型的卫星初始状态，然后依据配置文件中设置的力模型信息进行轨道积分，得到卫星参考轨道、卫星状态转移矩阵等。

（3）构建观测方程，解算待估参数。依据配置文件确定大气延迟等相关误差模型，联合每个历元的观测值确定每个历元的观测方程，在一个历元内，消除失效的过程参数。将所有历元叠加，求解得到最后一个历元的有效参数，然后依次恢复每个历元的所有待估参数。

（4）残差编辑。根据预设的粗差剔除阈值，联合伪距和相位观测方程残差值，对观测值重新进行质量控制操作。

（5）循环迭代。重复步骤（3）和（4），迭代更新参数估计值，直到符合阈值设定。

（6）模糊度固定。根据星间基线选取策略确定星间基线，在单差星间基线的基础上，根据地基基线选取策略，确定星地双差基线。根据双差基线确定双差模糊度，根据双差模糊度策略确定固定双差模糊度，联合固定双差模糊度重新进行参数估计，求解获得轨道和钟差等参数的固定解。

（7）生成得到轨道、钟差等产品。

上述流程中，可以对数据读取、轨道积分、质量控制、观测方程构建和模糊度基线计算等众多过程进行多线程处理改造，这些环节通常需要在测站间或卫星间进行并行算法执行。接下来分别给出这两类算法并行的思路。

对于单个测站-卫星对，其观测方程构建的基本流程如下：首先分别获取测站位置并迭代计算卫星位置初值；其次对传播过程中涉及的误差采用模型进行改正，从而获得观测残差；最后计算该组观测方程中所涉及参数的系数及对应的权重，完成方程的构建。可以看到对于不同测站-卫星对间的观测方程构建，它们之间是不存在前后依赖关系的，因此可以直接应用 OpenMP 框架将这部分代码流程改为并行结构，而无须对整体代码结构做过多调整。在传统观测方程构建的串行处理程序中，需要先对测站列表进行循环遍历，接着遍历该测站上的所有卫星观测数据，方能完成全部观测方程的构建，在程序实现上本质为一个嵌套的二重循环。对于嵌套循环，如果直接对每个循环区域直接采用 OpenMP 预编译指令并行化，将难以得到理想的优化效果。因为如此编译得到的程序将会在每个循环之前都创建指定的线程数，因此总计创建的线程数将是循环嵌套数的指数倍。过多的线程一方面将导致创建线程的时间开销大大增加，另一方面容易使线程数远大于常用处理器中的物理核心数，进而使系统在切换线程间的时间开销增加。综上原因，对嵌套循环的并行改造需要进一步分析内外的循环次数，即耗时对比。精密定轨中的观测方程构建的循环存在如下关系：外层循环的测站数>>内层循环的卫星数。理想情况下，无论是对内层循环还是外层循环进行并行化，都将获得等价的并行模型。然而，对于内层循环并行化的情况，其增加了线程创建的开销（且随着外层循环次数的增加而增多）。因此，对外层循环应用 OpenMP 并行化将能获得更好的改善效果，图 4.28 给出了并行优化后的观测方程构建流程示意图。

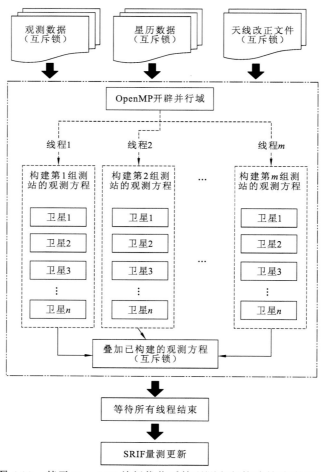

图 4.28　基于 OpenMP 并行优化后的观测方程构建算法流程图

图 4.28 中，最外层双点划线框表示的是构建观测方程基于 OpenMP 并行化的部分，里面不同的虚线框则对应不同 OpenMP 开辟的不同工作线程。尽管不同测站的观测方程的构建是不存在相互依赖的，但是流程中存在对公共数据读写的竞态条件。由图 4.28 可以看到，在不同测站-卫星对间的并行构建过程中存在许多可能的竞态条件，如同时对星历数据、误差模型等全局数据进行读取；在构建完成后，向存储结果的全局数据同时写入等。因此，这里仅需要对所有可能发生竞态条件的地方采用 OpenMP 提供的同步原语（即线程互斥锁）进行限制。

对于单颗卫星的轨道积分，其基本流程如下所示：获取当前时刻卫星轨道的状态参数，采用龙格-库塔（Runge-Kutta）积分获取短步长下的一系列卫星轨道状态作为后续 Adams 积分的启动点，最后积分求得所需弧段上其他时刻的卫星轨道状态。可以看到，类似不同测站-卫星对间的观测方程构建，不同卫星间的轨道积分也不存在相互依赖关系，十分适合采用并行优化的方法。串行的轨道积分处理程序通常需要依次遍历所有卫星完成积分过程，因此只需要通过 OpenMP 的预编译指令将卫星循环的代码域并行化。基于 OpenMP 并行优化后的卫星轨道积分算法流程如图 4.29 所示。

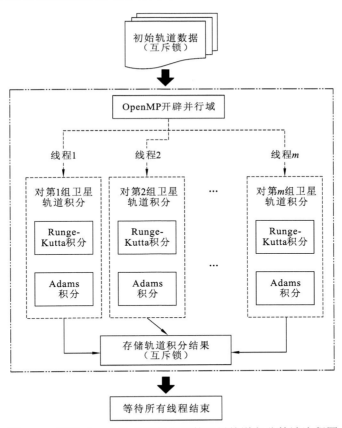

图 4.29　基于 OpenMP 并行优化后的卫星轨道积分算法流程图

类似地，需要对轨道积分中可能存在的竞态条件进行同步限制，相对于观测方程构建的过程，其所需要的同步操作更少。

4.4.4 试验分析

为了测试分块消参法对多频多系统 GNSS 精密定轨计算效率的提升，本小节在 115 个、120 个、125 个、130 个、135 个和 140 个 MGEX 测站条件下，进行 GPS+GAL+BDS 三系统 104 颗卫星的联合精密定轨，包括双频 IF 模型精密定轨和双频 UC 模型精密定轨。定轨时间段为 2020 年年积日 119～149 天，统计结果为所有天定轨过程单历元处理耗时的平均值。

图 4.30 给出了原始消参法和分块消参法单历元平均处理耗时的对比图。从图中可以发现，分块消参法可以为 UC 策略带来巨大的计算效率提升。以 140 个测站为例，IF 策略原始消参法单历元平均处理耗时为 5.744 s，分块消参法单历元平均处理耗时为 5.160 s，两者间差异不超 1 s；对于 UC 策略，原始消参法和分块消参法单历元平均处理耗时分别为 76.519 s 和 40.682 s，后者相对前者有 46.83% 的提升。

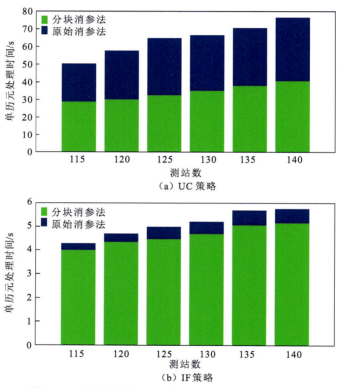

图 4.30　原始消参法和分块消参法精密定轨效率对比

为了评估多线程对多频多系统 GNSS 精密定轨计算效率的提升，在单线程、双线程、四线程、六线程和八线程的条件下，进行 140 个 MGEX 测站的 GPS+GAL+BDS 三系统 104 颗卫星的联合精密定轨，包括双频 IF 模型精密定轨和双频 UC 模型精密定轨。定轨时间段为 2020 年年积日 119～149 天，统计结果为所有天定轨过程中单历元处理耗时的平均值。图 4.31 给出了不同 CPU（中央处理器）线程数量条件下，单历元平均处理耗时的对比图。从图中可以发现，从单线程变为多线程后，会对 UC 策略和 IF 策略的精密定轨计算效率带来较大的提升。以分块消参法的结果为例，从单线程变为双线程后，UC 策略的单历元平均处理耗时从 40.682 s 变为了 22.477 s，效率提升了 44.75%；IF 策略的单历元平均处理耗时从 5.16 s 变成了 3.092 s，效率提升了 40.08%。从图中还可以发现，在当前卫星和测站数量固定时，IF 策略定轨中多线程数量提升为 6 线程后，再增加多线程数量对定轨效率的提升越来越弱，但是对 UC 策略仍有较大的提升。

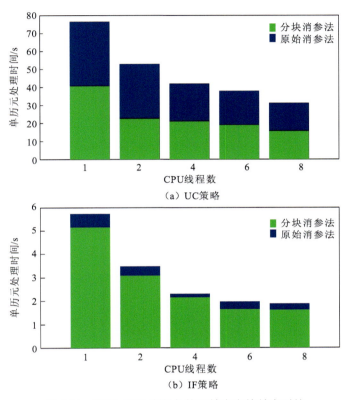

图 4.31　不同 CPU 线程条件下精密定轨效率对比

　　为了全面系统地评估分块消参法与多线程处理两种方法在不同条件下对多频多系统 GNSS 精密定轨效率的提升，对多站少星、多站多星、多星多站等不同情况的定轨效率进行统计和对比。在解算系统为单 GPS 系统，解算卫星数量为 30 颗，解算测站为 150 个的情况下，统计不同策略下 GNSS 卫星精密定轨运行效率。图 4.32 分别给出了双频 IF 策略和 UC 策略下，原始消参法和分块消参法解算单个历元的运算耗时。

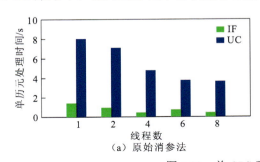

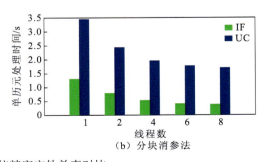

图 4.32　单 GPS 系统精密定轨效率对比

通过观察可以发现，IF 策略下，调用的 CPU 线程数相同时，分块消参法的单历元处理耗时与原始消参法基本相当，两者在线程数相同的条件下单历元处理时间的差异小于 0.15 s。这可能是因为在单系统双频 IF 策略定轨中，其解算法方程维数相对较小，消参过程的耗时尚未成为整个解算过程计算效率的瓶颈。值得注意的是，随着调配的 CPU 线程数增加，无论是原始消参法还是分块消参法，并行化构造法方程的方法可以较为显著地减少 IF 策略定轨过程中的单历元处理耗时。对比不同线程数处理耗时可以发现，相对于单线程情况，双线程、四线程、六线程和八线程的处理耗时在使用原始消参法时分别减少了 32.6%、70.83%、64.58% 和 70.14%，在使用分块消参法时分别减少了 39.39%、59.09%、68.18% 和 70.45%。对于 UC 策略，因为其观测方程数量和待估参数个数都远大于同样测站卫星规模的无电离层模型，无论是增加 CPU 线程数还是采用分块消参法，都使单历元处理时间有显著的提高。在采用原始消参法时，相对于单线程，双线程、四线程、六线程和八线程的处理耗时分别提升了 11.33%、40.22%、52.93% 和 54.30%。在采用分块消参法时，相对于单线程，双线程、四线程、六线程和八线程的处理耗时分别提升了 28.99%、43.19%、48.41% 和 50.43%。对比相同 CPU 线程数条件下耗时情况，分块消参法在单线程、双线程、四线程、六线程和八线程条件下相较于原始消参法分别有 57.04%、65.59%、59.17%、52.91% 和 53.41% 运算效率的提升。

为了进一步评估并行化处理和分块消参法对全球网解算 GNSS 多频多系统精密定轨运行效率的提升，选取全球均匀分布的 140 个 MGEX 测站，进行 GPS、GAL 和 BDS 三系统共计 108 颗卫星的精密定轨。图 4.33 给出了双频无电离层模型原始消参法和分块消参法解算单个历元的运算耗时。图 4.34 给出了 UC 策略原始消参法和分块消参法解算单个历元的运算耗时。

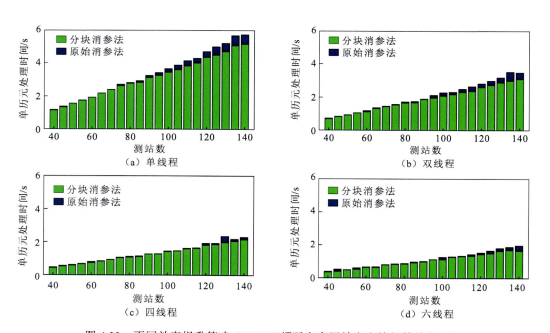

图 4.33　不同效率提升策略 GNSS 双频无电离层精密定轨解算效率对比

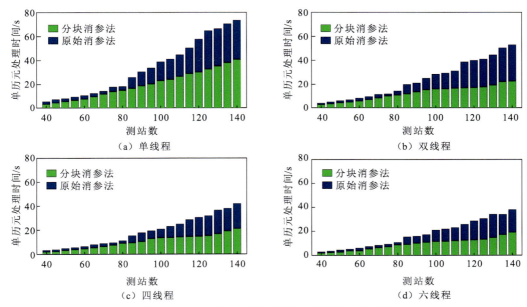

图 4.34　UC 策略非组合精密定轨解算效率对比

　　通过观察可以发现，随着测站数的增加，无论是 IF 策略还是 UC 策略，定轨过程中单历元的处理耗时都显著增加。增加 CPU 线程数后，两种策略的单历元处理耗时都有较为明显的减少。采用 UC 策略时，相对于 IF 策略，在卫星数、测站数和 CPU 线程数相同时，其单历元处理耗时远高于前者。对于 IF 策略，采用分块消参法后，其单历元处理效率存在一定的提升，提升效果在多测站和单线程情况下最为明显。当分配足够多的 CPU 线程后，以六线程为例，分块消参法和原始消参法在测站数相同时，单历元处理耗时差异小于 0.2 s。对于 UC 策略，采用分块消参法后，当 CPU 线程数相同时，其单历元处理效率存在显著提升。在分配的 CPU 线程为六线程的情况下，采用分块消参法后，单历元处理耗时与采用原始消参法时相比，在测站数为 120、130 和 140 时也依旧有 55.88%、57.21%和50.00%的提升。

参 考 文 献

陈秋丽, 杨慧, 陈忠贵, 等, 2019. 北斗卫星太阳光压解析模型建立及应用. 测绘学报, 48(2): 169-175.

陈忠贵, 武向军, 2020. 北斗三号卫星系统总体设计. 南京航空航天大学学报, 52(6): 835-845.

潘林, 2020. GNSS 多频融合精密单点定位频率间卫星钟偏差研究. 测绘学报, 49(5): 668.

许璟锋, 2016. 一种协作式的多线程设计方法. 现代计算机(专业版)(31): 50-52.

许小龙, 2019. BDS/GNSS 实时精密轨道确定系统关键技术研究. 武汉: 武汉大学.

杨元喜, 2016. 综合 PNT 体系及其关键技术. 测绘学报, 45(5): 505-510.

张旭, 周耀华, 丛飞, 等, 2020. 北斗三号卫星直接入轨专用平台设计研究. 宇航总体技术, 4(6): 1-8.

Blewitt G, 1990. An automatic editing algorithm for GPS data. Geophysical Research Letters, 17(3): 199-202.

Chen Q, 2018. Orbit determination and solar radiation pressure analysis of BDS satellite. IGS Workshop: 1-4.

Dong D N, Bock Y, 1989. Global Positioning System Network analysis with phase ambiguity resolution applied to crustal deformation studies in California. Journal of Geophysical Research: Solid Earth, 94(B4): 3949-3966.

Geng J H, Shi C, Ge M R, et al., 2012. Improving the estimation of fractional-cycle biases for ambiguity resolution in precise point positioning. Journal of Geodesy, 86(8): 579-589.

Geng J H, Chen X Y, Pan Y X, et al., 2019. A modified phase clock/bias model to improve PPP ambiguity resolution at Wuhan University. Journal of Geodesy, 93(10): 2053-2067.

ILRS, 2020a. SLRF2014 station coordinates and velocities. https://cddis.nasa.gov/archive/slr/products/resource/SLRF2014_POS+VEL_2030.0_200428.snx.

ILRS, 2020b. ILRS station eccentricities. https://cddis.nasa.gov/archive/reports/slrocc/ecc_une_200420.snx.

IGS. [2024-07-13]. https://files.igs.org/pub/station/general/igs_satellite_metadata.snx?_ga=2.97452056.604266471.1647243154-121108730.1606914703&_gl=1*7bhre6*_ga*MTIxMTA4NzMwLjE2MDY5MTQ3MDM.*_ga_Z5RH7R682C*MTY0NzI0MzE1My42LjEuMTY0NzI0NTI5My42MA.

Li X X, Li X, Yuan Y Q, et al., 2018. Multi-GNSS phase delay estimation and PPP ambiguity resolution: GPS, BDS, GLONASS, Galileo. Journal of Geodesy, 92(6): 579-608.

Loyer S, Perosanz F, Mercier F, et al., 2012. Zero-difference GPS ambiguity resolution at CNES-CLS IGS Analysis Center. Journal of Geodesy, 86(11): 991-1003.

Mendes V B, Pavlis E C, 2004. High-accuracy zenith delay prediction at optical wavelengths. Geophysical Research Letters, 31(14): L14602.

Pan L, Zhang X H, Li X X, et al., 2017. Characteristics of inter-frequency clock bias for BLOCK IIF satellites and its effect on triple-frequency GPS precise point positioning. GPS Solutions, 21(2): 811-822.

Rodriguez-Solano C J, Hugentobler U, Steigenberger P, 2012. Adjustable Box-Wing model for solar radiation pressure impacting GPS satellites. Advances in Space Research, 49(7): 1113-1128.

Schaer S, Steigenberger P, 2006. Determination and use of GPS differential code bias values. IGS Workshop: 1-8.

Teunissen P J G, Joosten P, Tiberius C, 1999. Geometry-free ambiguity success rates in case of partial fixing. ION-NTM: 1-6.

Zhang X H, Wu M K, Liu W K, et al., 2017. Initial assessment of the COMPASS/BeiDou-3: New-generation navigation signals. Journal of Geodesy, 91(10): 1225-1240.

低轨卫星精密定轨

5.1　概　　述

　　低轨卫星指轨道高度为 300～1500 km 的人造地球卫星，其轨道高度显著低于 GNSS 卫星，故具有高时空分辨率和低时延的特点。在过去的几十年，低轨卫星平台的潜力被不断发掘，广泛应用于多种空间应用，如重力场测量、GNSS 无线电掩星和低轨导航增强等。高精度卫星定轨是支撑低轨卫星实现上述任务目标的关键技术。随着低轨卫星跟踪手段的不断改进和丰富，定轨理论方法也在不断发展。特别是星载 GNSS 的出现极大地丰富了低轨卫星精密定轨理论，使定轨方法逐渐多样化。

5.2　低轨卫星精密定轨方法

5.2.1　低轨卫星精密定轨方法的发展

　　经过近几十年的发展，星载 GNSS 技术凭借其高精度、低成本、全天候的优势，已经成为当前获取低轨卫星高精度轨道信息的主要技术手段。星载 GNSS 接收机也成为目前高精度对地观测任务卫星的标准配置。目前，根据待观测信息和动力学信息方式的不同，低轨卫星精密定轨方法可以分为三类：动力学定轨、几何法定轨、简化动力学定轨。

　　动力学定轨作为一种传统的事后定轨手段，其原理是在已知卫星在参考历元的初始位置和速度的前提下，利用求得的状态转移矩阵，将卫星在不同时刻的状态归算到参考历元下，然后通过最小二乘估计求解得到卫星参考历元状态向量的改正值，最后利用经过观测值校正过的卫星初始状态和力学模型参数进行数值积分，从而获得连续的低轨卫星位置。动力学轨道可以进行轨道预报。由于充分利用了卫星的动力学信息，理论上动力学定轨仅需要少量的观测数据就能够确定卫星整个弧段的位置和速度，这也是早期星载 GNSS 技术出现之前，仅有稀疏的地面观测值时，动力学方法被广泛应用的主要原因。显而易见，动力学定轨的精度主要受到所采用的力学模型和观测数据精度的影响。

　　相较于动力学定轨，几何法定轨忽略了卫星的动力学信息，仅利用 GNSS 星载观测数据动态地解算出卫星位置，其实质是动态 PPP，也称为运动学定轨。几何法定轨相对简单，容易实现，但是其得到的卫星轨道是一组离散的点，不能进行轨道外推，其定轨精度主要受 GNSS 观测数据质量、观测到的 GNSS 卫星数量及其分布、GNSS 轨道钟差产品精度等因素的影响。几何法定轨缺乏与动力学机制有直接联系的加速度信息，给出的只是真实轨道的一种几何性的逼近，所以无法反映卫星轨道真实而复杂的变化规律。

简化动力学定轨则是结合了动力学方法和运动学方法，通过过程噪声来动态地调整卫星的动力学信息和几何信息之间的权比。通常在简化动力学定轨的过程中需要引入额外的经验摄动力模型来吸收卫星摄动力模型误差和未模型化的误差。

各类低轨卫星精密定轨方法所用信息、特点及主要用途见表 5.1。实际应用中，三种方法均可取得厘米级的定轨精度。但是简化动力学定轨方法由于定轨精度更高，适应性更强，是目前低轨卫星任务中应用最广泛的定轨方法。

表 5.1　低轨卫星精密定轨方法及其特点

方法	观测信息	动力学信息	特点	主要用途
几何法（运动学）	是	否	①不依赖任何卫星动力学模型，可获得纯几何意义的轨道位置；②得到的轨道为离散的点位，无法进行轨道外推	地球重力场模型恢复
动力学	是	是	①仅需要稀疏观测值即可完成定轨；②定轨精度极易受到摄动力（主要为非保守力）模型的影响；③可获取连续的轨道位置，可进行轨道外推	星载 GNSS 技术未出现时主要的定轨方法
简化动力学	是	是	①顾及动力学模型误差，通过引入额外的经验（或随机）加速度吸收先验动力学模型误差；②可以同时充分利用卫星观测信息和动力学信息；③可获取连续的轨道位置，可进行轨道外推	目前低轨卫星任务中应用最广泛的定轨方法

5.2.2　低轨卫星精密定轨基本原理

星载 GNSS 的码伪距和载波相位观测方程可以表示为

$$\begin{cases} P_{r,j}^s = \rho_{r,j}^s + c(\delta t_r - \delta t^s) + c(b_{r,j} - b_j^s) + I_{r,j}^s + \varepsilon_{r,j}^s \\ L_{r,j}^s = \rho_{r,j}^s + c(\delta t_r - \delta t^s) + \lambda_j(B_{r,j} - B_j^s) - I_{r,j}^s + \lambda_j N_{r,j}^s + \omega_{r,j}^s \end{cases} \tag{5.1}$$

式中：P、L 分别为伪距和载波相位观测值；s、r、j 分别为 GNSS 卫星、星载接收机和频率；$\rho_{r,j}^s$ 为导航卫星质心到低轨卫星质心之间的几何距离；c 为真空中的光速；δt_r 和 δt^s 分别为星载接收机钟差和导航卫星钟差；λ_j 为第 j 个频率上的信号波长；$b_{r,j}$ 和 b_j^s 分别为接收机端和卫星端的伪距硬件延迟；$B_{r,j}$ 和 B_j^s 分别为接收机端和卫星端的相位延迟；$I_{r,j}^s$ 为第 j 个频率对应的电离层延迟；$N_{r,j}^s$ 为以周为单位的整周模糊度；$\varepsilon_{r,j}^s$ 和 $\omega_{r,j}^s$ 分别为伪距和载波相位上的多路径效应和观测噪声之和。

值得注意的是，由于低轨卫星轨道高度一般在 300～1500 km，这个高度远远高于对流层，所以星载 GNSS 信号不受对流层的影响，因此式（5.1）忽略了对流层项。此外，为了方便描述，相位缠绕、天线相位改正和相对论效应等误差未在式（5.1）中表示，这些误差通常可以利用已有模型精确改正。在低轨卫星精密定轨的过程中，为了消除一阶电离层项的影响，通常使用无电离层组合（IF）：

$$\begin{cases} P_{r,\mathrm{IF}}^s = \dfrac{1}{f_i^2 - f_j^2}(f_i^2 P_{r,i}^s - f_j^2 P_{r,j}^s) \\[3mm] L_{r,\mathrm{IF}}^s = \dfrac{1}{f_i^2 - f_j^2}(f_i^2 L_{r,i}^s - f_j^2 L_{r,j}^s) \end{cases} \tag{5.2}$$

式中：f_i 和 f_j 分别为不同的频率。将式（5.1）代入式（5.2），进行线性化之后可得

$$\begin{cases} p_{r,\mathrm{IF}}^s = \boldsymbol{e}_r^s \cdot \boldsymbol{X}(t) + c\delta t_r + cb_{r,\mathrm{IF}} + \varepsilon_{r,\mathrm{IF}}^s \\[2mm] l_{r,\mathrm{IF}}^s = \boldsymbol{e}_r^s \cdot \boldsymbol{X}(t) + c\delta t_r + \lambda_{\mathrm{IF}}(B_{r,\mathrm{IF}} - B_{\mathrm{IF}}^s + N_{r,\mathrm{IF}}^s) + \omega_{r,\mathrm{IF}}^s \end{cases} \tag{5.3}$$

式中：$p_{r,\mathrm{IF}}^s$、$l_{r,\mathrm{IF}}^s$ 分别为伪距和载波相位上"观测值-计算值"的残差；$\boldsymbol{e}_r^s$ 为从低轨卫星指向导航卫星的单位向量；$\boldsymbol{X}(t)$ 为低轨卫星在 t 时刻的状态向量；其他符号含义与式（5.1）中一致。对于运动学（几何法）定轨，其实质是一个动态 PPP 的过程，求解的是低轨卫星在每个历元的位置，此时有

$$\boldsymbol{X}(t) = (x_t, y_t, z_t)^{\mathrm{T}} \tag{5.4}$$

式中：x_t、y_t、z_t 为低轨卫星在 t 时刻的位置。除此之外，待估参数还包括接收机钟差和模糊度参数。

而对于动力学定轨或者简化动力学定轨，所有历元的卫星位置状态转移矩阵与低轨卫星的初始位置、速度和动力学模型参数建立联系。此时表示为

$$\boldsymbol{X}(t) = \varphi(t, t_0)\boldsymbol{O}_{r,0} \tag{5.5}$$

$$\boldsymbol{O}_{r,0} = (x_0, y_0, z_0, v_x, v_y, v_z, p_{r,1}, p_{r,2}, \cdots, p_{r,n})^{\mathrm{T}} \tag{5.6}$$

式中：$\boldsymbol{O}_{r,0}$ 为待求低轨卫星的初始状态向量；x_0、y_0、z_0 为低轨卫星在初始历元的位置；v_x、v_y、v_z 为低轨卫星在初始历元的速度；$p_{r,1}, p_{r,2}, \cdots, p_{r,n}$ 为待求的动力学模型参数，通常包括光压参数、大气阻力参数及经验力模型参数。因此，在简化动力学定轨过程中，所有需要待求的参数为

$$\boldsymbol{X} = (O_{r,0}, \delta t, \tilde{N}_r^s)^{\mathrm{T}} \tag{5.7}$$

$$\tilde{N}_r^s = N_r^s + B_{r,\mathrm{IF}} - B_{\mathrm{IF}}^s \tag{5.8}$$

5.3 低轨卫星精密定轨中的非保守力建模

低轨卫星除受到二体问题的作用力外，还受到各种摄动力的影响，导致卫星受摄运动变得十分复杂，难以精确模型化。摄动力按照是否与卫星位置有关分为保守力和非保守力。保守力由卫星的始末位置决定，可以用位函数描述，主要包括地球引力、N 体引力、固体潮汐引力、海洋潮汐引力、相对论效应等；保守力在精密定轨过程中通常可以使用已有模型精确地描述。非保守力主要包括大气阻力、太阳光压、地球反照辐射等。非保守力又称

耗散力，通常受到多种因素的影响，与卫星的星体大小、几何形状、面板热力学特性等因素息息相关。正是因为非保守力的复杂性，现有的数学模型通常难以精确地描述，所以在定轨过程中一般需要额外地估计力学参数来进行补偿。本节主要介绍低轨卫星定轨过程中的非保守力模型。

5.3.1　大气阻力摄动

由于低轨卫星的轨道高度只有几百千米，大气阻力为低轨卫星所受的非保守力中量级最大的一项。大气阻力摄动既与大气的状态、密度、流速有关，还与卫星的速度、形状、质量等有关，因此难以精确模型化。大气阻力摄动加速度数学模型可以表示为

$$a_{drag} = -\frac{1}{2}\rho C_d \frac{A}{m}|v_{sat} - v_{wind}|(v_{sat} - v_{wind}) \tag{5.9}$$

式中：ρ、C_d 分别为卫星处的大气密度和大气阻力系数；v_{sat} 和 v_{wind} 分别为卫星和大气的运动速度；A 和 m 分别为卫星的有效截面积和星体质量。目前，在卫星精密定轨中，大气密度和速度一般可以通过相关模型计算。常见的大气密度模型有 NRLMSISE-00 模型、DTM-94 模型和指数大气模型等。由式（5.9）知，大气阻力与大气密度成正比，若大气密度误差很大，则轨道精度也会随之下降。对于低轨卫星，其相对误差可以在 0.1 甚至更大。除此之外，计算大气阻力还需要对卫星的几何形状建模，通常采用 Box-Wing 模型，将卫星简化成不同面板组成的几何体，在计算大气阻力时首先计算卫星每个面板所受到的阻力加速度，然后将计算所得的所有面板阻力加速度相加，即卫星受到的总大气阻力加速度。当无法获得卫星几何形状时，通常会采用 Cannon-Ball 模型，该模型将卫星看成一个表面具有相同物理属性的球体，在此情况下，卫星的有效截面积就变成一个常数。大气阻力系数与卫星的几何和物理性质紧密相关，一般来说，该值为 1.5～3.0，在精密定轨中通常当作未知参数进行估计。

本小节首先评估较为常用的 DTM94 模型的定轨性能，分别实现 GRACE-A/B、Swarm-A/B/C 和 Jason-2/3 共 7 颗不同轨道高度的低轨卫星精密定轨。图 5.1 显示了各卫星定轨结果与其科学轨道产品比较的结果。其中，GRACE-A/B 卫星、Swarm-A/B/C 卫星和 Jason-2/3 卫星的科学轨道产品分别由美国喷气推进实验室、荷兰代尔夫特理工大学及法国国家空间研究中心提供。可以看出，大部分卫星的切向、法向和径向定轨精度均优于 4 cm。Jason-2 卫星的定轨误差要明显大于其他卫星，这可能是由定轨时所采用的 Jason-2 卫星天线相位中心改正信息不准确造成的。值得注意的是，GRACE 卫星在 2017 年已经处于任务末期，其轨道高度下降至 300 多千米，大气阻力的建模难度增大，采用相同的定轨策略，其定轨精度要明显差于任务前中期。结果表明，采用 DTM94 模型，低轨卫星能够取得较好的定轨精度。

Jacchia 系列模型的最新版本为 Jacchia77，MSISE 系列模型的最新版本为 NRLMSISE00，DTM 系列模型的最新版本为 DTM2013。为了评估大气密度模型更新对低轨卫星定轨的影响，选用 DTM94、DTM2013 和 NRLMSISE00 三种半经验大气密度模型分别对位于不同轨道高度上的 GRACE-A、Swarm-A、Swarm-B 和 Jason-3 四颗卫星进行精密定轨。Jacchia77 模型由于年代较为久远，所以在模型比较时不予考虑。需要说明的是，由于各卫星科学轨

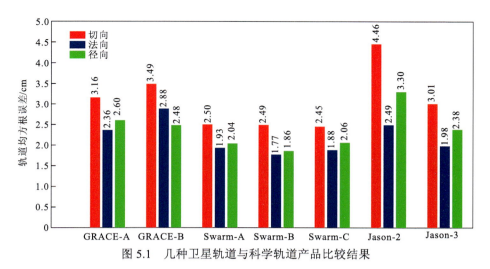

图 5.1　几种卫星轨道与科学轨道产品比较结果

道产品所采用的大气密度模型差异较大,为了统一比较标准,采用 6 h 重叠轨道比较和 SLR 校验两种方式对定轨结果进行精度评定。

　　图 5.2 显示了 GRACE-A、Swarm-A、Swarm-B 和 Jason-3 卫星采用不同大气密度模型的重叠轨道比较结果。结果显示,相比于 DTM94 模型,采用 DTM2013 和 NRLMSISE00 模型能够取得更好的重叠轨道精度,其中,NRLMSISE00 模型方案的重叠轨道精度最高。这一结果说明,大气阻力模型的更新能够在一定程度上提高低轨卫星定轨的内符合精度。但是同时能够看到,对于 GRACE-A 卫星,采用 DTM94 模型的定轨精度要明显优于其他两种模型。这表明,与其他两种模型相比,DTM94 模型可能对 300 km 左右轨道高度上的大气密度建模更为准确。

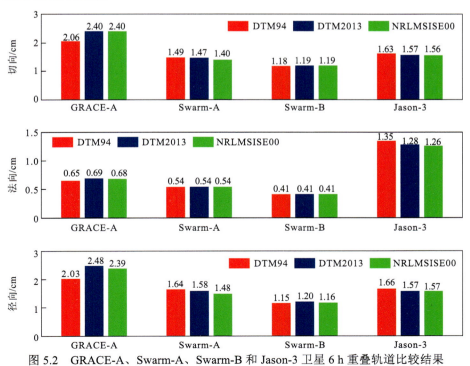

图 5.2　GRACE-A、Swarm-A、Swarm-B 和 Jason-3 卫星 6 h 重叠轨道比较结果

表 5.2 统计了相应的 SLR 校验残差和切向经验加速度均值。从表中可以看出，无论是 SLR 校验残差还是切向经验加速度均值，采用 NRLMSISE00 模型的 SLR 校验结果要明显优于其他两种方案，这与此前的重叠轨道比较结果相一致。但是同时可以看到，DTM2013 模型方案的 SLR 检验结果较差，其 SLR 校验残差和切向经验加速度均值甚至要差于 DTM94 方案，这说明 DTM 模型的更新并没有带来低轨卫星外符合精度的提升，这与此前重叠轨道比较的结果不一致，需要进一步的调查研究。

表 5.2　几种卫星 SLR 校验残差和估计得到的切向经验加速度均值

卫星	大气模型	SLR 校验残差/mm	切向经验加速度均值/(nm/s^2)	
			sin	cos
GRACE-A	DTM94	0.2 ± 22.7	70.04	73.02
	DTM2013	0.5 ± 31.8	68.95	72.11
	NRLMSISE00	0.2 ± 21.5	68.95	72.08
Swarm-A	DTM94	1.1 ± 22.6	26.82	29.82
	DTM2013	1.6 ± 29.1	26.81	29.84
	NRLMSISE00	0.8 ± 19.2	26.77	29.75
Swarm-B	DTM94	-4.4 ± 27.4	20.18	20.38
	DTM2013	-6.6 ± 33.6	20.19	20.37
	NRLMSISE00	-3.3 ± 23.2	20.18	20.39
Jason-3	DTM94	-6.1 ± 24.1	13.61	15.60
	DTM2013	-9.2 ± 29.6	12.96	15.02
	NRLMSISE00	-4.6 ± 20.8	12.94	14.91

在简化动力学定轨的过程中，动力学模型（特别是非保守力模型）的不完善，通常会引入额外的模型误差，这部分模型误差一般会通过引入经验加速度的方式予以消除。也就是说，动力学模型的精度越高，最后估计得到的经验加速度的量级越小。表 5.2 列出了 GRACE-A、Swarm-A、Swarm-B 和 Jason-3 卫星定轨过程中估计得到的切向经验加速度均值。大气阻力主要影响的是轨道切向，因此本小节仅讨论切向经验加速度。本小节在定轨过程中采用了分段周期性经验力模型，该加速度模型主要由正弦项和余弦项两部分组成。从表中可以看出，大气密度模型的更新能够有效减小切向经验加速度的量级。三种方案中，NRLMSISE00 的切向加速度量级最小。

上述结果表明，大气密度模型的更新能够在一定程度上提高低轨卫星的定轨精度。相比于 DTM2013 模型，采用 NRLMSISE00 模型的低轨卫星定轨精度更高。

5.3.2　太阳光压与地球反照摄动

太阳光压是太阳光辐射直接作用在卫星上所产生的摄动力，可以描述为卫星星体及太阳帆板表面吸收的太阳光子施加到卫星的作用力与反射的太阳光子产生的反作用力之和，而这两部分作用力的大小主要取决于太阳辐射通量、卫星有效受照面积、卫星表面的吸收率和反射率及太阳光线的入射角等因素。由太阳光压力引起的卫星摄动加速度可以通过以下公式进行计算：

$$a_{SRP} = -\gamma \frac{G}{m} \sum_{i=1}^{n} \alpha_i A_i \cos\theta_i \left[2\left(\frac{\delta_i}{3} + \rho_i \cos\theta_i\right) \boldsymbol{n}_i + (1-\rho_i)\boldsymbol{s} \right] \qquad (5.10)$$

式中：G 为卫星处的太阳辐射通量；γ 为卫星蚀因子，与太阳被蚀面积相关；m 为卫星质量；A_i、δ_i、ρ_i 分别为平面 i 的面积、散射系数及反射系数；α_i、$\boldsymbol{n}_i$、$\boldsymbol{s}$、θ_i 分别为平面 i 的方向因子、平面 i 的法向单位向量、卫星到太阳方向的单位向量及 $\boldsymbol{n}_i$ 与 $\boldsymbol{s}$ 的夹角。

地球在受到太阳光辐射时，会反射一部分辐射能量，这部分地球反射能量所引起的卫星摄动力称为地球反照辐射。对于大部分卫星，地球反照辐射的量级是太阳光压的 10%~20%。但是对于轨道高度特别低（200~300 km）的低轨卫星，地球反照辐射的量级能接近太阳光压的 35%（Lochry，1966；Wyatt，1963）。由于地球表面结构复杂，地球反射面可能是陆地、海洋、云层和雪层等，因此相比于太阳光压，地球反照辐射的计算更为复杂。在实际应用中，通常会将地球表面分成多个各自独立的辐射区块，不同的区块有各自的辐射性质，然后分别计算每个区块对于卫星的地球反照辐射加速度，最后相加求和即为总的地球反照辐射。常用的地球辐射模型有 UTOPIA 模型和 CERES 模型。

对于大部分卫星，地球反照辐射的量级是太阳光压的 10%~20%。由于其量级相对较小，在大部分低轨卫星的精密定轨过程中一般被忽略不计。但是对于高精度的低轨卫星定轨，需要考虑地球反照辐射的影响，因此需要对其进行精确建模。为了评估地球反照辐射对低轨卫星定轨的影响，分别选取 GRACE-A、Swarm-A、Swarm-B、Jason-2 和 Jason-3 共 5 颗卫星进行精密定轨处理。表 5.3 显示了相应的 SLR 校验残差，从表中可以看出，在考虑地球反照辐射的情况下，低轨卫星的定轨精度得到了明显的提高。GRACE-A、Swarm-A、Swarm-B、Jason-2 和 Jason-3 卫星的 SLR 校验残差均值相比于不考虑地球反照辐射方案分别减小了 77.3%、59.0%、47.2%、46.8% 和 47.4%，其 STD 分别减小了 29.5%、34.0%、28.8%、26.7% 和 29.0%。其中，GRACE-A 卫星的轨道精度提升最大，这是因为 GRACE-A 卫星轨道高度较低，其受到的地球反照辐射的影响更加明显。结果表明，考虑地球反照辐射能够带来毫米级甚至厘米级的定轨精度提升。因此，在低轨卫星的精密定轨过程中，必须考虑地球反照辐射。

表 5.3　考虑地球反照辐射的低轨卫星精密定轨 SLR 校验残差　　　（单位：mm）

卫星	考虑地球反照辐射模型	不考虑地球反照辐射模型
GRACE-A	0.5±31.8	2.2±45.1
Swarm-A	1.6±29.1	3.9±44.1
Swarm-B	-6.6±33.6	-12.5±47.2
Jason-2	-8.4±28.8	-15.8±39.3
Jason-3	-9.2±29.6	-17.5±41.7

5.3.3 经验力

在低轨卫星精密定轨过程中，有些摄动力模型是在一定假设下导出的，各模型在计算过程中还会有截尾误差和近似误差，如重力场模型。同时还有许多摄动力过于复杂无法模型化，甚至存在错误建模的部分，如大气阻力、太阳光压。这些因素都将对卫星定轨和卫星重力计算产生一定的影响，并可能大大降低定轨精度。已有研究发现这些轨道误差本身存在一些特性，可以人为地引入经验力来对这部分误差进行吸收。经验加速度没有明确的物理背景，只是吸收了各扰动力模型误差。经验加速度通常采用含常数项、线性项与周期项的多项式来描述，具体可以表示为

$$a_{\text{emp}} = \begin{bmatrix} a_{\text{R}} \\ a_{\text{T}} \\ a_{\text{N}} \end{bmatrix} = \begin{pmatrix} A_{\text{R}} + B_{\text{R}} \cdot \mathrm{d}t + C_{\text{R1}}\cos(n \cdot \mathrm{d}t) + S_{\text{R1}}\sin(n \cdot \mathrm{d}t) + C_{\text{R2}}\cos\left(n \cdot \dfrac{\mathrm{d}t}{2}\right) + S_{\text{R2}}\sin\left(n \cdot \dfrac{\mathrm{d}t}{2}\right) \\ A_{\text{T}} + B_{\text{T}} \cdot \mathrm{d}t + C_{\text{T1}}\cos(n \cdot \mathrm{d}t) + S_{\text{T1}}\sin(n \cdot \mathrm{d}t) + C_{\text{T2}}\cos\left(n \cdot \dfrac{\mathrm{d}t}{2}\right) + S_{\text{T2}}\sin\left(n \cdot \dfrac{\mathrm{d}t}{2}\right) \\ A_{\text{N}} + B_{\text{N}} \cdot \mathrm{d}t + C_{\text{N1}}\cos(n \cdot \mathrm{d}t) + S_{\text{N1}}\sin(n \cdot \mathrm{d}t) + C_{\text{N2}}\cos\left(n \cdot \dfrac{\mathrm{d}t}{2}\right) + S_{\text{N2}}\sin\left(n \cdot \dfrac{\mathrm{d}t}{2}\right) \end{pmatrix}$$

$$(5.11)$$

式中：R、T、N 分别对应轨道径向、切向和法向；n 为卫星平均角速度；$\mathrm{d}t$ 为相对于参考历元的时间间隔，$(A_{\text{R}}, A_{\text{T}}, A_{\text{N}})$ 和 $(B_{\text{R}}, B_{\text{T}}, B_{\text{N}})$ 分别为常数项和线性项系数；$(C_{\text{R1}}, C_{\text{T1}}, C_{\text{N1}})$ 和 $(S_{\text{R1}}, S_{\text{T1}}, S_{\text{N1}})$ 为一倍轨道频率（1 cycle per orbital revolution，1CPR）的余弦与正弦周期项系数，即每个卫星轨道周期求解一次；而 $(C_{\text{R2}}, C_{\text{T2}}, C_{\text{N2}})$ 和 $(S_{\text{R2}}, S_{\text{T2}}, S_{\text{N2}})$ 则为 2CPR 的余弦与正弦周期项系数。在实际定轨过程中，上述参数通常需要进行分段估计，但并不是所有这些系数都会被估计，而是针对不同卫星，选择性估计部分系数。

5.4 星载接收机天线相位中心在轨标定

星载 GNSS 天线相位中心偏差（PCO）及其变化（PCV）是低轨卫星高精度定轨过程中不可忽略的误差项。尽管低轨卫星在发射前会通过机器人标定或者微波暗室标定等方式对接收机天线进行地面标定，但是地面测量环境与卫星在轨飞行环境不同，卫星天线相位中心会发生变化，因此需要对天线相位中心进行在轨重标定。已有研究表明，对星载 GNSS 天线相位中心进行精确标定可以显著提升低轨卫星的定轨精度（Lu et al.，2019；Montenbruck et al.，2009）。

5.4.1 天线相位中心偏差在轨标定

卫星 PCO 表示卫星质心（动力学参考中心）到天线相位中心（几何观测中心）的向量，一般表示在星固坐标系下，三维分量分别为 $(\Delta X, \Delta Y, \Delta Z)$。由 PCO 引起的观测方向测距改正为

$$\Delta \rho(\alpha, \eta) = -\Delta X \sin\alpha \sin\eta - \Delta Y \cos\alpha \sin\eta - \Delta Z \cos\eta \qquad (5.12)$$

式中：α 为方位角，是迎着卫星+Z 面沿顺时针自 Y 轴到 X 轴之间的角度；η 为卫星至测站方向的天底角。

由于相位中心误差与接收机钟差、相位模糊度等参数相关，难以有效完全分离，需要采用迭代数次估计的策略。单次迭代在上一次估值的基础上对剩余的分量进行估计，通常迭代 2～3 次即可取得准确稳定的估计结果。图 5.3 给出了在轨标定星载 GNSS 接收机天线 Z 向 PCO 前后，Sentinel-6A 卫星定轨与外部科学轨道产品比较的结果。可以看到，在进行 PCO 在轨标定后，Sentinel-6A 卫星的定轨精度得到了显著的提升。

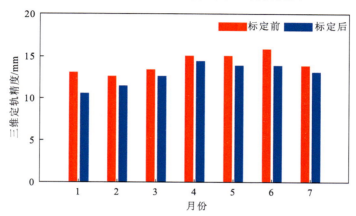

图 5.3 Z 向 PCO 在轨标定前后 Sentinel-6A 卫星定轨精度比较

（2022 年年积日 001～007）

5.4.2 天线相位中心变化在轨标定

作为星载 GNSS 测量中一项重要的误差源，天线相位中心变化（PCV）对卫星精密定轨有较大的影响。针对低轨卫星的 PCV 模型构建，有残差法和直接法两种。

残差法 PCV 标定根据低轨卫星简化动力学定轨载波相位残差对 PCV 进行确定。这种方法假设低轨卫星定轨载波相位残差中主要包含的是低轨卫星天线 PCV，因而通过对残差进行处理便能够得到 PCV。此方法已被广泛用于低轨卫星定轨中，并且已被证实具有较好的标定效果。残差法提取低轨卫星 PCV 方法如下：

$$\begin{cases} \mathrm{PCV}(\alpha_i, z_j) = \dfrac{\sum\limits_{k=1}^{N} \mathrm{res}(\alpha_k, z_k)}{N} \\ \alpha_i - \dfrac{\Delta\alpha}{2} \leqslant \alpha_k \leqslant \alpha_i + \dfrac{\Delta\alpha}{2}, \quad z_j - \dfrac{\Delta z}{2} \leqslant z_k \leqslant z_j + \dfrac{\Delta z}{2} \end{cases} \qquad (5.13)$$

式中：α 和 z 分别为方位角和高度角；下标 i 和 j 分别表示对应的网格点索引；res 为残差值；k 为残差值对应的方位角与高度角索引；N 为网格点对应周围残差值个数；$\Delta\alpha$ 和 Δz 分别为方位角与高度角分辨率。通过对网格点周围内的残差值取平均，便可得到对应网格点的 PCV 值。

采用残差法可以较好地估计出低轨卫星 PCV，但也存在缺陷。有学者指出采用残差法进行低轨卫星 PCV 标定时，标定结果中可能吸收了一部分模糊度和钟差，从而导致标定结果存在一定偏差，而采用直接法进行 PCV 估计时则能够有效避免这一问题（Jäggi et al.，2009）。与残差法不同，直接法 PCV 估计是将 PCV 作为待估参数加入观测方程，在定轨过程中同时求解 PCV 参数。由于 PCV 参数较多，并且单个定轨弧段可能无法包含所有的 PCV 格网点，所以一般采用法方程叠加的方法进行求解，即累加多个弧段的法方程然后整体进行求解，具体方法如下：

$$\begin{Bmatrix} N_{XX,1} & & & & N_{XY,1} \\ & N_{XX,2} & & & N_{XY,2} \\ & & \ddots & & \vdots \\ & & & N_{XX,n} & N_{XY,n} \\ N_{YX,1} & N_{YX,2} & \cdots & N_{YX,n} & \sum_{i=1}^{n} N_{YY,i} \end{Bmatrix} \begin{Bmatrix} X_1 \\ X_2 \\ \vdots \\ X_n \\ Y \end{Bmatrix} = \begin{Bmatrix} U_{X,1} \\ U_{X,2} \\ \vdots \\ U_{X,n} \\ \sum_{i=1}^{n} U_{Y,i} \end{Bmatrix} \tag{5.14}$$

式中：Y 为 PCV 参数；X_i 为第 i 天的轨道参数。由于包含多天的法方程信息，求解式（5.14）非常耗时。为降低耗时，提高解算效率，本节采用序贯最小二乘的方法进行求解。第一个弧段的法方程信息如式（5.15）所示：

$$\begin{Bmatrix} N_{XX,1} & N_{XY,1} \\ N_{YX,1} & N_{YY,1} \end{Bmatrix} \begin{Bmatrix} X_1 \\ Y \end{Bmatrix} = \begin{Bmatrix} U_{X,1} \\ U_{Y,1} \end{Bmatrix} \tag{5.15}$$

消去式（5.15）中 X_1 参数可得

$$\begin{aligned} \tilde{N}_{YY,1} Y &= \tilde{U}_{Y,1} \\ \tilde{N}_{YY,1} &= N_{YY,1} - N_{YX,1} N_{XX,1}^{-1} N_{XY,1} \\ \tilde{U}_{Y,1} &= U_{Y,1} - N_{YX,1} N_{XX,1}^{-1} U_{X,1} \end{aligned} \tag{5.16}$$

对于第二个弧段的法方程信息，有

$$\begin{Bmatrix} N_{XX,2} & N_{XY,2} \\ N_{YX,2} & N_{YY,2} \end{Bmatrix} \begin{Bmatrix} X_2 \\ Y \end{Bmatrix} = \begin{Bmatrix} U_{X,2} \\ U_{Y,2} \end{Bmatrix} \tag{5.17}$$

将式（5.15）与式（5.17）进行累加可得

$$\begin{Bmatrix} N_{XX,2} & N_{XY,2} \\ N_{YX,2} & N_{YY,2} + \tilde{N}_{YY,1} \end{Bmatrix} \begin{Bmatrix} X_2 \\ Y \end{Bmatrix} = \begin{Bmatrix} U_{X,2} \\ U_{Y,2} + \tilde{U}_{Y,1} \end{Bmatrix} \tag{5.18}$$

同样，可以对式（5.17）中的 X_2 进行消参，并将消参后的法方程叠加到第三个弧段的法方程上，如此循环往复，便可将多天的法方程信息进行叠加进而解得最终的 PCV。为避免直接法估计的 PCV 发散，需要添加额外的约束，一般采用零和约束，如式（5.19）所示：

$$\sum \text{PCV}(\alpha_i, z_j) = 0 \tag{5.19}$$

即假定所有待估网格点的 PCV 之和为零。采用此方法可以有效降低求解法方程的维数，减少计算耗时，提高估计效率。此外，采用此方法还能够求解出每个弧段叠加后的 PCV 估值，对 PCV 的收敛性进行判断，同时可以发现有问题的弧段。

图 5.4 和图 5.5 分别给出了采用残差法和直接法标定的 8 颗低轨卫星的 PCV 结果，分

辨率为 5°×5°。如图所示，所有卫星 PCV 主要分布在-20～20 mm 区间内，其中低高度角区域的 PCV 量级相对较大，这主要与低高度角区域较少的观测值及较差的观测数据质量有关。同时可以看到，残差法和直接法估计 PCV 变化具有较好的一致性。

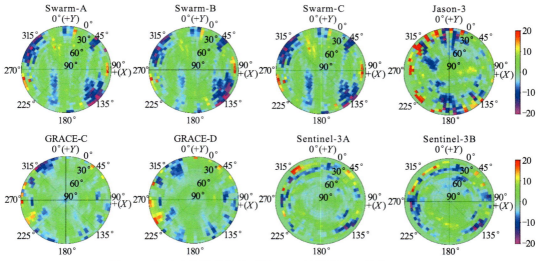

图 5.4　基于残差法的低轨卫星 PCV 估计结果（单位：mm）

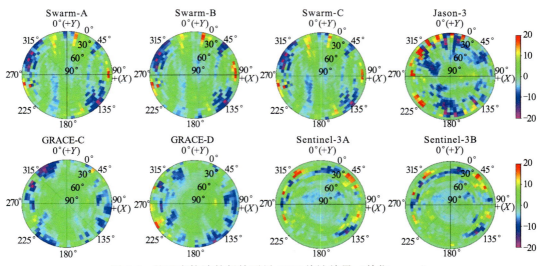

图 5.5　基于直接法的低轨卫星 PCV 估计结果（单位：mm）

　　表 5.4 中统计了不改正 PCV、改正残差法 PCV 及改正直接法 PCV 条件下，低轨卫星精密定轨与外部科学轨道产品的比较结果。对比不同方案定轨结果可以发现，改正 PCV 后的定轨结果与不改正 PCV 定轨结果相比精度有所提升。其中改正 PCV 带来的精度提升对于 Jason-3 卫星尤为显著。在未考虑 PCV 改正时，一部分 PCV 误差会被轨道参数所吸收，进而影响定轨精度，而改正 PCV 之后则能够有效降低 PCV 误差对轨道参数的影响，这也进一步论证了 PCV 标定结果的有效性。

表 5.4　不同 PCV 处理方式下低轨卫星定轨精度统计　　　　（单位：mm）

方向	PCV 模型	Swarm-A	Jason-3	GRACE-C	Sentinel-3B
切向	不改正	10.8	13.3	8.7	14.0
	改正残差法	10.4	9.3	8.6	13.8
	改正直接法	10.3	9.1	8.8	13.9
法向	不改正	8.7	7.6	8.5	9.1
	改正残差法	8.7	5.6	8.3	9.1
	改正直接法	8.7	5.6	8.0	8.9
径向	不改正	6.2	6.0	5.3	7.0
	改正残差法	6.1	4.9	5.3	6.8
	改正直接法	6.1	4.8	5.0	7.0
1D	不改正	8.8	9.5	7.7	10.5
	改正残差法	8.6	6.9	7.5	10.3
	改正直接法	8.6	6.8	7.5	10.3

相位模糊度在一定程度上会吸收部分 PCV 误差，特别是轨道法向。因此，模糊度固定有望将相位模糊度与 PCV 误差分离开来，建立更为准确的 PCV 模型。为了避免模糊度参数对低轨卫星 PCV 估计产生影响，还可以进一步基于固定解估计低轨卫星 PCV。本小节利用 2019 年 DOY 121～180 两个月的 GRACE-C、Swarm-A 及 Sentinel-3A 卫星固定解残差，基于残差法重新估计各卫星接收机天线 PCV 模型，格网间隔设置为 5°×5°。将估计得到的结果与此前估计的浮点解 PCV 进行比较，如图 5.6 所示。可以发现，固定解 PCV 模型比传统的浮点解 PCV 模型变化范围更大，特别是在法向，即垂直卫星飞行速度方向（方位角 90°和 270°附近），这一结果符合此前预期。

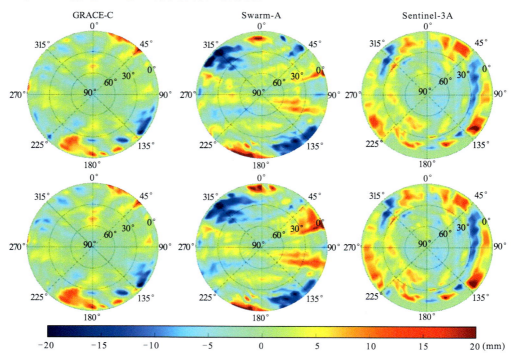

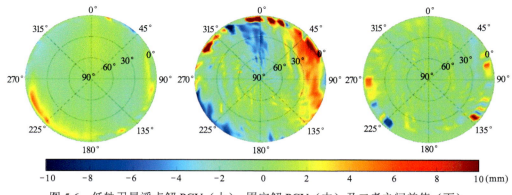

图 5.6 低轨卫星浮点解 PCV（上）、固定解 PCV（中）及二者之间差值（下）

在此基础上，利用估计的固定解 PCV 重新进行低轨卫星固定解定轨。结果显示，采用固定解 PCV 可以为固定解相位残差带来约 0.5 mm 的减小。与此同时，与基于浮点解 PCV 模型的固定解轨道相比，基于固定解 PCV 的轨道 SLR 校验残差可以减小约 0.4 mm，如图 5.7 所示。这一结果证明了模糊度固定对 PCV 估计的影响，说明基于固定解相位残差，可以生成更适用于固定解轨道的天线 PCV 模型。

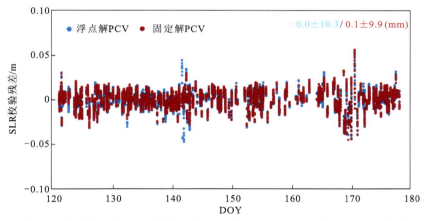

图 5.7 基于浮点解 PCV 和固定解 PCV 的 Sentinel-3A 轨道 SLR 校验结果

5.5 基于模糊度固定技术的低轨卫星定轨

相位模糊度固定是提高低轨卫星定轨精度极为有效的方法。在早期低轨卫星精密定轨过程中，相位模糊度固定是通过低轨卫星与地面测站网组成双差观测值来实现的。这种方法中，为了确保低轨卫星和地面测站能够同时观测到足够多的 GPS 卫星，通常需要一个全球均匀分布的地面测站网。然而，低轨卫星的高动态性使其与地面测站共视弧段较短，同时地面测站的引入还需要考虑精细化对流层等参数的建模和估计问题，这些因素均不利于星地双差的实现，使其模糊度固定率较低。随着 GRACE 卫星的成功发射，众多学者开始关注低轨卫星星间双差的模糊度固定方法。GRACE 和 Swarm 等卫星低轨编队任务的实践结果验证了星间双差模糊度固定技术在低轨卫星毫米级精度相对定轨方面的优秀性能。然而，要成功实现星间双差模糊度固定通常需要更为严苛的条件，例如，编队卫星要搭载质量相同的大地测量级接收机，编队卫星间要维持较为稳定的中短距离基线。得益于精密单点定位领域中模糊度固定技术的快速发展，近年来单接收机模糊度固定技术被成功应用于低轨卫星精密定轨，在低轨卫星高精度轨道获取方面展现出巨大的潜力。与前两种双差方法不同，低轨卫星单星模糊度固定的实现需要借助外部偏差产品，如未校验的相位延迟（UPD）产品，来分离 GNSS 卫星端硬件延迟。

总体而言，基于星载 GNSS 技术的低轨卫星精密定轨从传统的浮点解开始向固定解发展，不同模糊度固定方法由于实现方式的不同，其对于轨道精度提升贡献也存在差异。本节将重点关注低轨卫星精密定轨中的模糊度固定问题，通过详细比较各类模糊度固定方法在实现条件、固定性能及精度贡献等方面的差异，确定不同方法的适用场景，提升低轨卫星在不同任务需求下的绝对和相对定轨精度。

5.5.1　低轨卫星定轨中的模糊度固定问题

1. 宽巷整数模糊度固定

从模糊度参数中消除硬件延迟，恢复模糊度参数的整数特性，是相位模糊度固定的主要目标。无电离层组合系数均为浮点数，使得无电离层组合模糊度参数本身具有浮点特性，无法用于判断模糊度是否成功固定。因此，通常在模糊度固定过程中，将无电离层组合模糊度表达为宽巷（WL）整周模糊度与窄巷（NL）模糊度组合的形式，即

$$\lambda_{\mathrm{IF}}\tilde{N}_{r,\mathrm{IF}}^{s} = \frac{f_{2}\lambda_{\mathrm{WL}}}{f_{1}+f_{2}}N_{r,\mathrm{WL}}^{s} + \lambda_{\mathrm{NL}}\tilde{N}_{r,\mathrm{NL}}^{s} \tag{5.20}$$

式中

$$\begin{cases} \lambda_{\mathrm{WL}} = \dfrac{c}{f_{1}-f_{2}} \\ \lambda_{\mathrm{NL}} = \dfrac{c}{f_{1}+f_{2}} \\ N_{r,\mathrm{WL}}^{s} = N_{r,1}^{s} - N_{r,2}^{s} \end{cases}$$

式中：$N_{r,\mathrm{WL}}^{s}$ 为宽巷整周模糊度；$\tilde{N}_{r,\mathrm{NL}}^{s}$ 为窄巷模糊度；λ_{WL} 和 λ_{NL} 分别为宽巷波长和窄巷波长。模糊度固定通常需要如下三步。

（1）恢复宽巷模糊度整数特性。

（2）利用无电离层组合浮点模糊度和步骤（1）得到的宽巷整数模糊度计算得到窄巷模糊度，并恢复其整数特性。

（3）根据固定后的宽巷和窄巷模糊度重新组建无电离层组合模糊度，即可实现无电离层组合模糊度固定。

在第一步固定宽巷模糊度的操作中，MW 组合通常被用于计算宽巷模糊度：

$$\begin{aligned} \mathrm{MW} &= \left(\frac{f_{1}}{f_{1}-f_{2}}L_{r,1}^{s} - \frac{f_{2}}{f_{1}-f_{2}}L_{r,2}^{s}\right) - \left(\frac{f_{1}}{f_{1}+f_{2}}P_{r,1}^{s} + \frac{f_{2}}{f_{1}+f_{2}}P_{r,2}^{s}\right) \\ &= \lambda_{\mathrm{WL}}(N_{r,\mathrm{WL}}^{s} + B_{r,\mathrm{WL}} - B_{\mathrm{WL}}^{s}) + e_{r,\mathrm{MW}}^{s} \end{aligned} \tag{5.21}$$

式中

$$
\begin{cases}
B_{r,\mathrm{WL}} = B_{r,1} - B_{r,2} - \dfrac{\lambda_{\mathrm{NL}}}{\lambda_{\mathrm{WL}}}(f_1 D_{r,1} + f_2 D_{r,2}) \\[2mm]
B_{\mathrm{WL}}^s = B_1^s - B_2^s - \dfrac{\lambda_{\mathrm{NL}}}{\lambda_{\mathrm{WL}}}(f_1 D_1^s + f_2 D_2^s) \\[2mm]
e_{r,\mathrm{MW}}^s = \left(\dfrac{f_1}{f_1 - f_2}\omega_{r,1}^s - \dfrac{f_2}{f_1 - f_2}\omega_{r,2}^s \right) - \left(\dfrac{f_1}{f_1 + f_2}\varepsilon_{r,1}^s + \dfrac{f_2}{f_1 + f_2}\varepsilon_{r,2}^s \right)
\end{cases}
\tag{5.22}
$$

式中：$B_{r,\mathrm{WL}}$ 和 B_{WL}^s 分别为接收机端和卫星端宽巷偏差；$e_{r,\mathrm{MW}}^s$ 为伪距、相位的多路径误差和噪声的 MW 组合。MW 组合消除了几何距离、电离层延迟、卫星钟差及接收机钟差等绝大部分参数，仅留下模糊度参数、硬件延迟偏差及观测噪声。由式（5.22）可以发现，MW 组合观测值受到原始观测值（特别是伪距观测值）观测噪声的影响。但是，由于 GNSS 宽巷模糊度波长通常较长，如 GPS L1 和 L2 的宽巷模糊度波长高达 0.86 m，观测值噪声相对宽巷波长量级较小，在固定宽巷模糊度的过程中观测值噪声影响通常可以忽略不计。因此，可以利用 MW 组合获取宽巷模糊度：

$$
\tilde{N}_{r,\mathrm{WL}}^s = \lambda_{\mathrm{WL}} N_{r,\mathrm{WL}}^s + \lambda_{\mathrm{WL}} B_{r,\mathrm{WL}} - \lambda_{\mathrm{WL}} B_{\mathrm{WL}}^s \approx \mathrm{MW}
\tag{5.23}
$$

式中：$\tilde{N}_{r,\mathrm{WL}}^s$ 为浮点宽巷模糊度。与此前的无电离层组合模糊度类似，由于卫星端和接收机端偏差的存在，宽巷模糊度在非差情况下无法直接固定为整数。

传统的双差模糊度固定方法通过卫星间、接收机间组双差的方式来消除宽巷硬件偏差的影响，恢复宽巷模糊度整周特性：

$$
\Delta\Delta N_{r1,r2,\mathrm{WL}}^{s1,s2} = \tilde{N}_{r1,\mathrm{WL}}^{s1} - \tilde{N}_{r1,\mathrm{WL}}^{s2} - \tilde{N}_{r2,\mathrm{WL}}^{s1} + \tilde{N}_{r2,\mathrm{WL}}^{s2}
\tag{5.24}
$$

式中：$\Delta\Delta$ 表示双差处理操作。对于低轨卫星，可以通过与地面测站组建星地基线或者与低轨卫星组建星间基线来组建双差观测值，获取双差宽巷模糊度。组建双差模糊度的前提条件是能够实现卫星共视。为了保证足够多的共视卫星，在组建星地基线时，通常要求地面测站数量足够多，且满足全球均匀分布；在组建星间基线时，则要求低轨卫星飞行时能够维持一个稳定的中短距离编队，在一定的置信水平下对宽巷双差模糊度简单取整，即可获得较好的固定精度。

对于近年来快速发展的单星固定方法，通过引入基于全球或区域测站网计算的外部卫星偏差产品改正卫星端宽巷偏差，即

$$
\hat{N}_{r,\mathrm{WL}}^s = \tilde{N}_{r,\mathrm{WL}}^s + \lambda_{\mathrm{WL}} \hat{B}_{\mathrm{WL}}^s = \lambda_{\mathrm{WL}} N_{r,\mathrm{WL}}^s + \lambda_{\mathrm{WL}} B_{r,\mathrm{WL}}
\tag{5.25}
$$

式中：$\hat{N}_{r,\mathrm{WL}}^s$ 为改正了卫星端偏差的宽巷模糊度；$\hat{B}_{\mathrm{WL}}^s$ 为引入的卫星端偏差。由于不存在接收机偏差产品，接收机端宽巷偏差的消除可通过以下两种方式实现：①GPS 卫星星间单差；②对所有改正了卫星端偏差的宽巷模糊度的小数部分求平均，平均值即接收机端偏差。在低轨卫星定轨中，通常采用前者：

$$
\Delta N_{r1,\mathrm{WL}}^{s1,s2} = \hat{N}_{r1,\mathrm{WL}}^{s1} - \hat{N}_{r1,\mathrm{WL}}^{s2}
\tag{5.26}
$$

式中：Δ 表示单差处理操作。与双差模糊度固定方法类似，单星固定方法中也可用取整策略恢复模糊度整数特性。

2. 窄巷整数模糊度固定

当宽巷模糊度固定成功后，利用此前估计得到的无电离层组合浮点模糊度和宽巷整数模糊度，根据式（5.27）即可计算窄巷浮点模糊度：

$$\lambda_{NL}\tilde{N}^s_{r,NL} = \lambda_{IF}\tilde{N}^s_{r,IF} - \frac{f_2\lambda_{WL}}{f_1+f_2}N^s_{r,WL} = \lambda_{NL}N^s_{r,NL} + \lambda_{NL}B_{r,NL} - \lambda_{NL}B^s_{NL} \qquad (5.27)$$

$$\begin{cases} N^s_{r,NL} = N^s_{r,1} \\ B_{r,NL} = \dfrac{\lambda_{IF}}{\lambda_{NL}}\tilde{B}_{r,IF} \\ B^s_{NL} = \dfrac{\lambda_{IF}}{\lambda_{NL}}\tilde{B}^s_{IF} \end{cases}$$

式中：$\tilde{N}^s_{r,NL}$ 和 $N^s_{r,NL}$ 分别为窄巷浮点模糊度和整数模糊度；$B_{r,NL}$ 和 B^s_{NL} 分别为接收机端和卫星端窄巷偏差。

在双差模糊度固定方法中，可基于式（5.27）利用相同的取整策略获得窄巷整数模糊度：

$$\Delta\Delta N^{s1,s2}_{r1,r2,NL} = \left(\lambda_{IF}\cdot\Delta\Delta\tilde{N}^{s1,s2}_{r1,r2,IF} - \frac{f_2\lambda_{WL}}{f_1+f_2}\Delta\Delta N^{s1,s2}_{r1,r2,WL}\right)\bigg/\lambda_{NL} \qquad (5.28)$$

而对于单星固定方法，窄巷模糊度和宽巷模糊度固定时一样，需要引入外部偏差产品或者特定的卫星钟产品（如整数钟）以消除卫星端偏差，即

$$\hat{N}^s_{r,NL} = \tilde{N}^s_{r,NL} + \lambda_{NL}\hat{B}^s_{NL} = \lambda_{NL}N^s_{r,NL} + \lambda_{NL}B_{r,NL} \qquad (5.29)$$

式中：$\hat{N}^s_{r,NL}$ 为改正卫星端偏差后的窄巷模糊度；$\hat{B}^s_{NL}$ 为引入的卫星端偏差产品。而接收机端偏差可以通过星间单差消除，最后进行简单取整，即可得到固定后的窄巷模糊度。

基于以上推导，无论是采用双差形式还是单差形式，当宽巷和窄巷模糊度同时固定后，均可重新构建无电离层模糊度。然后将恢复的无电离层模糊度对定轨中的模糊度参数进行约束，解算后即可得到固定解轨道。

3. 试验数据及处理策略

为评估模糊度固定技术应用于低轨卫星定轨的精度提升效果，选取三个典型的低轨卫星任务，并基于 2019 年 DOY 001～365 的数据进行固定解定轨试验。

（1）GRECE-FO（gravity recovery and climate experiment follow-on）：美国国家航空航天局（National Aeronautics and Space Administration，NASA）和 GFZ 继 GRACE 卫星后再次合作推动的重力测量任务。任务由两颗完全相同且相距 170～270 km 的卫星（GRACE-C 和 GRACE-D）组成。两颗卫星都配备了由 JPL 制造的 GPS 星载接收机，同时还配备 K/Ka 波段测距（K/Ka-band ranging，KBR）仪器和激光测距干涉（laser ranging interferometer，LRI）系统。JPL 同时计算发布 GRACE-FO 的精密科学轨道（precision science orbit，PSO）产品。

（2）Swarm 卫星为 ESA 发射的低轨卫星星座，主要用途为测量地球磁场。Swarm 星座包括三颗完全相同的低轨卫星，三颗卫星均搭载双频八通道 GPS 接收机。Swarm 卫星日常 PSO 产品的计算由荷兰代尔夫特理工大学负责，包括简化动力学轨道和几何法轨道，所有的轨道产品均为浮点解。

（3）Sentinel-3 为欧洲全球环境与安全监测计划（European global monitoring for environment and security program，GMES）的重要组成部分，用于海洋学研究和陆地植被监测。目前在轨有 Sentinel-3A 和 Sentinel-3B 两颗卫星，都安装了与 Swarm 任务同质量的八通道 GPS 接收机。其 PSO 产品由 CNES 计算。

采用简化动力学定轨方法来进行低轨卫星精密定轨，具体的动力学模型和观测模型如表 5.5 所示。其中，太阳光压和地球反照辐射两部分采用带有卫星面板光学特性信息的 Box-Wing 模型来计算，同时通过额外估计光压尺度系数来吸收光压模型的建模误差。在地球反照辐射方面，采用 Box-Wing 分析模型、由云层和地球辐射能传感器（cloud and earth radiant energy sensor，CERES）系统发布的每月地球辐射数据进行建模。大气阻力是对低轨卫星影响最为显著的非保守摄动力，本小节采用 NRLMSISE00 模型计算大气密度，然后结合卫星几何形状，对大气阻力进行建模。为了吸收大气密度模型和低轨卫星几何建模不精确引入的误差，在精密定轨过程中估计大气阻力系数。此外，还需要估计轨道切向和法向上 1CPR 的周期性经验加速度，来补充力模型引入的误差和未建模的误差。

表 5.5　低轨卫星简化动力学定轨所采用的观测模型和动力学模型

模型	参数	描述
动力学模型	重力场	EIGEN6S4（150×150）
	N 体摄动	DE421
	海洋潮汐	FES2004
	海洋极潮	Desai 模型（30×30）
	固体潮与固体极潮	IERS2010
	相对论	IERS2010
	卫星几何模型	Box-Wing 模型
	太阳光压	Box-Wing 模型
	地球反照	Box-Wing 模型、CERES 地球辐射数据
	大气阻力	NRLMSISE00 模型
	经验力	切向和法向上正弦与余弦周期项经验加速度
GPS 观测模型	GPS 观测值	非差无电离层组合
	弧段长度	30 h
	GPS 天线改正	igs14.atx
	LEO 天线改正	PCO 地面标定值+PCV 在轨标定值
	LEO 卫星姿态	利用星敏感器得到的四元数计算
参数估计	估计器	序贯最小二乘
	待估参数	参考历元位置和速度；太阳光压参数；大气阻力参数；切向和法向上的经验加速度；接收机钟差；相位模糊度

定轨弧长设置为 30 h，相邻弧段之间重叠 6 h。采样间隔设置为 10 s，但在组建星地基线时，采样间隔设置为 30 s。对于单星模糊度固定方法，选用 CNES、欧洲定轨中心（CODE）

及武汉大学（WHU）三家 IGS 分析中心的偏差产品及相应的 GPS 轨道、钟差产品进行模糊度固定试验，以研究不同偏差产品下低轨卫星定轨性能。模糊度固定过程中需要多次迭代来固定尽可能多的模糊度，一般需要 2～3 次迭代便可取得较为理想的固定效果。此处，还需要设定模糊度固定阈值来避免模糊度固定错误，可采用 WL 0.25 周和 NL 0.15 周的模糊度固定阈值。模糊度固定约束设置为 0.1 mm。本节所采用的 GPS 偏差、轨道和钟差产品如表 5.6 所示。

表 5.6　本节所采用的 GPS 偏差、轨道和钟差产品

分析中心	GPS 码偏差	GPS 相位偏差	GPS 钟差	GPS 轨道	参考文献
CNES	DCB	WL 相位偏差	整数钟（30 s）	CNES 最终轨道产品	Loyer 等（2012）
CODE	OSB	OSB	CODE 模糊度固定钟（30 s）	CODE 最终轨道产品	Schaer 等（2021）
WHU	OSB	OSB	修正的相位钟（30 s）	CODE 最终轨道产品	Geng 等（2019）

注：DCB 为差分码偏差（differential code bias）；OSB 为面向原始观测值的绝对信号偏差（observable-specific signal bias）。

5.5.2　基于模糊度固定技术的低轨卫星精密定轨

1. 不同产品情况下低轨卫星单星模糊度固定解比较

本小节讨论单星模糊度固定技术，基于不同分析中心的产品来评估低轨卫星定轨性能，然后从模糊度固定率、外部轨道比较、重叠轨道比较、SLR 外部校验等多个方面对定轨结果进行综合评估。

1）模糊度固定性能

单星模糊度固定性能主要从模糊度残差和固定率两个方面进行评估，此处的模糊度残差定义为改正相位偏差后的星间单差模糊度及其最近的整数之间的差值。本小节计算了 GRACE-C、Swarm-A 和 Sentinel-3A 卫星在 2019 年 DOY 013（年积日 13 天）的 WL 和 NL 模糊度残差分布，如图 5.8 所示，图中右上角图例为模糊度残差的均值和 STD。由图可知，所有的低轨卫星，超过 96% 的 WL 模糊度残差小于 0.25 周，超过 97% 的 NL 模糊度残差小于 0.15 周。这表明，NL 模糊度残差的分布更加集中。除此之外，同一卫星不同固定解之间在模糊度残差方面没有明显差异。

表 5.7 统计了各低轨卫星 WL/NL 模糊度固定率。从表中可以看出，几乎所有卫星均能实现 100% 的宽巷模糊度固定。NL 模糊度固定率则整体优于 96%，部分卫星（如 Swarm 卫星）的 NL 固定率能够接近 100%。对比不同产品可以发现，其在 NL 模糊度固定率方面存在约 1% 的差异。相比于 CODE 和 WHU 方案，CNES 方案的 NL 模糊度固定率相对较低。考虑本节使用的三家机构产品模型在理论上是相互等价的，各方案模糊度固定表现的差异主要由其产品本身精度差异引起。

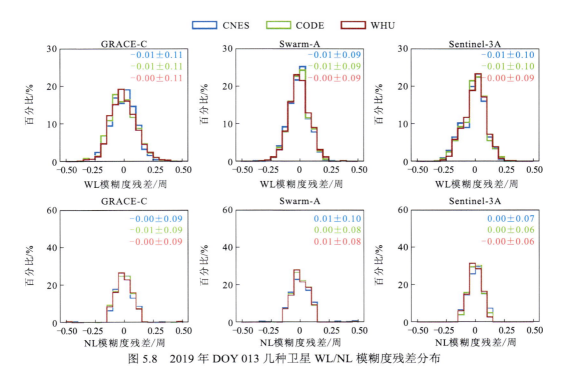

图 5.8　2019 年 DOY 013 几种卫星 WL/NL 模糊度残差分布

表 5.7　各低轨卫星单星固定解 WL/NL 模糊度固定率　　　（单位：%）

卫星型号	CNES WL/NL	CODE WL/NL	WHU WL/NL
GRACE-C	100.0/96.2	100.0/97.1	100.0/97.2
GRACE-D	100.0/96.9	100.0/97.9	100.0/98.0
Swarm-A	100.0/98.4	100.0/99.5	100.0/99.5
Swarm-B	100.0/98.5	100.0/99.5	100.0/99.5
Swarm-C	100.0/98.5	100.0/99.5	100.0/99.5
Sentinel-3A	99.8/97.5	100.0/99.1	100.0/98.1
Sentinel-3B	100.0/97.7	100.0/99.2	100.0/98.3

2）外部轨道比较

为与外部轨道产品进行比较，本小节提供一种评估低轨卫星定轨精度的有效方式。5.5.1 小节简要介绍了三类低轨卫星的 PSO 轨道来源，需要注意的是，GRACE-FO 卫星为固定解轨道，而 Swarm 和 Sentinel-3 卫星为浮点解轨道。每个定轨弧段仅中间 24 h 用于轨道比较。

图 5.9 中，每个长方形盒子的上边界和下边界分别代表序列的上四分位数 Q_3 和下四分位数 Q_1，盒子中间横线代表中位数。四分位距（interquartile range，IQR）定义为 Q_3 和 Q_1 之间距离的一半，即 IQR=$(Q_3 - Q_1)/2$。所有小于 $Q_1 - 1.5 \times$ IQR 或者大于 $Q_3 + 1.5 \times$ IQR 的数据被认定为粗差，在图 5.9 中以散点显示，盒子向外延伸的实线分别代表排除粗差点后的最大值和最小值。可以发现，所有低轨卫星浮点解轨道和 PSO 轨道相比，均能取得 3D

RMS 优于 2 cm 的定轨精度。这说明本节所采用的模型和处理策略能够取得较好的定轨精度。对于同一颗卫星，CNES 方案的浮点解定轨误差最大，而 CODE 和 WHU 方案的定轨精度几乎相当。三种浮点解除 GPS 产品，所有模型和策略均相同，因此浮点解轨道精度之间的不一致反映了三家机构产品质量上的差异。整体上看，CODE 浮点解的轨道误差小于 CNES 和 WHU 浮点解（表 5.7）。相比于 CNES 浮点解，采用 CODE 产品可以使低轨卫星定轨精度提升 1～2 mm，这证明 CODE 的轨道和钟差产品精度更高。

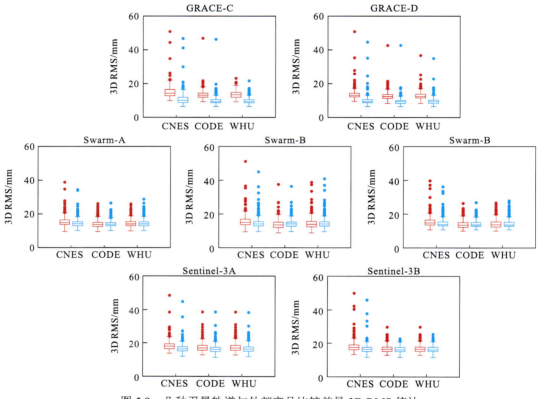

图 5.9 几种卫星轨道与外部产品比较差异 3D RMS 统计

图 5.9 清楚地反映了固定解轨道在精度和可靠性方面均优于传统的浮点解轨道。固定解轨道误差不仅 IQR 更小，而且粗差点数量更少。但是即便固定了相位模糊度，仍有部分粗差点存在，无法消除。究其原因，模糊度正确固定极其依赖高精度的浮点模糊度。当浮点模糊度估计精度下降时，模糊度固定率也会显著下降，影响最终的固定效果。除此之外，能够看到不同低轨卫星间固定解轨道的精度的提升幅度有较大差异。其中 GRECE-FO 卫星固定解精度提升幅度达到了 27%，这是由于 GRACE-FO 卫星的参考轨道也是固定解轨道。而对于 Swarm 和 Sentinel-3 卫星，参数轨道为浮点解，但部分卫星的固定解轨道和其一致性与浮点解相比仍然可以提升 2%～9%。以上表明，固定模糊度能够在一定程度上减小本节结果与精密产品之间在模型和处理策略方面差异的影响。

如表 5.8 所示，同一卫星的不同固定解轨道之间精度差异小于 1 mm。固定解结果中，CODE 固定解和 PSO 产品的一致性最好。图 5.10 以 GRACE-C 卫星为例，进一步比较了不同单星固定解之间的差异。如图所示，固定解之间的差异主要分布在轨道切向和法向上，这两个方向通常是固定解精度提升最为显著的方向。各固定解方案之间的精度差异主要是由轨道和钟差产品质量及模糊度固定性能不同造成的。

表 5.8 不同 GNSS 产品的轨道与 PSO 比较差异平均 3D RMS　　　（单位：mm）

卫星型号	CNES		CODE		WHU	
	浮点解	固定解	浮点解	固定解	浮点解	固定解
GRACE-C	14.9	10.6	13.3	9.6	13.4	9.6
GRACE-D	13.6	9.8	12.7	9.4	12.8	9.4
Swarm-A	15.5	14.4	14.0	14.1	14.4	14.3
Swarm-B	15.7	14.6	13.8	14.2	14.4	14.5
Swarm-C	15.4	14.5	13.9	14.1	14.3	14.2
Sentinel-3A	18.2	16.5	17.3	16.2	17.3	16.4
Sentinel-3B	17.9	16.3	16.7	16.1	16.6	16.2

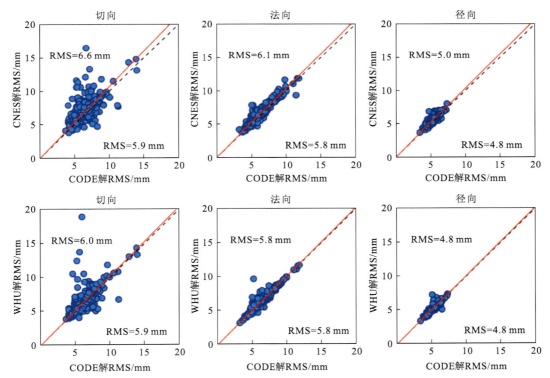

图 5.10 GRACE-C 卫星 CNES、CODE、WHU 固定解轨道与 JPL 产品比较结果对比

RMS 表示各类解的平均 RMS

3）重叠轨道比较

对于轨道内符合精度，本小节采用重叠轨道比较方法进行评估。重叠轨道为相邻 30 h 弧段重叠的 6 h 轨道。同时为了避免边界效应，只取 6 h 重叠轨道中间的 5 h 部分。在低轨

卫星定轨时进行模糊度固定处理，即相当于给低轨卫星轨道施加了一个较强的几何约束，能够显著降低低轨卫星在各方向上的重叠轨道误差。根据各低轨卫星重叠轨道差异在切向、法向及径向上的平均 RMS 绘制了图 5.11。从图中可以看到，固定解轨道相比于浮点解轨道内符合精度提升了 0.5～2 mm。而不同产品间，CODE 固定解可以取得更好的内符合精度。同时可以发现，模糊度固定可以明显降低不同 LEO 卫星间的内符合精度差异。

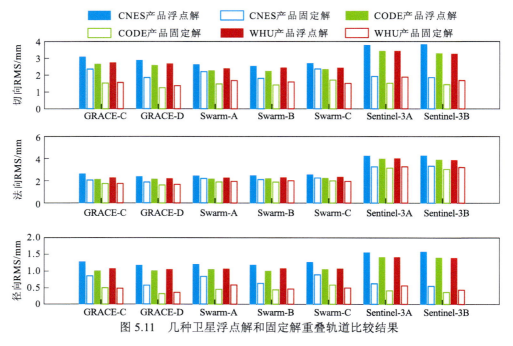

图 5.11　几种卫星浮点解和固定解重叠轨道比较结果

4）SLR 外部校验

作为一种独立的卫星跟踪技术，SLR 可以精确、无偏地测量卫星与地面 SLR 测站之间的几何距离，其通常作为外部技术手段对卫星轨道进行精度验证。本小节采用 ILRS 提供的 GRACE-FO、Swarm 和 Sentinel-3 卫星的 SLR 观测值进行验证分析。考虑目前 SLR 测站在硬件配置、观测条件、操作水平等方面的差异，选用 12 个高质量 SLR 测站参与验证：Graz、Greenbelt、Haleakala、Hartebeesthoek、Herstmonceux、Matera、Mt Stromlo、Potsdam、Wettzell（两站）、Yarragadee 及 Zimmerwald。这些测站的数据占所有 SLR 数据的 60%～70%。在 SLR 校验中，SLR 测站固定为 SLRF2014 坐标。除了考虑 LRA 参考点至卫星质心的偏心改正，还分别采用了四棱镜和七棱镜距离偏差模型对 GRACE-FO（四棱镜）、Swarm（四棱镜）和 Sentinel-3（七棱镜）卫星数据进行改正。在结果统计时，将残差大于 ±0.2 m 或高度角低于 10° 的 SLR 观测值剔除。剔除的 SLR 观测值大约占 SLR 观测数据总数的 1%～2%。

表 5.9 统计了不同低轨卫星浮点解和固定解轨道 SLR 校验残差平均偏差和标准差（STD）。浮点解轨道 SLR 校验 STD 为 12～14 mm，当模糊度固定之后，低轨卫星 SLR 残差 STD 平均减小了大约 2 mm。在所有卫星中，GRACE-FO 卫星固定解提升幅度最明显，可以达到 4 mm。相比之下，Swarm 卫星浮点解和固定解 SLR 残差均表现出较大的平均偏差。相关学者在利用 CODE 产品进行 Swarm 卫星固定解定轨试验时，也发现了类似 3～5 mm

的 SLR 偏差。有研究指出，Swarm 卫星轨道 SLR 平均偏差较大与 SLR 测站在低天底角时受到目标特征效应的影响有关（Strugarek et al.，2021）。

表 5.9　不同低轨卫星浮点解和固定解轨道 SLR 校验结果　　　　（单位：mm）

LEO	CNES		CODE		WHU	
	浮点解	固定解	浮点解	固定解	浮点解	固定解
GRACE-C	−0.6±13.9	−1.7±10.3	−0.6±13.0	−1.7±9.3	−0.5±13.2	−1.7±9.7
GRACE-D	−3.4±13.1	−2.7±9.8	−3.6±12.9	−2.7±9.4	−3.6±13.0	−2.8±9.5
Swarm-A	−6.2±13.7	−5.0±12.6	−5.8±13.0	−4.7±12.3	−5.9±12.9	−4.7±12.3
Swarm-B	−8.8±13.6	−8.4±12.6	−8.6±13.1	−8.0±12.6	−8.6±13.3	−8.1±12.7
Swarm-C	−6.7±14.0	−6.5±13.8	−6.7±13.8	−6.3±13.5	−6.8±13.9	−6.3±13.5
Sentinel-3A	−0.2±12.5	−0.4±10.2	0.0±11.9	−0.4±9.9	−0.1±11.8	−0.4±10.0
Sentinel-3B	−0.1±13.7	−0.2±11.9	0.3±13.0	0.0±11.8	0.2±13.0	−0.1±11.9
平均	−3.7±13.5	−3.6±11.6	−3.7±13.0	−3.4±11.3	3.7±13.0	−3.4±11.4

进一步比较 GRACE-C、Swarm-A 和 Sentinel-3A 卫星不同固定解轨道的 SLR 校验残差。由图 5.12 可以看出，绝大部分 SLR 校验残差分布在±5 cm 的范围内。同一颗卫星，不同机构产品固定解轨道的 SLR 校验残差之间差异也不显著。尽管这样，仍能够看到 CNES 固定解轨道 SLR 校验残差相比其他方案波动更加明显。与之前外部产品比较及重叠轨道比较结果一致的是，在所有 SD 固定解方案中，CODE 固定解轨道的 SLR 校验残差 STD 最小。

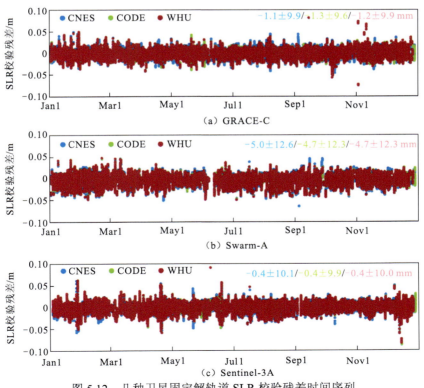

图 5.12　几种卫星固定解轨道 SLR 校验残差时间序列

2. 不同固定解模型下低轨卫星定轨结果分析

本小节以 GRACE-FO 和 Sentinel-3 卫星为例，比较并分析星地双差和星间双差两种双差方法及单星固定方法对低轨卫星轨道精度提升的贡献，同时讨论上述方法在算法实施、模糊度固定率、定轨精度等方面的差异。选取全球均匀分布的 35 个地面测站和低轨卫星组成的星地基线，进行双差模糊度固定。而星间双差固定只能通过两颗 GRACE-FO 卫星组星间基线实现，因为 Sentinel-3A/3B 卫星无法满足共视条件（两颗卫星飞行处于同一轨道面但是相距 140°）。不同于传统的组建双差观测值的方式，本小节选择直接对非差观测值施加双差模糊度约束，进而实现双差模糊度固定的方法。本小节所有定轨计算均基于 CODE 精密产品。

1）模糊度固定性能

首先评估不同方法的模糊度固定性能。与之前单星固定结果类似，各类模糊度固定解的 WL 模糊度固定率均能达到 100%。因此，主要关注 NL 模糊度的固定情况。比较 GRACE-C 和 Sentinel-3A 卫星单星固定解（记作 SD）、星地双差固定解（记作 LGDD）和星间双差固定解（记作 LLDD）的 NL 模糊度固定率，如图 5.13 所示。

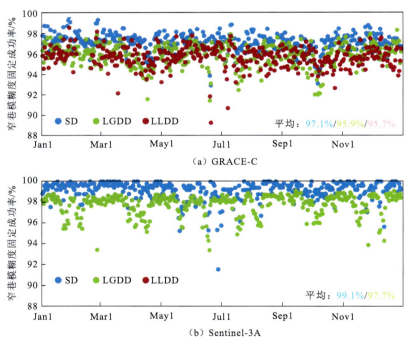

图 5.13　GRACE-C 和 Sentinel-3A 卫星单星固定、星地双差及星间双差固定解 NL 模糊度固定率

如图 5.13 所示，GRACE-C 卫星和 Sentinel-3A 卫星星地双差 NL 模糊度固定率分别为 95.9% 和 97.7%。无论是 GRACE-C 还是 Sentinel-3A 卫星，双差固定方法模糊度固定成功率均要明显低于单星固定，这是由双差固定方法中 GPS 共视卫星连续跟踪弧段持续时间较短导致。

2）定轨精度

通过外部产品比较和 SLR 校验两种方式评估不同固定解模型下低轨卫星的轨道精度。图 5.14 给出了 GRACE-FO 和 Sentinel-3 卫星不同固定解轨道与外部产品比较的结果。可以看出，无论采用何种方法实现模糊度固定，低轨卫星定轨精度在模糊度固定之后均得到了不同程度的提升。这充分证明了模糊度固定对于高精度低轨卫星轨道获取的重要性。同时可以发现，固定解轨道精度与模糊度固定的实现方式密切相关。三种方法中，星地双差固定解和单星固定解两种方法定轨精度几乎相同，而星间双差固定解精度最差，与浮点解轨道相比其轨道精度在 3D RMS 上最大仅提高了 0.8 mm。在 SLR 校验结果中也能发现类似的现象。

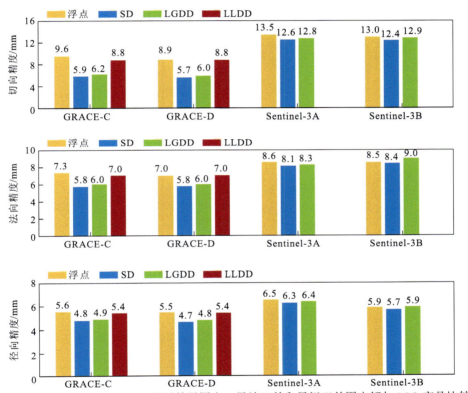

图 5.14　GRACE-FO 和 Sentinel-3 卫星单星固定、星地双差和星间双差固定解与 PSO 产品比较结果

图 5.15 给出了 GRACE-C 和 Sentinel-3A 卫星不同固定解轨道 SLR 校验残差的时间序列。显而易见，当采用单星固定和星地双差固定方法时，低轨卫星轨道 SLR 校验残差显著降低，其 STD 相比于浮点解轨道分别下降了 1～4 mm。然而，当固定两颗低轨卫星之间的星间双差模糊度时，低轨卫星轨道 SLR 校验 STD 仅减小了 0.4 mm，轨道精度提升效果要远差于前两种方法。

上述结果表明，星地双差和星间双差固定方法虽然都是利用双差组合实现模糊度固定，但是在低轨卫星绝对定轨精度方面存在较为显著的差异。这种差异主要源自两种方法组建双差模糊度对象的不同。与处于静止状态的地面测站不同的是，低轨卫星围绕地球高速飞行，这使处理过程中需要引入大量的轨道参数并估计，这在一定程度上减弱了解的强度。

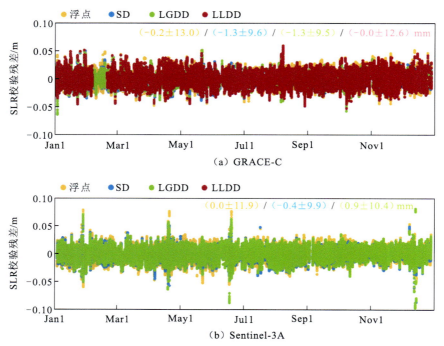

（a）GRACE-C

（b）Sentinel-3A

图 5.15　GRACE-C 和 Sentinel-3A 单星固定、星地双差和星间双差固定解 SLR 校验结果

　　为了探明星间双差低轨卫星定轨精度提升不明显的具体原因，重新设计星间双差试验。在新方案中，GRACE-D 卫星轨道固定为星间单差固定解轨道，仅估计其模糊度和接收机钟差参数，而 GRACE-C 卫星的所有参数则保持不变。这样处理的主要目的是消除 GRACE-D 卫星高动态特性的影响，尽可能地提供一个类似地面测站网的"固定"的参考站。重新处理后的 GRACE-C 卫星星间双差固定解 SLR 校验残差如图 5.16 所示。当固定 GRACE-D 卫星轨道之后，GRACE-C 卫星定轨精度得到了显著提升。这说明低轨卫星的高动态特性可能是造成星间双差模糊度固定解精度较差的主要原因。然而，星间双差固定解精度仍略低于星地双差固定解，原因是固定 GRACE-D 轨道并不能完全消除其高动态特性带来的影响。

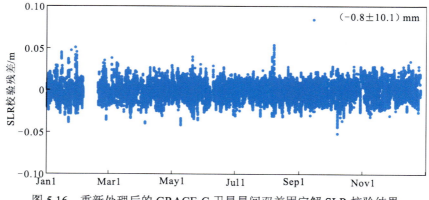

图 5.16　重新处理后的 GRACE-C 卫星星间双差固定解 SLR 校验结果

5.5.3 基于模糊度固定技术的编队卫星相对定轨

高精度的相对位置和速度信息是编队卫星实现其科学任务的重要前提。本小节主要研究编队卫星相对定轨过程中的模糊度固定问题，对比分析不同模糊度的固定效果，然后在此基础上讨论不同条件下动态约束的影响。与之前处理类似，双差固定均通过对非差观测值施加双差模糊度约束实现，同样选取 CODE 提供的精密产品进行定轨计算，并选用 GRACE-FO 卫星任务作为主要研究对象。通过外部 KBR/LRI 校验，以及用 JPL 轨道产品计算得到的卫星基线比较两种方式评估编队卫星相对定轨精度。

1. 不同固定解模型下的编队卫星相对定轨结果分析

图 5.17 显示了 GRACE-FO 卫星不同模糊度固定解 KBR/LRI 校验结果。由于 GRACE-D 卫星星上处理器自动关闭引起数据缺失，以及 LRI 部分数据缺失，图中存在部分缺失。图中，GRACE-FO 卫星 KBR 校验残差和 LRI 校验残差处于同一量级，说明这两种外部验证技术的一致性较好。固定模糊度后，GRACE-FO 卫星星间编队相对定轨精度可以得到显著提升。星地双差固定解和单星固定解的 KBR/LRI 校验 STD 均比浮点解轨道减小了约 3 mm。这两种方法在编队卫星相对定轨方面的相似性能与此前绝对定轨结果一致。而星间双差固定解轨道取得了三种方法中最优的相对定轨精度，其 KBR 校验 STD 为 1.2 mm，接近 1 mm。这一结果甚至要优于 JPL 官方产品的相对定轨精度（2019 年 KBR 校验 STD 为 1.6 mm，Landerer et al.，2020），与此前星间双差固定方法在绝对定轨方面的较差表现完全不同，主要原因是星间双差固定方法通过双差模糊度约束，在两颗卫星之间施加了一个较强的几何约束，从而增强了其相对定轨效果。

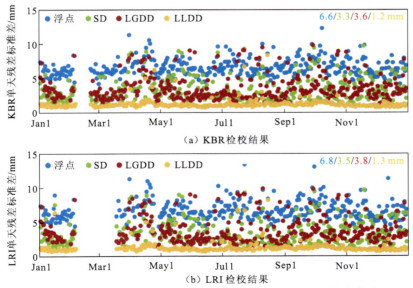

图 5.17 GRACE-FO 卫星不同模糊度固定解 KBR/LRI 校验结果

将计算得到的 GRACE-FO 卫星基线解与利用 JPL 提供的 PSO 产品计算的卫星间基线进行比较，得到的结果如图 5.18 所示。与浮点解相比，固定解基线与 JPL 产品在切向、法向和径向上均能取得更好的一致性。其中最为突出的是星间双差固定解。固定两颗低轨卫星之间的星间双差模糊度，可以使卫星基线的轨道误差相比于浮点解在切向、法向和径向上分别减小 70%、53%和 35%。此外，可以发现各固定解基线在切向方向上基线精度的提升量级和 KBR/LRI 校验结果较为一致。

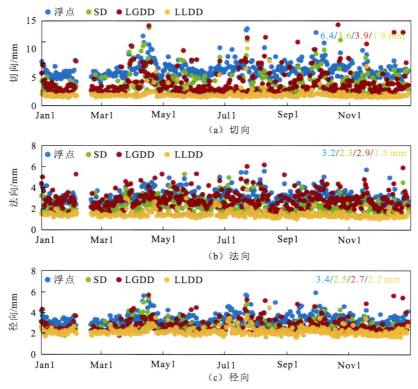

图 5.18　不同模糊度固定解的 GRACE-FO 卫星基线与 JPL 轨道产品计算的卫星基线比较结果

2. 编队卫星相对定轨中的动态约束

如 GRACE-C/D 和 Swarm-A/B 这类并排飞行或者前后跟随飞行的两颗形状完全相同的低轨卫星，卫星相互之间距离较近，所受到的摄动力之间存在一定的相似性。因此，可以通过假定两颗低轨卫星受力相同，在定轨过程中对其经验加速度施加额外的动力学约束。本小节分别在 GRACE-FO 卫星单星固定解和星间双差固定解计算过程中引入经验加速度的动力学约束，来研究其在不同情况下对编队卫星相对定轨精度的提升效果。与之前不同，这里单星固定解是指两颗 GRACE-FO 卫星轨道一起计算，但各自分开进行模糊度固定处理。

如图 5.19 所示，施加动态约束后，星间双差固定解的相对定轨精度得到了略微的提升，KBR 校验 STD 仅减小了约 0.1 mm。但对于单星固定解，卫星间动态约束所带来的相对定轨精度提升较为显著，其 KBR 校验残差 STD 减小了近 0.8 mm。出现这一结果，可理解为动态约束直接建立了 GRACE-C 和 GRACE-D 卫星轨道之间的动力学联系，从而提高了其相对轨道精度。此外可以发现，即使施加星间约束，单星模糊度固定解的基线精度仍要低于星间双差固定解。但是相比于星间双差固定，单星固定的优势在于其更加灵活且容易实现。因此，在单星固定基础上施加动态约束的方法仍可作为低轨卫星编队获取高精度星间基线的可选手段。

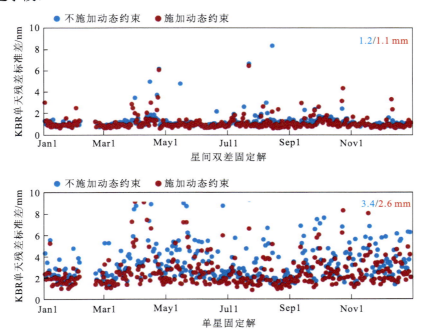

图 5.19　不施加和施加动态约束条件下的 GRACE-FO 卫星固定解 KBR 校验结果

5.5.4　低轨卫星定轨中的模糊度固定方法选取

在 GNSS 偏差产品不存在误差的情况下，模糊度单星固定方法和双差固定方法理论上是相互等价的。但是在实际中，这一假设并不成立。两类方法在处理观测值硬件偏差方面的差异导致了其在算法实现复杂程度、计算效率、定轨精度及实际用途等方面存在一定差别。

在低轨卫星精密定轨方面，可以看到单星固定和星地双差固定两种方法性能相当，都能够比较显著地提高低轨卫星的绝对定轨精度。但是，两种方法在实现方式上存在差别。单星固定方法存在对外部产品依赖性较强的缺点，即当外部产品精度较低或者无法获取时，单星固定方法就无法实现。星地双差固定方法则容易受到地面测站选取的影响，该方法通常要引入由数十个地面测站组成全球测站网，这势必会增加参数估计的计算效率。尽管 JPL 所采用的星地双差固定方法提供了一种避免直接引入地面测站数据的有效办法——仅利用地面测站网解得到的宽巷和无电离层组合模糊度。但这种方法需要特定的算法和软件实现，并不是所有用户都能实现。此外，星地基线较短的共视卫星弧段及地面测站对流层建模等问题均可能导致模糊度固定失败。对于星间双差固定方法，低轨卫星的高动态特性严重降低了其对低轨卫星精密定轨的增强性能。尽管这种影响可以通过固定其中一颗低轨卫星，在一定程度上予以消除。但是星间双差固定仍无法作为低轨卫星高精度定轨的最佳方法，主要原因是星间双差的成功实施需要更为严苛的条件，如两颗低轨卫星需搭载相同或者同等质量的高性能接收机、卫星基线不能过长需要中短基线等。无法满足上述任一条件均有可能降低固定效果。综上，建议在低轨卫星精密定轨时优先采用单星固定方法。

　　在低轨卫星编队相对定轨方面，单星固定方法和星间双差固定方法之间在精度方面差异相对较大。从上述结果和已有研究中可以发现，目前星间双差固定方法仍是实现编队卫星获取毫米级相对轨道精度的最佳方式。但是在星间双差无法实现的情况下，单星固定提供了一种更加灵活的替代方法。与星间双差固定解相比，单星固定解的相对轨道精度仅仅略有降低。因此，在实际应用中，需要综合权衡任务需求、方法性能和实施成本等因素，选择编队卫星相对定轨所采用的模糊度固定方法。针对基线精度要求较高且双差条件较好的编队任务，强烈建议采用星间双差固定方法。而在基线精度要求不高或者双差固定限制较多的情况下，可以考虑采用单星固定方式。

参 考 文 献

郭靖, 2014. 姿态、光压和函数模型对导航卫星精密定轨影响的研究. 武汉: 武汉大学.

韩保民, 2003. 基于星载 GPS 的低轨卫星几何法定轨理论研究. 武汉: 中国科学院测量与地球物理研究所.

匡翠林, 2008. 利用 GPS 非差数据精密确定低轨卫星轨道的理论及方法研究. 武汉: 武汉大学.

王甫红, 2006. 星载 GPS 自主定轨理论及其软件实现. 武汉: 武汉大学.

张强, 2018. 采用 GPS 与北斗的低轨卫星及其编队精密定轨关键技术研究. 武汉: 武汉大学.

Geng J H, Chen X Y, Pan Y X, et al., 2019. A modified phase clock/bias model to improve PPP ambiguity resolution at Wuhan University. Journal of Geodesy, 93(10): 2053-2067.

Haines B J, Bar-Sever Y E, Bertiger W I, et al., 2015. Realizing a terrestrial reference frame using the Global Positioning System. Journal of Geophysical Research: Solid Earth, 120(8): 5911-5939.

Jäggi A, Dach R, Montenbruck O, et al., 2009. Phase center modeling for LEO GPS receiver antennas and its impact on precise orbit determination. Journal of Geodesy, 83(12): 1145-1162.

Landerer F W, Flechtner F M, Save H, et al., 2020. Extending the global mass change data record: Grace follow-on instrument and science data performance. Geophysical Research Letters, 47(12): 1-4.

Laurichesse D, Mercier F, Berthias J P, et al., 2009. Integer ambiguity resolution on undifferenced GPS phase measurements and its application to PPP and satellite precise orbit determination. Navigation, 56(2): 135-149.

Li X X, Wu J Q, Zhang K K, et al., 2019. Real-time kinematic precise orbit determination for LEO satellites using zero-differenced ambiguity resolution. Remote Sensing, 11(23): 2815.

Li X X, Zhang K K, Meng X G, et al., 2020. LEO-BDS-GPS integrated precise orbit modeling using FengYun-3D, FengYun-3C onboard and ground observations. GPS Solutions, 24(2): 48.

Lochry R, 1966. The perturbative effects of diffuse radiations from the earth and moon on close satellites. Los Angeles: University of California.

Loyer S, Perosanz F, Mercier F, et al., 2012. Zero-difference GPS ambiguity resolution at CNES–CLS IGS Analysis Center. Journal of Geodesy, 86(11): 991-1003.

Lu C X, Zhang Q, Zhang K K, et al., 2019. Improving LEO precise orbit determination with BDS PCV calibration. GPS Solutions, 23(4): 109.

Montenbruck O, Garcia-Fernandez M, Yoon Y, et al., 2009. Antenna phase center calibration for precise positioning of LEO satellites. GPS Solutions, 13(1): 23-34.

Montenbruck O, Hackel S, Jäggi A, 2018a. Precise orbit determination of the Sentinel-3A altimetry satellite using ambiguity-fixed GPS carrier phase observations. Journal of Geodesy, 92(7): 711-726.

Montenbruck O, Hackel S, van den Ijssel J, et al., 2018b. Reduced dynamic and kinematic precise orbit determination for the Swarm mission from 4years of GPS tracking. GPS Solutions, 22(3): 79.

Schaer S, Villiger A, Arnold D, et al., 2021. The CODE ambiguity-fixed clock and phase bias analysis products: Generation, properties, and performance. Journal of Geodesy, 95(7): 81.

Strugarek D, Sośnica K, Zajdel R, et al., 2021. Detector-specific issues in Satellite Laser Ranging to Swarm-A/B/C satellites. Measurement, 182: 109786.

Wyatt S P, 1963. The effect of terrestrial radiation pressure on satellite orbits. Berlin: Springer.

Yunck T P, Bertiger W I, Wu S C, et al., 1994. First assessment of GPS-based reduced dynamic orbit determination on TOPEX/Poseidon. Geophysical Research Letters, 21(7): 541-544.

Zhang K K, Li X X, Wu J Q, et al., 2021. Precise orbit determination for LEO satellites with ambiguity resolution: Improvement and comparison. Journal of Geophysical Research: Solid Earth, 126(9): e2021JB022491.

Zhao Q L, Wang C, Guo J, et al., 2017. Enhanced orbit determination for BeiDou satellites with FengYun-3C onboard GNSS data. GPS Solutions, 21(3): 1179-1190.

第 6 章

高/中/低轨卫星联合精密定轨

6.1　概　　述

为获取在空间中的位置信息，大部分低轨卫星均搭载全球导航卫星系统（GNSS）接收机用于跟踪 GNSS 卫星下行信号，而低轨卫星也因此成为 GNSS 卫星天基动态跟踪站。为满足大地测量等领域厘米级甚至毫米级的定位需求，高精度的导航卫星轨道和钟差产品是不可缺少的。传统的导航卫星精密定轨都是基于大量地基观测数据，这种定轨方式严重依赖于地面跟踪站的数量与几何构型，在地面跟踪站数量较少或者分布较差的条件下难以获得高精度的导航卫星轨道钟差产品（张伟，2021；Li et al.，2018；冯来平 等，2016；匡翠林，2008）。由于多方面的原因，我国的北斗导航卫星系统（BDS）目前还无法实现全球布站，仅依赖于地基数据无法获得足够高精度的轨道钟差产品（张博，2020；计国锋，2018）。而利用低轨卫星进行星基导航卫星定轨增强则能够有效解决这一问题。与地面测站相比，低轨卫星具有高动态、不受地理环境限制等优势，少量低轨卫星即可实现全球覆盖。通过低轨卫星星载 GNSS 数据增强导航卫星精密定轨，可以有效提高在地面观测几何构型较差条件下的导航卫星定轨精度，降低导航卫星对地面测站的依赖性（Li et al.，2020；2019a；2019b）。

GNSS/LEO 联合精密定轨是指联合利用地面 GNSS 观测数据和星载观测值，同时解算导航卫星轨道、低轨卫星轨道及其他待估参数（如钟差、重力场模型参数），又称一步法定轨（Huang et al.，2020；Boomkamp and Dow，2005；Zhu et al.，2004）。该方法可以在仅有少量地面测站参与的条件下，通过引入低轨卫星增强 GNSS 卫星轨道精度，从而实现高精度 GNSS 卫星定轨（Geng et al.，2008；Hugentobler et al.，2005；König et al.，2005）。此外，通过联合解算地面测站观测数据和低轨卫星星载 GNSS 数据，该方法可以实现高精度低轨卫星定轨，并且有助于地球自转参数等地球参考框架参数的解算。

近年来，随着越来越多的搭载有 GNSS 接收机的大型低轨卫星的发射升空，GNSS/LEO联合精密定轨技术逐渐发展成为卫星导航领域的热点研究方向之一，并显示出广阔的应用前景。国内外先后有多所高校和多个研究机构的众多学者对 GNSS/LEO 联合精密定轨技术开展了广泛、深入、细致的研究，并先后在 GNSS/LEO 联合精密定轨技术的理论方法、定位模型、算法软件、试验结果分析及工程应用等方面取得了丰富的研究成果。

6.2 GNSS/LEO 卫星联合定轨数学模型

6.2.1 观测模型

对于导航卫星和低轨卫星，它们各自的运动方程可描述为

$$\begin{cases} \dot{X}_{\mathrm{nav}_i} = F_{\mathrm{nav}}(X_{\mathrm{nav}_i}, t), & X_{\mathrm{nav}_i}(t_0) = X_{\mathrm{nav}_i,0} \\ \dot{X}_{\mathrm{leo}_j} = F_{\mathrm{leo}}(X_{\mathrm{leo}_j}, t), & X_{\mathrm{leo}_j}(t_0) = X_{\mathrm{leo}_j,0} \end{cases} \tag{6.1}$$

式中：$X_{\mathrm{nav}_i} = [r_{\mathrm{nav}_i}, \dot{r}_{\mathrm{nav}_i}, p_{\mathrm{nav}_i}]$；$X_{\mathrm{leo}_j} = [r_{\mathrm{leo}_j}, \dot{r}_{\mathrm{leo}_j}, p_{\mathrm{leo}_j}]$；$\dot{X}_{\mathrm{nav}_i} = [\dot{r}_{\mathrm{nav}_i}, \ddot{r}_{\mathrm{nav}_i}, \dot{p}_{\mathrm{nav}_i}]$；$\dot{X}_{\mathrm{leo}_j} = [\dot{r}_{\mathrm{leo}_j}, \ddot{r}_{\mathrm{leo}_j}, \dot{p}_{\mathrm{leo}_j}]$；$i$ 和 j 分别为导航卫星和低轨卫星的数量索引值；$F_{\mathrm{nav}}(X_{\mathrm{nav}_i}, t)$ 和 $F_{\mathrm{leo}}(X_{\mathrm{leo}_j}, t)$ 分别为导航卫星和低轨卫星的运动方程函数；r_{nav_i}、$\dot{r}_{\mathrm{nav}_i}$、$\ddot{r}_{\mathrm{nav}_i}$、$p_{\mathrm{nav}_i}$、$\dot{p}_{\mathrm{nav}_i}$ 和 r_{leo_j}、$\dot{r}_{\mathrm{leo}_j}$、$\ddot{r}_{\mathrm{leo}_j}$、$p_{\mathrm{leo}_j}$、$\dot{p}_{\mathrm{leo}_j}$ 分别为导航卫星和低轨卫星的位置、速度、加速度、动力学参数及动力学参数对时间的偏导数。令 $X_{\mathrm{nav}_i}(t_0)$ 和 $X_{\mathrm{leo}_j}(t_0)$ 分别为导航卫星和低轨卫星在 t_0 时刻的位置、速度和动力学参数，即轨道初始状态参数，$x_{\mathrm{nav}_i}(t) = X_{\mathrm{nav}_i}(t) - X_{\mathrm{nav}_i}^0(t)$，$x_{\mathrm{leo}_j}(t) = X_{\mathrm{leo}_j}(t) - X_{\mathrm{leo}_j}^0(t)$，其中 $X_{\mathrm{nav}_i}^0(t)$ 和 $X_{\mathrm{leo}_j}^0(t)$ 分别为导航卫星和低轨卫星在 t 时刻的近似状态参数，对式（6.1）进行线性化并在 t 时刻展开一阶泰勒级数可得

$$\begin{cases} \dot{x}_{\mathrm{nav}_i}(t) = \left[\dfrac{\partial F_{\mathrm{nav}}}{\partial X_{\mathrm{nav}_i}} \right]^0 x_{\mathrm{nav}_i}(t) \\ \dot{x}_{\mathrm{leo}_j}(t) = \left[\dfrac{\partial F_{\mathrm{leo}}}{\partial X_{\mathrm{leo}_j}} \right]^0 x_{\mathrm{leo}_j}(t) \end{cases} \tag{6.2}$$

对式（6.2）求解可得

$$\begin{cases} x_{\mathrm{nav}_i}(t) = \Phi_{\mathrm{nav}_i}(t, t_0) x_{\mathrm{nav}_i,0} \\ x_{\mathrm{leo}_j}(t) = \Phi_{\mathrm{leo}_j}(t, t_0) x_{\mathrm{leo}_j,0} \end{cases} \tag{6.3}$$

式中：$\Phi_{\mathrm{nav}_i}(t, t_0)$ 和 $\Phi_{\mathrm{leo}_j}(t, t_0)$ 分别为导航卫星和低轨卫星的状态转移矩阵，可分别表示为

$$\begin{cases} \Phi_{\mathrm{nav}_i}(t, t_0) = \begin{bmatrix} \dfrac{\partial r_{\mathrm{nav}_i}}{\partial r_{\mathrm{nav}_i,0}} & \dfrac{\partial r_{\mathrm{nav}_i}}{\partial \dot{r}_{\mathrm{nav}_i,0}} & \dfrac{\partial r_{\mathrm{nav}_i}}{\partial p_{\mathrm{nav}_i,0}} \\ \dfrac{\partial \dot{r}_{\mathrm{nav}_i}}{\partial r_{\mathrm{nav}_i,0}} & \dfrac{\partial \dot{r}_{\mathrm{nav}_i}}{\partial \dot{r}_{\mathrm{nav}_i,0}} & \dfrac{\partial \dot{r}_{\mathrm{nav}_i}}{\partial p_{\mathrm{nav}_i,0}} \\ 0 & 0 & I \end{bmatrix} \\[6mm] \Phi_{\mathrm{leo}_j}(t, t_0) = \begin{bmatrix} \dfrac{\partial r_{\mathrm{leo}_j}}{\partial r_{\mathrm{leo}_j,0}} & \dfrac{\partial r_{\mathrm{leo}_j}}{\partial \dot{r}_{\mathrm{leo}_j,0}} & \dfrac{\partial r_{\mathrm{leo}_j}}{\partial p_{\mathrm{leo}_j,0}} \\ \dfrac{\partial \dot{r}_{\mathrm{leo}_j}}{\partial r_{\mathrm{leo}_j,0}} & \dfrac{\partial \dot{r}_{\mathrm{leo}_j}}{\partial \dot{r}_{\mathrm{leo}_j,0}} & \dfrac{\partial \dot{r}_{\mathrm{leo}_j}}{\partial p_{\mathrm{leo}_j,0}} \\ 0 & 0 & I \end{bmatrix} \end{cases} \tag{6.4}$$

式中：$r_{\mathrm{nav}_i,0}$、$\dot{r}_{\mathrm{nav}_i,0}$、$p_{\mathrm{nav}_i,0}$ 和 $r_{\mathrm{leo}_j,0}$、$\dot{r}_{\mathrm{leo}_j,0}$、$p_{\mathrm{leo}_j,0}$ 分别为导航卫星和低轨卫星在 t_0 时刻的状

态信息。如果已知导航卫星和低轨卫星轨道的初始状态参数，便可根据相应的状态转移矩阵计算出其后任一时刻的状态参数。

对于地面测站和低轨卫星，相应 GNSS 观测方程如下：

$$\begin{cases} Y_{\text{sta}_k} = G_{\text{sta}}(X_{\text{nav}_i}, O_{\text{sta}_k}^{\text{nav}_i}, t) + \xi_{\text{sta}_k}^{\text{nav}_i} \\ Y_{\text{leo}_j} = G_{\text{leo}}(X_{\text{nav}_i}, X_{\text{leo}_j}, O_{\text{leo}_j}^{\text{nav}_i}, t) + \xi_{\text{leo}_j}^{\text{nav}_i} \end{cases} \tag{6.5}$$

式中：i、j 和 k 分别为导航卫星、低轨卫星和地面测站的数量索引值；Y_{sta} 和 Y_{leo} 分别为地面测站和低轨卫星的观测值；G_{sta} 和 G_{leo} 分别为地面测站和低轨卫星的观测函数；$\xi_{\text{sta}_k}^{\text{nav}_i}$ 和 $\xi_{\text{leo}_j}^{\text{nav}_i}$ 分别为地面测站和低轨卫星观测误差；$O_{\text{sta}_k}^{\text{nav}_i}$ 和 $O_{\text{leo}_j}^{\text{nav}_i}$ 分别为地面测站和低轨卫星观测方程中除卫星状态参数以外的其他待估参数，相应参数分别为

$$\begin{cases} O_{\text{sta}_k}^{\text{nav}_i} = [\delta t_{\text{sta}_k}, \delta t_{\text{nav}_i}, B_{\text{sta}_k}, B_{\text{nav}_i}, Z_{\text{sta}_k}, N_{\text{sta}_k}] \\ O_{\text{leo}_j}^{\text{nav}_i} = [\delta t_{\text{leo}_j}, \delta t_{\text{nav}_i}, B_{\text{leo}_j}, B_{\text{nav}_i}, N_{\text{leo}_j}] \end{cases} \tag{6.6}$$

式中：δt_{sta_k} 和 δt_{leo_j} 分别为地面测站和低轨卫星的接收机钟差；δt_{nav_i} 为导航卫星钟差；B_{sta_k}、B_{leo_j} 和 B_{nav_i} 分别为地面测站接收机、低轨卫星接收机和导航卫星的码（P）/频（L）间偏差；Z_{sta} 为地面测站的对流层延迟，对于低轨卫星，由于其轨道一般处于对流层之外或所处对流层较为稀薄，不考虑其所受对流层影响；N_{sta_k} 和 N_{leo_j} 分别为地面测站和低轨卫星的载波相位模糊度。对于地面测站坐标，在联合定轨处理中通常将其作为强约束加入观测方程中。

为消除电离层延迟的影响，在联合定轨数据处理时采用的是无电离层组合观测值，在对观测值进行组合并结合前面运动方程和观测方程后，可列如下方程：

$$\begin{cases} y_{\text{sta}_k,\text{IF}} = G_{\text{sta},\text{IF}}(\Phi_{\text{nav}_i}(t,t_0)X_{\text{nav}_i,0}, O_{\text{sta}_k,\text{IF}}^{\text{nav}_i}, t) + \xi_{\text{sta}_k,\text{IF}}^{\text{nav}_i} \\ y_{\text{leo}_j,\text{IF}} = G_{\text{leo},\text{IF}}(\Phi_{\text{nav}_i}(t,t_0)X_{\text{nav}_i,0}, \Phi_{\text{leo}_j}(t,t_0)X_{\text{leo}_j,0}, O_{\text{leo}_j,\text{IF}}^{\text{nav}_i}, t) + \xi_{\text{leo}_j,\text{IF}}^{\text{nav}_i} \end{cases} \tag{6.7}$$

式中：$y_{\text{sta}_k,\text{IF}}$ 和 $y_{\text{leo},\text{IF}}$ 分别为地面测站和低轨卫星的无电离层组合观测值减去计算值的结果；$G_{\text{sta},\text{IF}}$ 和 $G_{\text{leo},\text{IF}}$ 分别为地面测站和低轨卫星无电离层组合观测函数；$\xi_{\text{sta}_k,\text{IF}}^{\text{nav}_i}$ 和 $\xi_{\text{leo}_j,\text{IF}}^{\text{nav}_i}$ 分别为地面测站和低轨卫星无电离层组合观测误差；$O_{\text{sta}_k,\text{IF}}^{\text{nav}_i}$ 和 $O_{\text{leo}_j,\text{IF}}^{\text{nav}_i}$ 分别为地面测站和低轨卫星对观测值进行无电离层组合之后除卫星状态参数以外的其他待估参数，表示如下：

$$\begin{cases} O_{\text{sta}_k,\text{IF}}^{\text{nav}_i} = [\delta t_{\text{sta}_k}, \delta t_{\text{nav}_i}, B_{\text{sta}_k,\text{IF}}, B_{\text{nav}_i,\text{IF}}, Z_{\text{sta}_k}, N_{\text{sta}_k,\text{IF}}] \\ O_{\text{leo}_j,\text{IF}}^{\text{nav}_i} = [\delta t_{\text{leo}_j}, \delta t_{\text{nav}_i}, B_{\text{leo}_j,\text{IF}}, B_{\text{nav}_i,\text{IF}}, N_{\text{leo}_j,\text{IF}}] \end{cases} \tag{6.8}$$

以 GPS+BDS 双系统联合定轨为例，相应方程如下：

$$\begin{cases} y_{\text{sta}_k,\text{IF}}^G = G_{\text{sta},\text{IF}}(\Phi_{\text{nav}_i}^G(t,t_0)X_{\text{nav}_i,0}^G, O_{\text{sta}_k,\text{IF}}^{\text{nav}_i,G}, t) + \xi_{\text{sta}_k,\text{IF}}^{\text{nav}_i,G} \\ y_{\text{sta}_k,\text{IF}}^C = G_{\text{sta},\text{IF}}(\Phi_{\text{nav}_i}^C(t,t_0)X_{\text{nav}_i,0}^C, O_{\text{sta}_k,\text{IF}}^{\text{nav}_i,C}, t) + \xi_{\text{sta}_k,\text{IF}}^{\text{nav}_i,C} \\ y_{\text{leo}_j,\text{IF}}^G = G_{\text{leo},\text{IF}}(\Phi_{\text{nav}_i}^G(t,t_0)X_{\text{nav}_i,0}^G, \Phi_{\text{leo}_j}^G(t,t_0)X_{\text{leo}_j,0}^G, O_{\text{leo}_j,\text{IF}}^{\text{nav}_i,G}, t) + \xi_{\text{leo}_j,\text{IF}}^{\text{nav}_i,G} \\ y_{\text{leo}_j,\text{IF}}^C = G_{\text{leo},\text{IF}}(\Phi_{\text{nav}_i}^C(t,t_0)X_{\text{nav}_i,0}^C, \Phi_{\text{leo}_j}^C(t,t_0)X_{\text{leo}_j,0}^C, O_{\text{leo}_j,\text{IF}}^{\text{nav}_i,C}, t) + \xi_{\text{leo}_j,\text{IF}}^{\text{nav}_i,C} \end{cases} \tag{6.9}$$

式中：上标 G 和 C 分别表示 GPS 导航卫星和 BDS 导航卫星。值得注意的是，同一多系统接收机中对于不同导航系统的码偏差 $B_{\text{sta}_k,\text{IF}}^{P,G}$ 和 $B_{\text{sta}_k,\text{IF}}^{P,C}$ 或者 $B_{\text{leo}_j,\text{IF}}^{P,G}$ 和 $B_{\text{leo}_j,\text{IF}}^{P,C}$ 是不同的，相应系统

码偏差之间的差异称为系统间偏差（inter-system bias，ISB）。在进行 GPS+BDS 双系统联合定轨时，一般将 GPS 卫星的码间偏差作为参考，对 GPS 卫星和 BDS 卫星的系统间偏差进行估计。对于 GPS 卫星的码间偏差，其通常会被卫星钟差参数所吸收。而对于卫星的频间偏差，通常会被模糊度参数所吸收。因此，在联合定轨中所要估计的参数如下：

$$P = [X_{\text{nav}_i}, X_{\text{leo}_j}, \delta\tilde{t}_{\text{leo}_j}, \delta\tilde{t}_{\text{sta}_k}, \delta\tilde{t}_{\text{nav}_i}, Z_{\text{sta}_k}, \widetilde{N}_{\text{sta}_k,\text{IF}}, \widetilde{N}_{\text{leo}_j,\text{IF}}, \text{ISB}_{\text{sta}_k}^C, \text{ISB}_{\text{leo}_j}^C] \tag{6.10}$$

$$\begin{cases} \delta\tilde{t}_{\text{leo}_j} = \delta t_{\text{leo}_j} + B_{\text{leo}_j,\text{IF}}^{P,G} \\ \delta\tilde{t}_{\text{sta}_k} = \delta t_{\text{sta}_k} + B_{\text{sta}_k,\text{IF}}^{P,G} \\ \delta\tilde{t}_{\text{nav}_i} = \delta t_{\text{nav}_i} + B_{\text{nav}_i,\text{IF}}^{P} \end{cases} \tag{6.11}$$

$$\begin{cases} \widetilde{N}_{\text{sta}_k,\text{IF}} = N_{\text{sta}_k,\text{IF}} + B_{\text{sta}_k,\text{IF}}^{L} - B_{\text{nav}_i,\text{IF}}^{L} \\ \widetilde{N}_{\text{leo}_j,\text{IF}} = N_{\text{leo}_j,\text{IF}} + B_{\text{leo}_j,\text{IF}}^{L} - B_{\text{nav}_i,\text{IF}}^{L} \end{cases} \tag{6.12}$$

$$\begin{cases} \text{ISB}_{\text{sta}_k}^C = B_{\text{sta}_k,\text{IF}}^{P,C} - B_{\text{sta}_k,\text{IF}}^{P,G} \\ \text{ISB}_{\text{leo}_j}^C = B_{\text{leo}_j,\text{IF}}^{P,C} - B_{\text{leo}_j,\text{IF}}^{P,G} \end{cases} \tag{6.13}$$

6.2.2　随机模型

在 GNSS/LEO 联合精密定轨中，对于同一导航系统，相位观测值精度要远高于伪距观测值精度，不同历元、不同卫星之间的观测值精度与可靠性也有所差异，而对不同系统的观测数据其精度也不相同。此外，低轨卫星星载 GNSS 观测数据与地面测站观测数据精度也存在差异，为充分利用不同类型、不同历元、不同卫星及不同系统的观测数据，需要在联合定轨处理中选择适当的随机模型，对相应的观测数据设置一定的权重，以达到观测数据的最优融合，实现高精度 GNSS/LEO 联合定轨。

随机模型的选取需要充分考虑实际观测数据的噪声水平、精度等特性，在此基础上对其设置合理的权重。常用的定权方法有等权法、高度角三角函数定权法、高度角指数函数定权法和信噪比定权法等。其中，最早出现并被广泛应用的等权法处理简单，认为观测值精度不随时间变化，但在某些复杂场景下缺乏合理性。卫星信号在大气层中传播的延迟误差随着高度角的增大而逐渐减小，并且在低高度角时卫星信号受多路径效应影响较为严重，因此卫星高度角的大小能够在一定程度上反映观测数据的质量。以此为依据提出的高度角三角函数模型和高度角指数函数模型，通过建立卫星高度角与观测值方差之间的函数关系实现不同观测数据的权重设置。目前国际上知名的大地测量数据处理软件 Bernese、GAMIT 及 PANDA 所采用的随机模型主要是基于高度角的指数函数模型与三角函数模型。除卫星高度角外，信噪比也能够较好地反映卫星信号的质量。当卫星信号受多路径影响较为严重时，信噪比会出现剧烈变化，常用的信噪比定权方法包括 SIGMA-Δ 模型及 CALMS 算法等。在 GNSS/LEO 联合精密定轨中，地面测站观测值一般采用高度角三角函数定权法，即认为卫星高度角与相应观测数据质量呈正相关，通过高度角计算观测值的权重。对于低轨卫星星载 GNSS 观测数据，则一般采取等权处理。

上述随机模型主要依据观测数据质量与某些因素之间的联系而建立，属于经验模型，在单系统处理中被广泛应用。而在多模 GNSS/LEO 联合处理中，还需要考虑不同系统观测数据质量的差异，调整系统间的相对权比，常用的方法有经验定权法和方差分量估计方法。其中，经验定权法是依据大量数据处理经验对不同系统观测进行定权，但不具备理论依据。方差分量估计方法则是基于后验残差数据，采用合适的统计方法并通过迭代的方式进行估计，最终获得受多种不同因素影响的观测值的单位权方差，属于后验随机模型，常用的方法包括 Helmert 方差分量估计定权法和最小二乘方差分量估计定权法等，被广泛应用于多模 GNSS/LEO 联合精密定轨中。

6.3 联合定轨影响因素分析

6.3.1 地面测站数量及分布影响

对于 GNSS/LEO 联合精密定轨，其定轨精度是与地面测站数量及分布紧密相关的。为探究地面测站数量及分布对导航卫星轨道精度的影响，选择区域测站和全球测站两种地面测站方案分别进行联合定轨处理。

图 6.1 和图 6.2 分别给出了区域 10 测站与全球 34 测站条件下加入一颗 Swarm-B 卫星进行两步法与一步法定轨 GPS 卫星重叠轨道各方向 RMS 对比，表 6.1 给出了相应的平均值。其中，在区域测站条件下，一步法与两步法相比，GPS 卫星重叠轨道偏差切向 RMS、法向 RMS 及径向 RMS 平均值分别小 35.3%、40.0%和 30.3%，而在全球测站条件下相应 RMS 平均值分别小 1.3%、1.4%和 1.9%。通过对比可以发现，在区域测站条件下一颗 Swarm-B 卫星的加入对 GPS 卫星重叠轨道 RMS 值减小程度要远高于全球测站条件下的减小程度。这主要

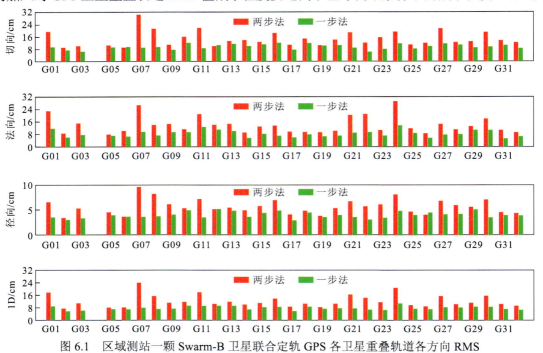

图 6.1 区域测站一颗 Swarm-B 卫星联合定轨 GPS 各卫星重叠轨道各方向 RMS

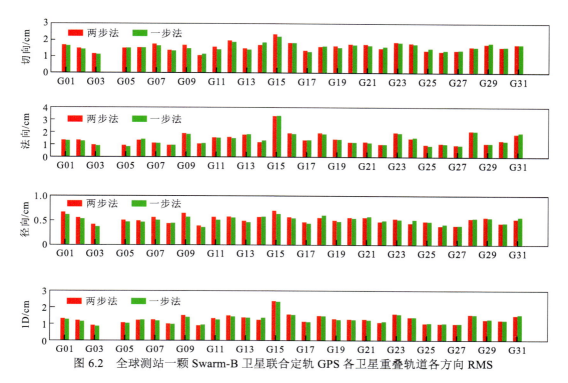

图 6.2　全球测站一颗 Swarm-B 卫星联合定轨 GPS 各卫星重叠轨道各方向 RMS

是由于在区域测站条件下，地面测站数量较少，作为"动态测站"，低轨卫星的加入能够显著改善 GPS 卫星的观测几何条件，进而提高导航卫星的轨道精度。而随着地面测站数量的增多，低轨卫星对导航卫星的轨道增强效果会逐渐减弱。

表 6.1　两种测站情况下一颗 Swarm-B 卫星对 GPS 卫星轨道精度改善对比

检验方式	RMS	区域测站			全球测站		
		两步法/cm	一步法/cm	精度提高/%	两步法/cm	一步法/cm	精度提高/%
与产品比较	切向	15.32	12.81	16.4	2.31	2.24	3.0
	法向	14.06	10.05	28.5	1.70	1.69	0.6
	径向	5.70	5.12	10.2	1.16	1.15	0.9
	1D	12.41	9.85	20.6	1.78	1.75	1.7
重叠轨道	切向	14.75	9.55	35.3	1.60	1.58	1.3
	法向	13.96	8.37	40.0	1.44	1.42	1.4
	径向	5.65	3.94	30.3	0.52	0.51	1.9
	1D	12.17	7.68	36.9	1.28	1.26	1.6

图 6.3 与图 6.4 分别给出了区域测站与全球测站条件下加入一颗 Swarm-B 卫星进行两步法与一步法定轨 GPS 卫星轨道与产品比较各方向 RMS 对比。结果显示，在区域测站条件下，加入一颗 Swarm-B 卫星之后，GPS 卫星轨道与产品比较差异切向 RMS、法向 RMS 和径向 RMS 平均值分别减小了 16.4%、28.5% 和 10.2%。而在全球测站条件下，两步法与一步法结果较为接近，Swarm-B 卫星的加入使 GPS 卫星轨道与产品比较在三个方向上 RMS

平均值分别减小 3.0%、0.6% 和 0.9%。通过对比可以发现，在区域测站条件下一颗 Swarm-B 卫星的加入对 GPS 卫星轨道精度的改善程度要远高于全球测站条件下的改善程度，这与前面重叠轨道分析结果一致。

图 6.3　区域测站一颗 Swarm-B 卫星联合定轨 GPS 各卫星轨道与产品各方向 RMS

图 6.4　全球测站一颗 Swarm-B 卫星联合定轨 GPS 各卫星轨道与产品各方向 RMS

图 6.5 与图 6.6 分别给出了区域测站与全球测站条件下加入 Swarm-A、Swarm-B 和 FY-3C 三颗低轨卫星进行两步法与一步法定轨 GPS 卫星重叠轨道各方向 RMS 对比，表 6.2 给出了相应的平均值。图中结果显示，在区域测站条件下，加入三颗低轨卫星之后，绝大部分 GPS 卫星重叠轨道各方向 RMS 值均能减小一半以上，其中，在切向、法向和径向上 RMS 平均值分别减小 59.6%、62.6%和 53.3%。而在全球测站条件下，两步法与一步法结果则较为接近，三颗低轨卫星的加入使 GPS 卫星重叠轨道在三个方向上 RMS 平均值分别减小 3.1%、2.8%和 7.8%。通过结果对比可以发现，在区域测站条件下，三颗低轨卫星的加入对 GPS 卫星轨道精度的改善程度要远高于全球测站条件下的改善程度，这主要是由于 Swarm-B、Swarm-A 与 FY-3C 三颗低轨卫星的轨道高度均不同，在区域测站条件下，三颗卫星的加入能够极大地改善 GPS 卫星的观测几何条件，与此同时，对 GPS 卫星进行连续跟踪弧段的数量也大幅增加，因而 GPS 卫星的轨道精度也得到显著的提高。而随着地面测站数量的增多以及测站分布区域范围的扩大，两步法 GPS 卫星轨道精度会逐渐提高，而

图 6.5 区域测站 Swarm-A、Swarm-B 和 FY-3C 三颗卫星
联合定轨 GPS 各卫星重叠轨道各方向 RMS

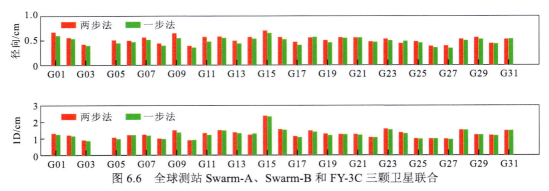

图 6.6 全球测站 Swarm-A、Swarm-B 和 FY-3C 三颗卫星联合
定轨 GPS 各卫星重叠轨道各方向 RMS

低轨卫星的加入对 GPS 卫星轨道的增强效果则会逐渐下降，因而在全球测站条件下，即使加入 3 颗低轨卫星，其对 GPS 卫星轨道的增强效果也不显著。

表 6.2　区域测站与全球测站三颗低轨卫星对 GPS 卫星轨道精度改善对比

检验方式	RMS	区域测站			全球测站		
		两步法/cm	一步法/cm	精度提高/%	两步法/cm	一步法/cm	精度提高/%
与产品比较	切向	15.23	8.64	43.3	2.31	2.20	4.8
	法向	14.06	7.09	49.6	1.70	1.64	3.5
	径向	5.70	3.72	34.7	1.16	1.13	2.6
	1D	12.41	6.80	45.2	1.78	1.71	3.9
重叠轨道	切向	14.75	5.96	59.6	1.60	1.55	3.1
	法向	13.96	5.22	62.6	1.44	1.40	2.8
	径向	5.65	2.64	53.3	0.52	0.48	7.7
	1D	12.17	4.82	60.4	1.28	1.24	3.1

图 6.7 与图 6.8 分别给出了区域测站与全球测站条件下加入 Swarm-A、Swarm-B 和 FY-3C 三颗低轨卫星进行两步法与一步法定轨 GPS 卫星轨道与产品比较各方向 RMS 对比。结果显示，在区域测站条件下，一步法与两步法相比，GPS 卫星轨道与产品比较偏差切向 RMS、法向 RMS 和径向 RMS 平均值分别减小 43.3%、49.6% 和 34.7%，而在全球测站条件下，两步法 GPS 卫星与产品比较在三个方向上 RMS 平均值分别为 2.31 cm、1.70 cm 和 1.16 cm，加入三颗低轨卫星之后相应 RMS 平均值分别为 2.20 cm、1.64 cm 和 1.13 cm，即三个方向 RMS 平均值分别减小 4.8%、3.5% 和 2.6%。通过对比结果可以发现，在区域测站条件下 Swarm-A、Swarm-B 和 FY-3C 三颗低轨卫星的加入对 GPS 卫星轨道精度的改善程度要远高于全球测站条件下的改善程度，这与前面重叠轨道对比结果一致。

为进一步探究在不同测站条件下低轨卫星对导航卫星轨道的增强效果，进一步采用全球 40 站与全球 95 站联合不同数量的低轨卫星进行精密定轨确定。

图 6.9 显示了全球 40 测站条件下，各方案 GPS 卫星轨道与精密产品比较结果，表 6.3 给出了相应的统计值。其中，方案 G0、G1、G3、G6 和 G8 分别表示不加低轨卫星，加入 1 颗、3 颗、6 颗和 8 颗低轨卫星。从图中可以看出，在全球 40 测站条件下，随着低轨卫星数量的增加，GPS 卫星轨道精度仍有一定程度的提升。不加入低轨卫星时，GPS 卫星轨

图 6.7　区域测站 Swarm-A、Swarm-B 和 FY-3C 三颗卫星
联合定轨 GPS 各卫星轨道与产品各方向 RMS

图 6.8　全球测站 Swarm-A、Swarm-B 和 FY-3C 三颗卫星
联合定轨 GPS 各卫星轨道与产品各方向 RMS

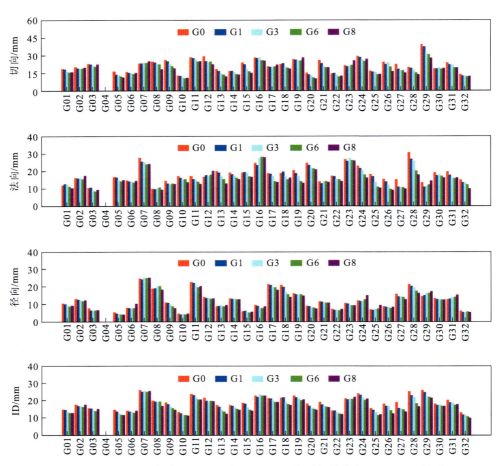

图 6.9　全球 40 测站条件下不同方案 GPS 卫星轨道与精密产品 RMS 比较结果

表 6.3　全球测站条件下不同方案 GPS 卫星定轨 RMS 统计结果　　　　（单位：mm）

方案	与精密产品比较				重叠弧段比较			
	切向	法向	径向	1D	切向	法向	径向	1D
G0	22.6	18.8	13.2	18.6	17.7	15.8	5.6	14.1
G1	21.5	17.7	12.8	17.7	15.8	14.8	5.1	12.8
G3	20.5	17.1	12.6	17.0	15.1	14.3	4.7	12.3
G6	19.4	16.1	12.3	16.2	14.5	14.0	4.5	11.9
G8	19.2	15.7	12.5	16.0	14.9	14.0	4.5	12.1
A0	19.5	14.8	12.0	15.7	14.0	12.9	4.4	11.3
A1	19.0	14.5	11.8	15.4	13.4	12.5	4.2	10.9
A3	18.6	14.1	11.8	15.1	13.2	12.4	4.1	10.7
A6	18.2	13.8	11.7	14.8	12.9	12.2	3.9	10.5
A8	18.1	13.8	11.7	14.8	12.8	12.1	3.9	10.4

道与精密产品比较 1D 方向 RMS 平均值为 18.6 mm，分别加入 1 颗、3 颗、6 颗和 8 颗低轨卫星后，相应精度分别为 17.7 mm、17.0 mm、16.2 mm 和 16.0 mm，精度提升百分比分别为 4.8%、8.6%、12.9%和 14.0%。这表明在全球 40 测站条件下，随着低轨卫星数量的增加，GPS 卫星轨道精度也能够逐渐提高，但与区域 12 测站定轨结果相比，精度提升百分比显著减小。这说明在测站数量较少或者区域分布情况下低轨卫星能够显著改善导航卫星轨道精度，而地面测站数量的增加能够削弱低轨卫星对导航卫星轨道的增强效果。这主要是由于随着地面测站数量的增加，导航卫星观测几何构型会逐渐得到改善，并且观测量也会逐渐增加，加入低轨卫星后导航卫星轨道精度提升效果便会减弱。

图 6.10 显示了全球 40 测站条件下，各方案 GPS 卫星轨道重叠弧段比较结果。可以看出，加入不同数量的低轨卫星后，GPS 卫星轨道重叠弧段 RMS 值均有所减小，与 G0 方案相比，G1、G3、G6、G8 方案导航卫星轨道重叠弧段切向、法向和径向 RMS 分别减小（10.7%、14.7%、18.1%、15.8%）、（6.3%、9.5%、11.4%、11.4%）和（8.9%、16.1%、19.6%、19.6%）。这表明全球 40 测站条件下加入低轨卫星能够改善 GPS 卫星轨道内符合性，但改善幅度远小于区域测站条件下的精度改善幅度，并且加入 6 颗低轨卫星定轨精度与加入 8 颗低轨卫星定轨精度相当，说明后续加入低轨卫星对导航卫星轨道增强效果不显著。

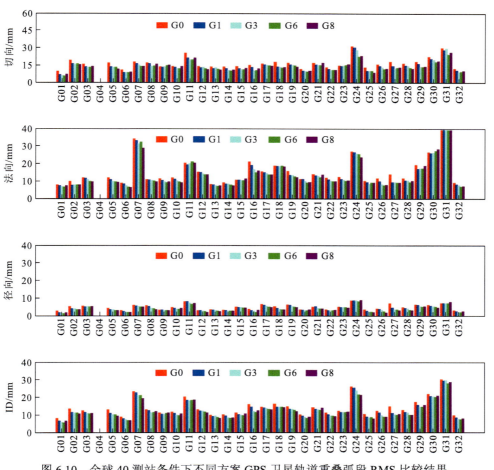

图 6.10　全球 40 测站条件下不同方案 GPS 卫星轨道重叠弧段 RMS 比较结果

图 6.11 显示了全球 95 测站条件下，各方案 GPS 卫星轨道与精密产品比较结果，表 6.3 给出了相应的统计值。其中，A0、A1、A3、A6 和 A8 方案分别表示不加低轨卫星，加入 1 颗、3 颗、6 颗和 8 颗低轨卫星。从图中可以看出，在全球 95 测站条件下，GPS 卫星轨道已经能够达到足够高的精度，与精密产品比较，切向、法向、径向 RMS 平均值分别为 19.5 mm、14.8 mm 和 12.0 mm。随着低轨卫星数量的增加，GPS 卫星轨道精度变化不大，但仍有轻微的提升。分别加入 1 颗、3 颗、6 颗和 8 颗低轨卫星后，切向、法向和径向相应精度分别提升（2.6%、4.6%、6.7%、7.2%）、（2.0%、4.7%、6.8%、6.8%）和（1.7%、1.7%、2.5%、2.5%）。这表明在全球 95 测站条件下，加入低轨卫星后仍能一定程度改善 GPS 卫星轨道精度，但是改善效果有限，且精度提升百分比与全球 40 测站结果相比进一步减小。这主要是由于在全球 95 测站条件下，导航卫星已具备良好的观测几何构型及充足的观测量，在此基础上加入低轨卫星后虽然仍能进一步改善观测几何构型及增加多余观测量，但改善效果并不显著。这也再一次论证了前面结论，即地面测站数量的增加会削弱低轨卫星对导航卫星轨道的增强效果。由全球 40 测站定轨结果分析可知，联合处理全球 40 测站和 8 颗低轨卫星时，GPS 卫星轨道与精密产品比较 1DRMS 平均值为 16.0 mm，而全球 95 测站定轨

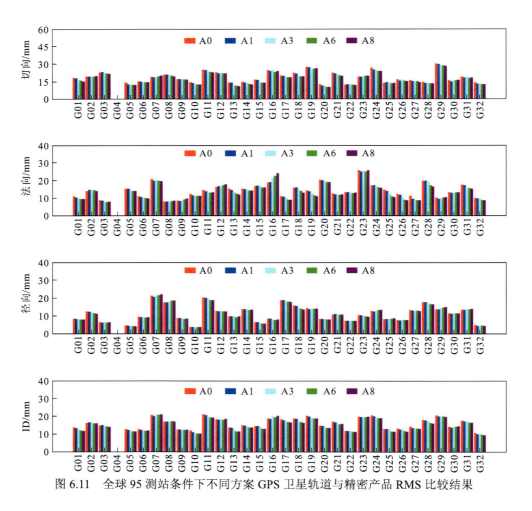

图 6.11　全球 95 测站条件下不同方案 GPS 卫星轨道与精密产品 RMS 比较结果

相应精度为 15.7 mm，二者的精度非常相近，这说明 40 个全球地面测站加 8 颗低轨卫星联合处理可以达到与全球 95 测站定轨相当的精度，即在全球 40 测站条件下，加入 8 颗低轨卫星可以达到与加入 55 个地面测站相当的导航卫星轨道精度提升效果。这也进一步论证了低轨卫星在导航卫星轨道增强中的优势。

图 6.12 显示了全球 95 测站条件下，各方案 GPS 卫星轨道重叠弧段各方向 RMS 比较结果。可以看出，各方案 GPS 卫星重叠弧段 RMS 非常接近，A0、A1、A3、A6、A8 方案重叠弧段 1D 平均 RMS 分别为 11.3 mm、10.9 mm、10.7 mm、10.5 mm、10.4 mm，均在 10～12 mm，加入 1 颗、3 颗、6 颗和 8 颗低轨卫星后相应精度提升百分比分别为 3.5%、5.3%、7.1% 和 8.0%。可以看出，随着低轨卫星数量的增加，GPS 卫星内符合性也有一定程度改善，但改善效果差异不大，这也和前面与精密产品比较的结果一致，也进一步说明了低轨卫星对导航卫星轨道的增强效果是随着地面测站数量的增加而逐渐减弱的。

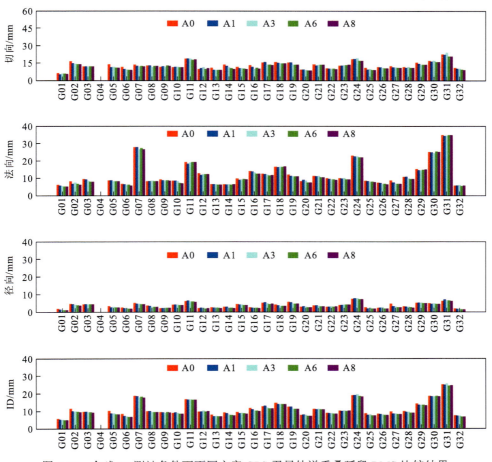

图 6.12　全球 95 测站条件下不同方案 GPS 卫星轨道重叠弧段 RMS 比较结果

为了进一步研究大型低轨卫星参与的联合定轨对地面测站的依赖情况，设计三种仅由少量测站组成的测站方案，包括由 8 个测站组成的区域测站网、由 8 个测站组成的全球测站网和由 4 个测站组成的全球测站网（张柯柯，2019）。仿真的低轨星座由 60 颗太阳同步轨道卫星组成。需要注意的是，由于地面测站数量较少，地球自转参数将不作为待估参数参与估计，而是直接利用精密产品进行改正。

如图 6.13 所示（张柯柯，2019），利用 8 个区域测站和 60 颗太阳同步轨道卫星，能够实现厘米级的定轨精度，且定轨精度要明显优于仅用 MGEX 测站网所得到的 GNSS 轨道。这说明，在加入 60 颗太阳同步轨道卫星的条件下，仅利用少量的区域测站观测数据就能够获得相对较高质量的导航卫星轨道。当地面测站网由 8 个区域测站变为 8 个全球测站时，GNSS 导航卫星的定轨精度整体上提高了一个量级。其中，GPS、GLONASS、Galileo 和 BDS 中轨卫星定轨精度在 0.6~0.8 cm 的范围内，而 BDS GEO 和 IGSO 卫星定轨精度分别为 4.4 cm 和 1.8 cm。这主要是因为当引入大量低轨卫星时，星载数据在导航卫星定轨过程中占主导地位，此时地面测站的主要作用是维持定轨过程中的参考框架。相比于区域测站，全球测站对参考框架具有更强的锚固作用。同时可以看到，8 个全球测站和 60 颗太阳同步轨道卫星联合定轨的轨道精度与相应的 MGEX 方案及 iGMAS 方案定轨精度基本一致。当全球测站由 8 个减少为 4 个时，GNSS 导航卫星的定轨精度有所下降，但仍明显优于区域测站方案。结果表明，在引入大量星载数据的条件下，GNSS 导航卫星定轨对地面测站依赖大大减小，地面测站分布对联合定轨的影响要明显大于测站数量的影响。

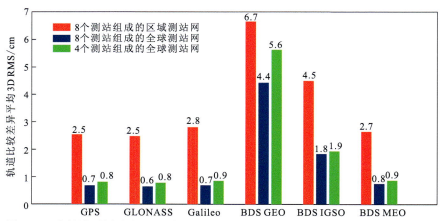

图 6.13　少量地面测站和 60 颗太阳同步轨道卫星联合定轨的 GNSS 卫星定轨误差

6.3.2　低轨卫星轨道类型及数量影响

GNSS/LEO 联合精密定轨中，低轨卫星轨道类型及数量同样是影响定轨精度的重要因素。因此，本小节首先选取不同的单颗低轨卫星方案进行联合定轨，以探究不同轨道高度的低轨卫星对导航卫星轨道的增强效果。图 6.14 显示了区域 12 测站条件下不同的单颗低轨卫星方案 GPS 卫星轨道与精密产品比较结果（张伟，2021），表 6.4 给出了相应的统计值。其中，R0 表示不加入低轨卫星，R1-I、R1-II、R1-III 和 R1-IV 分别表示加入一颗 Jason-3、Sentinel-3A、Swarm-A 和 GRACE-C 卫星。从图中可以看出，加入一颗低轨卫星后，各 GPS 卫星轨道精度均显著提升，以 R1-I 方案为例，不加入低轨卫星时，轨道比较结果均方根误差在切向、法向、径向和 1D 方向分别为 82.7 mm、68.0 mm、34.8 mm、65.0 mm，而加入

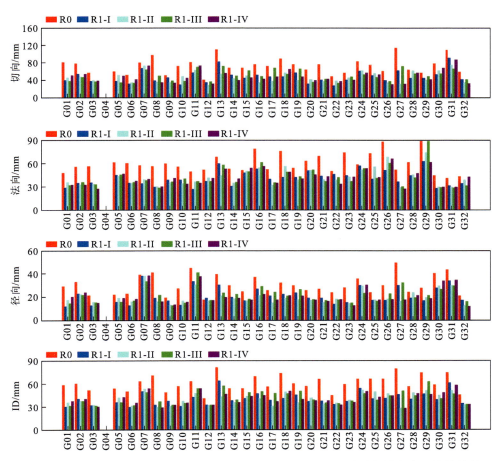

图 6.14 区域 12 测站条件下不同单颗低轨卫星方案 GPS 卫星轨道与精密产品比较结果

表 6.4 区域 12 测站条件下不同的单颗低轨卫星方案 GPS 定轨结果 （单位：mm）

方案	与精密产品比较				重叠弧段比较			
	切向	法向	径向	1D	切向	法向	径向	1D
R0	82.7	68.0	34.8	65.0	75.2	59.1	29.2	57.7
R1-I/R1	55.8	46.5	24.8	44.3	45.5	35.8	18.0	35.0
R1-II	54.5	48.1	23.5	44.1	46.3	37.1	18.6	35.9
R1-III	58.3	48.2	25.3	46.1	48.8	37.7	19.1	37.3
R1-IV	55.8	47.2	24.3	44.5	47.4	36.9	18.7	36.3

一颗 Jason-3 卫星后，相应精度分别为 55.8 mm、46.5 mm、24.8 mm、44.3 mm，精度分别
提升 32.5%、31.6%、28.7%、31.8%，即加入一颗低轨卫星之后 GPS 卫星轨道精度能提高
30%以上，这主要是由于在区域测站条件下，加入低轨卫星能够有效改善 GPS 卫星的观测
几何构型，同时能够增加对 GPS 卫星的有效观测，进而有效改善 GPS 卫星轨道精度。对
比不同的单颗低轨卫星方案结果可知，加入单颗低轨卫星后，R1-I、R1-II、R1-III 和 R1-IV

方案 GPS 卫星轨道与精密产品比较 1D 方向精度分别提高 31.8%、32.2%、29.1%和 31.5%。整体来看，各单颗低轨卫星方案 GPS 卫星轨道精度均能提高 30%以上，其中，精度提升效果 R1-I>R1-II>R1-IV>R1-III。Jason-3、Sentinel-3A、Swarm-A 和 GRACE-C 卫星轨道高度分别为 1336 km、814.5 km、460 km 和 490 km，即低轨卫星轨道高度 R1-I>R1-II>R1-IV>R1-III。单颗低轨卫星方案定轨结果差异与轨道高度相关，这可能与低轨卫星所受大气阻力有关，主要体现在两方面：低轨卫星轨道高度较高时，大气层密度较小，所受大气阻力更小；低轨卫星轨道高度较高时，飞行速度较慢，而卫星所受大气阻力与其飞行速度成呈正相关，即相应大气阻力更小。而大气阻力是低轨卫星摄动力误差的主要来源，低轨卫星所受大气阻力影响较小时，其摄动力模型便能够更加准确地描述其受力状态，在联合定轨中引入的摄动力模型误差就更小，因此对导航卫星轨道精度的提升效果就更加显著。而某些 GPS 卫星如 G13，其定轨结果并未展现出上述规律，可能与不同 GPS 卫星轨道面与低轨卫星轨道面之间的几何差异有关，具体原因还需进一步探究。

图 6.15 显示了区域 12 测站条件下不同的单颗低轨卫星方案 GPS 卫星轨道重叠弧段比较结果，表 6.4 给出了相应的统计值（张伟，2021）。由图可知，加入一颗低轨卫星后，各 GPS 卫星轨道精度均显著提升，以 R1-I 方案为例，不加低轨卫星时，GPS 卫星轨道重叠弧

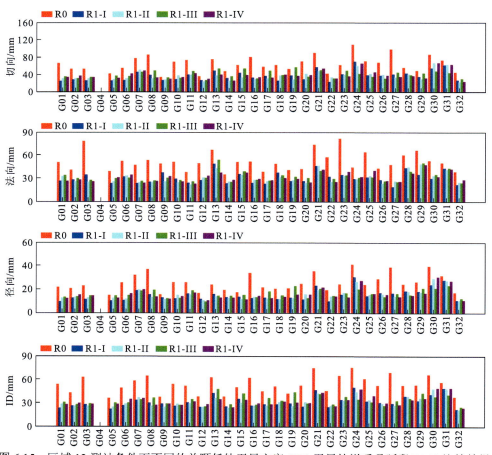

图 6.15　区域 12 测站条件下不同的单颗低轨卫星方案 GPS 卫星轨道重叠弧段 RMS 比较结果

段比较 RMS 平均值在切向、法向、径向和 1D 方向分别为 75.2 mm、59.1 mm、29.2 mm、57.7 mm，而加入一颗 Jason-3 卫星后，相应精度分别为 45.5 mm、35.8 mm、18.0 mm、35.0 mm，精度分别提升 39.5%、39.4%、38.4%、39.3%，即加入一颗 Jason-3 卫星之后 GPS 卫星轨道精度能提高 40% 左右。对比不同的单颗低轨卫星方案结果可知，加入单颗低轨卫星后，R1-I、R1-II、R1-III 和 R1-IV 方案 GPS 卫星轨道重叠弧段比较 1D 精度分别提高 39.3%、37.8%、35.4% 和 37.1%。以上结果说明，加入单颗低轨卫星能够显著改善 GPS 卫星轨道内符合性，并且单颗低轨卫星对 GPS 卫星轨道的增强效果与轨道高度有一定的联系，这也和前面与精密产品比较的结果一致。

为探究不同轨道面组合的低轨卫星对导航卫星轨道的增强效果，在区域 12 测站条件下采用不同的 2 颗低轨卫星组合方案进行联合定轨。图 6.16 显示了不同的 2 颗低轨卫星方案 GPS 卫星轨道与精密产品各方向 RMS 比较，表 6.5 中给出了相应的统计值（张伟，2021）。其中，R2-I、R2-II、R2-III 和 R2-IV 方案分别表示加入 Swarm-C+和（Jason-3、Sentinel-3A、Swarm-A、GRACE-C）2 颗卫星。从图中可以看出，加入 2 颗低轨卫星后所有 GPS 卫星轨道精度均得到了非常显著的提升。以 R2-I 方案为例，加入 2 颗低轨卫星后，轨道比较切向、法向、径向和 1D 方向精度分别提升 54.2%、54.0%、46.3%、53.2%，即轨道精度能提升 50% 左右。对比不同的 2 颗低轨卫星方案定轨结果可知，与 R0 方案相比，R2-I、R2-II、R2-III 和 R2-IV 四种方案 GPS 卫星轨道 1D 方向精度分别提高 53.2%、50.8%、32.6% 和 50.5%，提升比例 R2-I ＞ R2-II ＞ R2-IV ＞ R2-III，而四种方案中各自独有的低轨卫星轨道高度 R2-I ＞ R2-II ＞ R2-IV ＞ R2-III，这与前面的分析结果一致，即在本试验中轨道较高的低轨卫星具有相对更好的导航卫星轨道增强效果。进一步对比结果可以发现，R2-I、R2-II 和 R2-IV 三种方案精度提升比例均在 50% 左右，而 R2-III 提升比例仅在 30%，结果差异较大。由于 R2-III 方案中 Swarm-A 和 Swarm-C 卫星处于同一轨道平面，而其他三种方案中 2 颗低轨卫星均位于不同的轨道平面。这可能是由于在区域测站条件下，导航卫星的观测几何构型较差，而不同轨道面低轨卫星组合时，相较于相同轨道面低轨卫星组合更能够有效改善观测几何构型，进而增强导航卫星轨道。根据此结果可以推论，在联合定轨中加入相同数量低轨卫星的前提下，低轨卫星处于不同的轨道面时，导航卫星具有更高的定轨精度，即多颗不同轨道面的低轨卫星组合能够达到更好的导航卫星轨道增强效果。

图 6.17 显示了不同的 2 颗低轨卫星方案 GPS 卫星轨道重叠弧段各方向 RMS 比较，表 6.5 给出了相应的统计平均值（张伟，2021）。从图中可以看出，加入 2 颗低轨卫星后，GPS 卫星轨道内符合性能够得到显著改善。与 R0 方案相比，R2-I、R2-II、R2-III、R2-IV 方案 GPS 卫星重叠轨道比较切向、法向和径向 RMS 平均值分别减小（58.2%、56.6%、42.0%、56.5%）、（58.7%、55.5%、41.5%、54.1%）和（57.2%、54.5%、40.8%、54.5%）。轨道精度提升百分比 R2-I ＞ R2-II ＞ R2-IV ＞ R2-III，并且方案 R2-III 精度提升百分比在 40% 左右，而其他三种方案精度提升百分比均在 50% 左右，差异较大。这和前面与精密产品比较的结果一致，同时进一步说明了多颗低轨卫星组合时不同轨道面的低轨卫星能够更加有效地增强导航卫星定轨精度。

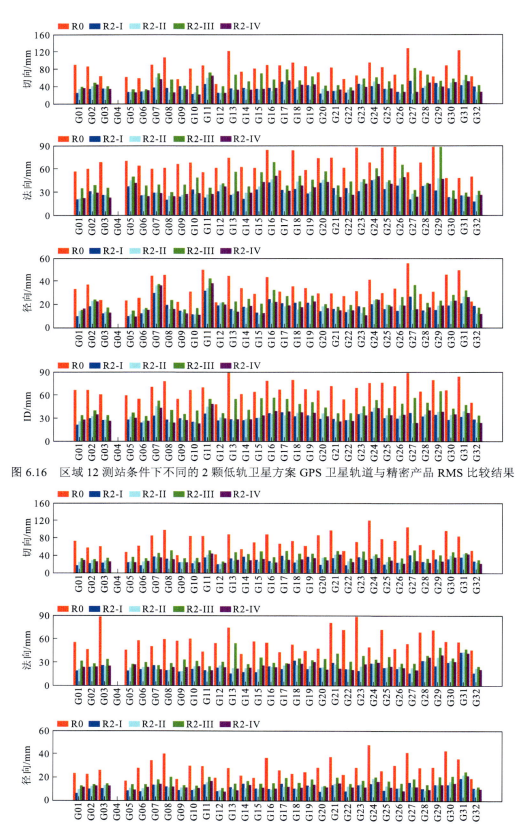

图 6.16　区域 12 测站条件下不同的 2 颗低轨卫星方案 GPS 卫星轨道与精密产品 RMS 比较结果

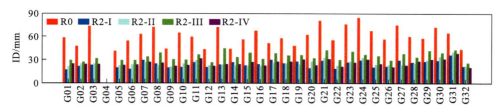

图 6.17　区域 12 测站条件下不同的 2 颗低轨卫星方案 GPS 卫星轨道重叠弧段 RMS 比较结果

表 6.5　区域 12 测站条件下不同的 2 颗低轨方案 GPS 卫星定轨 RMS 结果统计　（单位：mm）

方案	与精密产品比较				重叠弧段比较			
	切向	法向	径向	1D	切向	法向	径向	1D
R0	82.7	68.0	34.8	65.0	75.2	59.1	29.2	57.7
R2-I	37.9	31.3	18.7	30.4	31.4	24.4	12.5	24.1
R2-II	38.9	34.4	19.0	32.0	32.6	26.3	13.3	25.4
R2-III	55.4	45.9	24.2	43.8	43.6	34.6	17.3	33.7
R2-IV	39.6	34.3	19.3	32.2	32.7	27.1	13.3	25.7

为探究不同数量的低轨卫星对导航卫星轨道的增强效果，对比 R0、R1、R3、R6 和 R8 五种方案（分别表示加入 0 颗、1 颗、3 颗、6 颗和 8 颗低轨卫星）的 GPS 卫星定轨结果。图 6.18 显示了不同数量低轨卫星方案的 GPS 卫星轨道与精密产品各方向 RMS 比较（张伟，2021）。从图中可以看出，随着低轨卫星数量的增加，GPS 卫星轨道精度逐渐提高。与不加低轨卫星定轨结果相比，加入 1 颗、3 颗、6 颗和 8 颗低轨卫星后，GPS 卫星轨道与精密产品比较 1D 方向平均 RMS 分别减小 31.8%、58.9%、70.6%、71.1%。可以发现，增加低轨卫星能够显著改善 GPS 卫星的轨道精度，这主要是由于低轨卫星能够增加对 GPS 卫星的有效观测，并且能够显著改善 GPS 卫星的观测几何构型。图 6.19 显示了在区域 12 测站条件下，不加低轨卫星和加入 8 颗低轨卫星后 GPS 卫星星下点轨迹对应可视测站数量图，不同的颜色表示不同数量的可视测站数。如图所示，不加低轨卫星时，GPS 卫星仅在亚太区域内有一定数量的可视测站，而在其他区域可视测站数量基本为零，观测几何构型较差，加入 8 颗低轨卫星后，可以明显看出，原本可视测站数量为零的区域颜色变浅，说明这些区域可视测站数量均有所增加，平均可视测站数量能达到 4 个左右，而亚太区域的可视测站数量也进一步增加。这说明低轨卫星的加入能够增加导航卫星的可视测站数量，有效改善导航卫星的观测几何构型，进而增强导航卫星轨道，尤其是对于测站数量较少或者测站区域分布的情况，改善尤为显著。随着低轨卫星数量的增加，各方案 GPS 卫星轨道精度提升比例间隔在逐渐减小，当低轨卫星增加到 6 颗时，GPS 卫星轨道精度 1D 方向能够达到 2 cm 以内，而将低轨卫星数量增加到 8 颗时，定轨结果改善并不显著，主要原因可能有以下两方面：一方面是随着低轨卫星增多，GPS 卫星轨道精度逐渐提高，在增加到 6 颗低轨卫星时，卫星轨道已经能够达到较高的精度，因此后续增加低轨卫星其精度提升效果不显著；另一方面可能是由于星载 GNSS 观测数据质量的限制，低轨卫星对导航卫星轨道的增强效果也会受限，当增加一定数量的低轨卫星后，其对导航卫星轨道精度的提升可能达到极限，后续增加低轨卫星并不会持续提升导航卫星轨道精度。

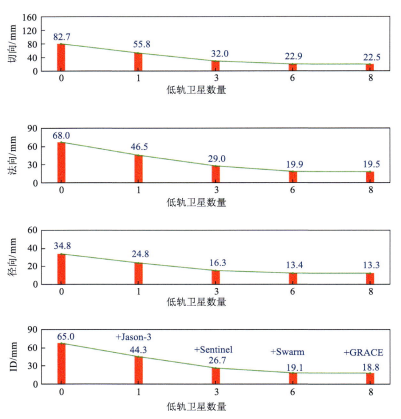

图 6.18　区域 12 测站条件下不同方案 GPS 卫星轨道与精密产品 RMS 比较结果

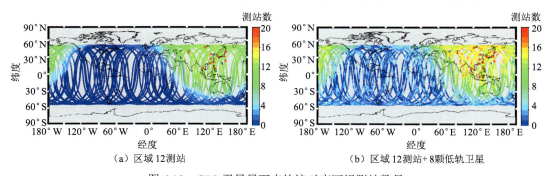

（a）区域 12 测站　　　　　　　　　（b）区域 12 测站 + 8 颗低轨卫星

图 6.19　GPS 卫星星下点轨迹对应可视测站数量

图 6.20 显示了区域 12 测站条件下不同数量低轨卫星方案的 GPS 卫星轨道重叠弧段比较的各方向 RMS 值。由图可知，随着低轨卫星数量的增加，GPS 卫星轨道精度逐渐提高。与不加低轨卫星定轨结果相比，加入 1 颗、3 颗、6 颗和 8 颗低轨卫星后，GPS 卫星轨道重叠弧段比较切向、法向、径向精度分别提升（39.5%、65.3%、75.1%、75.8%）、（39.4%、62.1%、70.9%、72.1%）和（38.4%、64.0%、77.7%、79.1%）。随着低轨卫星数量的增加，GPS 卫星轨道内符合性逐渐改善，并且单颗低轨卫星所带来的精度提升比例逐渐减小，这和前面与精密产品比较结果一致，说明持续增加低轨卫星并不会无限提升导航卫星轨道精度。

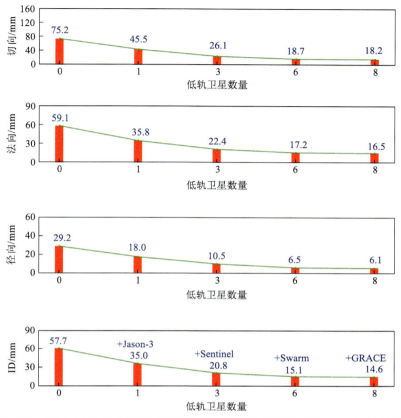

图 6.20　区域 12 测站条件下不同方案 GPS 卫星轨道重叠弧段 RMS 比较结果

　　为探究联合定轨中低轨卫星数量对低轨卫星自身轨道的影响，对联合定轨中低轨卫星轨道精度进行分析。图 6.21 显示了区域 12 测站条件下联合定轨中分别加入 1 颗、3 颗、6 颗和 8 颗低轨卫星时 Sentinel-3A 卫星轨道与外部精密产品各方向 RMS 比较，表 6.6 给出了相应的统计平均值，其中每种方案均包含 Sentinel-3A 卫星，DOY 141 和 142 两天的定轨结果因包含粗差已被剔除。从图中可知，随着低轨卫星数量的增加，Sentinel-3A 卫星轨道与产品比较的各方向误差均逐渐减小。由表中统计值可知，单颗 Sentinel 卫星联合定轨时，低轨卫星轨道与精密产品比较 1D RMS 平均值为 29.0 mm，低轨卫星数量增加至 3 颗、6 颗和 8 颗时，相应精度分别为 24.3 mm、19.6 mm 和 19.5 mm，精度提升百分比分别为 16.2%、32.4%和 32.8%。该结果说明联合定轨中随着低轨卫星数量的增加，低轨卫星自身轨道精度也会逐渐改善，主要原因是低轨卫星的增加能够有效提高联合定轨中有效观测的数量，增强解的强度，由于低轨卫星轨道是与导航卫星轨道同时解算的，低轨卫星自身轨道精度也能够得到改善。此外，随着低轨卫星数量的增加，单颗低轨卫星的加入带来的轨道精度提升比例也在逐渐减小，这也与前面导航卫星定轨结果一致。

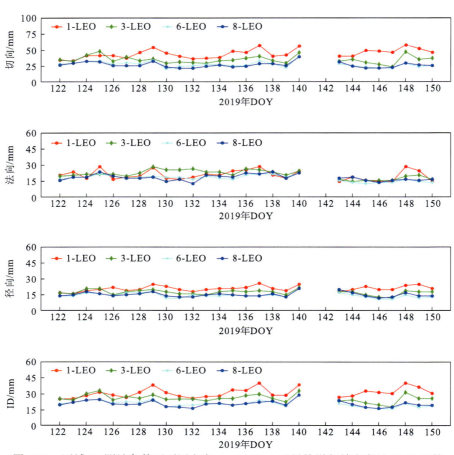

图 6.21　区域 12 测站条件下不同方案 Sentinel-3A 卫星轨道与精密产品 RMS 比较

表 6.6　区域 12 测站条件下不同方案 Sentinel-3A 卫星定轨 RMS 统计结果　（单位：mm）

方案	与精密产品比较				重叠弧段比较			
	切向	法向	径向	1D	切向	法向	径向	1D
R1/1-LEO	42.0	19.5	19.5	29.0	47.5	27.5	21.5	34.0
R3/3-LEO	33.1	20.3	16.3	24.3	27.8	18.1	10.4	20.0
R6/6-LEO	26.2	16.8	13.6	19.6	20.3	16.9	8.1	15.9
R8/8-LEO	25.3	17.3	14.2	19.5	18.0	17.8	7.3	15.2

　　图 6.22 显示了区域 12 测站条件下联合定轨中分别加入 1 颗、3 颗、6 颗和 8 颗低轨卫星时 Sentinel-3A 卫星轨道重叠弧段各方向 RMS 比较，表 6.6 给出了相应的统计平均值。从图中也可以看出，低轨卫星数量的增加能够改善低轨卫星自身轨道的内符合性。当低轨卫星由 1 颗增加到 3 颗、6 颗和 8 颗时，Sentinel-3A 卫星轨道重叠弧段在切向、法向、径向和 1D 方向 RMS 平均值分别减小（41.5%、57.3%、62.1%）、（34.2%、38.5%、35.3%）、（51.6%、62.3%、66.0%）和（41.2%、53.2%、55.3%），这说明低轨卫星数量的增加能够改善低轨卫星轨道的内符合性，同时也进一步说明联合定轨中低轨卫星数量的增加也能够带来低轨卫星自身轨道精度的提升。

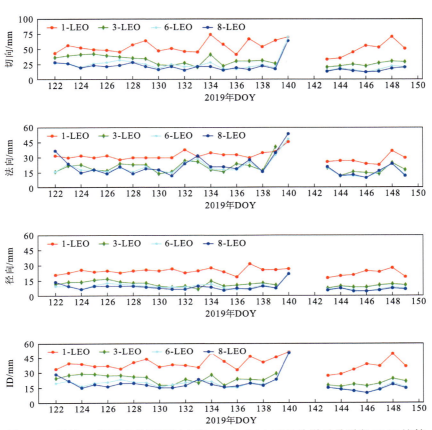

图 6.22　区域 12 测站条件下不同方案 Sentinel-3A 卫星轨道重叠弧段 RMS 比较

基于仿真数据进一步实现低轨星座与 multi-GNSS 四系统卫星联合精密定轨，并深入分析星座卫星数量、轨道高度、轨道类型对联合定轨的影响。本小节设计 6 种不同卫星数量、不同轨道高度和轨道类型的低轨星座方案，详见表 6.7（张柯柯，2019）。图 6.23 给出了设计的低轨星座方案示意图（张柯柯，2019）。对 65 个 MGEX 测站和 22 个 iGMAS 测站 2018 年 1 月 1～7 日一周的地面观测数据进行仿真。基于设计的低轨星座方案，对相同时段低轨卫星星载数据进行仿真。地面观测值和星载观测数据的采样间隔均设为 30 s，考虑联合定轨的计算效率问题，在处理仿真数据时选用了 24 h 的定轨弧长。数据采样间隔设置为 300 s。

表 6.7　设计的低轨星座配置

参数	低轨星座			
	星座 1	星座 2	星座 3	星座 4
卫星数量	60	66	60	96
轨道面数量	10	6	10	12
轨道高度/km	600 1000 1400	1000	1000	1000
轨道倾角/（°）	84.6	84.6	99.4843	84.6
轨道类型	近极轨道	近极轨道	太阳同步轨道	近极轨道

首先分析 MGEX 测站条件下的联合定轨性能。为了研究低轨星座卫星数量对联合定轨的影响，分别选取由 60 颗、66 颗、96 颗轨道高度为 1000 km 的近极轨道卫星组成的低轨

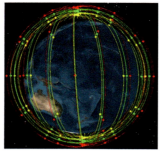

（a）60颗低轨卫星，近极轨道，600 km、1000 km和1400 km

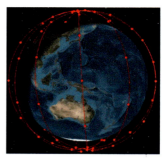

（b）66颗低轨卫星，近极轨道，1000 km

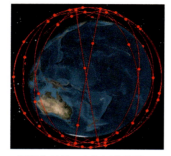

（c）60颗低轨卫星，太阳同步轨道，1000 km

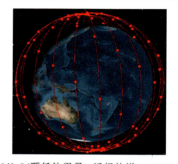

（d）96颗低轨卫星，近极轨道，1000 km

图 6.23　设计的低轨卫星星座方案示意图

星座［图 6.23（a）、（b）、（d）］参与联合定轨。图 6.24～图 6.27 分别显示了 GPS、GLONASS、Galileo、BDS 各卫星轨道误差的 3D RMS（张柯柯，2019）。结果显示，仅利用 multi-GNSS 四系统地面观测值，大部分 GNSS 卫星的定轨精度优于 8 cm，这一精度与用地面实测数据计算得到的 24 h 轨道精度相当。这说明仿真时所采用的误差模型和仿真策略能够较为准确地反映实际情况。相比于其他卫星，BDS 低轨卫星的定轨精度最差，其轨道误差的 3D RMS 值甚至超过 2 m。低轨卫星的米级定轨精度主要是由其静止特性造成的。表 6.8 统计了各系统定轨误差的平均 RMS。

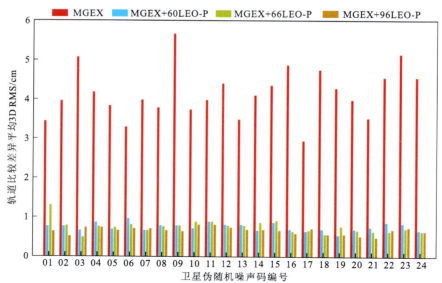

图 6.24　MGEX 测站与不同数量低轨卫星联合定轨的 GPS 卫星定轨误差（P 代表近极轨道，下同）

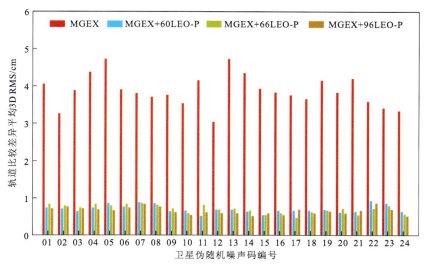

图 6.25 MGEX 测站与不同数量低轨卫星联合定轨的 GLONASS 卫星定轨误差

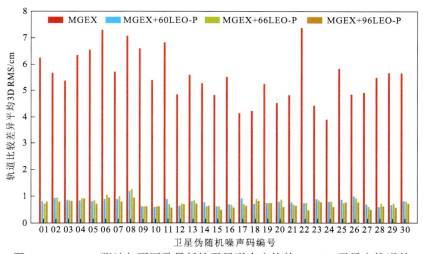

图 6.26 MGEX 测站与不同数量低轨卫星联合定轨的 Galileo 卫星定轨误差

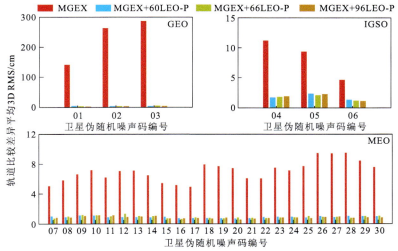

图 6.27 MGEX 测站与不同数量低轨卫星联合定轨的 BDS 卫星定轨误差

表 6.8 **MGEX 测站和不同数量低轨卫星联合定轨结果精度统计** （单位：cm）

卫星	MGEX		MGEX+60LEO-P		MGEX+66LEO-P		MGEX+96LEO-P	
	RMS	定轨精度/%	RMS	定轨精度/%	RMS	定轨精度/%	RMS	定轨精度/%
GPS	4.2	—	0.8	81.0	0.8	81.0	0.7	83.3
GLONASS	3.9	—	0.7	82.1	0.7	82.1	0.7	82.1
Galileo	5.5	—	0.8	85.5	0.8	85.5	0.7	87.3
BDS GEO	230.8	—	4.9	97.9	4.4	98.1	3.7	98.4
BDS IGSO	6.1	—	1.8	70.5	1.7	72.1	1.8	70.5
BDS MEO	7.1	—	0.9	87.3	0.9	87.3	0.8	88.7

由图 6.24～图 6.27 可以看出，当引入低轨卫星星载数据之后，GNSS 导航卫星的定轨精度得到了明显的提高。绝大多数导航卫星能够实现毫米级的定轨精度，而区域覆盖的导航卫星（如 BDS GEO、BDS IGSO）则可以实现厘米级的定轨精度。相比于仅用地面数据的定轨结果，所有联合定轨方案的轨道精度均提高了 70% 以上。其中 BDS GEO 卫星的精度提升幅度最大，高达 98%。这说明引入大量的低轨卫星星载观测数据可以极大地改进低轨卫星的几何观测结构，实现 GEO 卫星的厘米级定轨。

同时，由表 6.8 可以看到，在轨道类型相同的情况下，引入低轨卫星数量越多，导航卫星定轨精度越高（张柯柯，2019）。相比于 60 颗和 66 颗低轨卫星方案，96 颗低轨卫星方案能够取得对导航卫星更好的增强效果。但是与 96 颗星方案所带来的微小改进相比，过多低轨卫星的引入使待估参数急剧增加，极大地降低了参数估计效率。96 颗星方案的 24 h 弧段的平均计算时间大约为 38 h，是 60 颗和 66 颗星方案计算时间（12 h）的 3 倍多。因此，综合考虑定轨精度和计算效率，建议采用 60 颗星的低轨星座。

在低轨卫星轨道类型影响方面，主要关注近极轨道和太阳同步轨道两种较有代表性的轨道类型，相应的星座设计如图 6.23（a）和（c）所示。两类星座均由 60 颗轨道高度为 1 000 km 的低轨卫星组成。图 6.28 显示了 MGEX 测站分别与近极轨道星座和太阳同步轨道星座联合定轨的结果（张柯柯，2019）。结果显示，在相同卫星数量的条件下，太阳同步轨道星座对 GNSS 导航卫星轨道的增强效果要明显优于近极轨道星座。利用 60 颗太阳同步轨道卫星的星载数据和 MGEX 地面测站数据，GNSS 导航卫星轨道可以取得与 96 颗极轨卫星方案相近的精度，其中 BDS GEO 卫星定轨精度甚至优于 96 颗极轨卫星方案。

Li 等（2018）在研究低轨星座增强 GNSS 精密单点定位时，发现极轨星座增强 PPP 方案在收敛时间方面要略优于太阳同步轨道星座方案。但是，由上述结果可以看出，当利用低轨星座增强 GNSS 导航卫星定轨时，太阳同步轨道星座要明显优于近极轨道星座。为了进一步探究具体原因，统计 GNSS 卫星在联合定轨过程中实际用到的低轨卫星数量，并使用与计算地面测站位置精度衰减因子（position dilution of precision，PDOP）类似的方法，计算每颗 GNSS 卫星的轨道精度衰减因子（orbit dilution of precision，ODOP）。图 6.29 代表性地给出了 BDS C02（低轨）卫星和 GPS G13（MEO）卫星在定轨过程中实际用到的低轨卫星数量和相应的 ODOP（张柯柯，2019）。可以发现，对于 BDS C02 低轨卫星，两种星座方案贡献了几乎相同数量的低轨卫星参与定轨。在 BDS C02 卫星定轨过程中，近极轨道星座和太阳同步轨道星座的平均可用卫星数量分别为 20.6 颗和 21.5 颗。但是，与近极轨道星座相比，太阳同步轨道星座的 ODOP 波动更为剧烈，其波动振幅要明显大于近极轨道星座，这表明太阳同步轨道星座可以为 BDS 低轨卫星几何构型带来更多的变化，对低轨卫星几何构型的提升更为显著，因此太阳同步轨道星座对低轨卫星有更好的增强效果。而对于 96 颗星近极轨道星座，尽管其与 60 颗星星座相比，能够为低轨卫星定轨带来更多的可用卫星和更小的 ODOP，但是该方案的 ODOP 变化更为平缓。这也是 96 颗星近极轨道星座在低轨卫星轨道增强方面差于 60 颗星太阳同步轨道星座的主要原因。对于 GPS G13 等能够提供全球覆盖的导航卫星，两种 60 颗星方案 ODOP 变化差异较小，因此相应的轨道精度改进差异不是那么显著（仅 1 mm）。

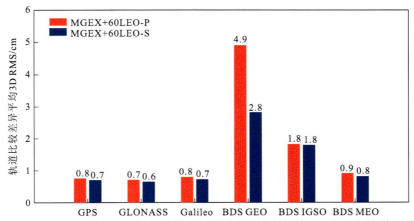

图 6.28　MGEX 测站与不同轨道类型低轨卫星联合定轨的 GNSS 卫星定轨误差

（S 代表太阳同步轨道，下同）

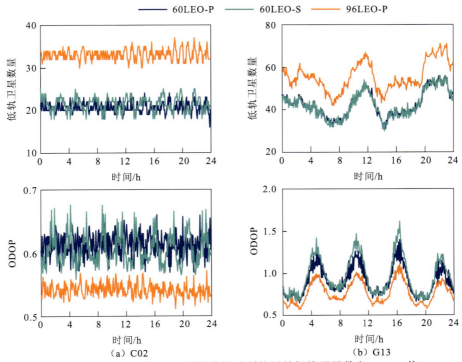

图 6.29　C02 卫星和 G13 卫星定轨时所使用的低轨卫星数和 ODOP 值

为了分析低轨卫星轨道高度对联合定轨的影响，选用 600 km、1000 km 和 1400 km 三种 60 颗星近极轨道星座[图 6.23（a）]。表 6.9 统计了 MGEX 测站和不同轨道高度低轨星座联合定轨的轨道误差 3D RMS（张柯柯，2019）。结果显示，三种联合定轨方案定轨精度差异较小。除 BDS GEO 卫星外，1000 km 和 1400 km 高轨道低轨星座方案的定轨结果要略优于 600 km 低轨道低轨星座方案。对于 BDS GEO 卫星，采用 600 km 低轨星座方案能够实现最优的定轨精度。这主要是因为轨道高度为 600 km 的低轨卫星比轨道高度为 1000 km 和 1400 km 低轨卫星运动速度更快，更有利于低轨卫星几何结构的快速变化。

表 6.9　MGEX 测站和不同轨道高度低轨星座联合定轨结果精度统计 （单位：cm）

卫星	轨道高度		
	600 km	1000 km	1400 km
GPS	0.8	0.7	0.7
GLONASS	0.7	0.7	0.7
BDS GEO	3.6	4.7	4.3
BDS IGSO	1.8	1.8	1.7
BDS MEO	1.0	0.9	0.9
Galileo	0.8	0.8	0.8

6.4　基于低轨星载数据的 GNSS 卫星天线相位中心估计

6.4.1　基于星载数据的 GNSS 卫星天线相位中心估计基本数学模型

导航卫星相位中心变化（PCV）作为一种重要的误差源，在观测方程中直接体现在距离改正上，并且与卫星天线相位中心偏差（PCO）密不可分，因此一般无法精确分离两种误差，只能求取二者之和。在只考虑高度角相关导航卫星 PCV 时，天线相位中心改正引起的站星距离改正为

$$\Delta\rho(\eta) = \mathrm{PCV}(\eta) - \Delta z \cos\eta \tag{6.14}$$

式中：η 为卫星天底角；Δz 为卫星 PCO 在 Z 向的分量改正值；PCV 仅与天底角相关。由于 PCO 和 PCV 之间的相关性，PCV 参数一般会吸收一部分 PCO 参数，则式（6.14）可以表示为（Schmid et al.，2016，2007；Schmid and Rothacher，2003）

$$\Delta\rho(\eta) = \mathrm{PCV}(\eta) + \Delta z(1 - \cos\eta) - \Delta z = \mathrm{PCV}_{\mathrm{raw}}(\eta) - \Delta z \tag{6.15}$$

式中：$\mathrm{PCV}_{\mathrm{raw}}(\eta)$ 一般为直接估计所得 PCV 参数。

对于在 $[\eta_j, \eta_{j+1}]$ 区间内的天底角 η 对应的 PCV，由线性内插可得

$$\mathrm{PCV}_{\mathrm{raw}}(\eta) = \frac{\eta - \eta_j}{\eta_{j+1} - \eta_j}(\mathrm{PCV}_{\mathrm{raw}}(\eta_{j+1}) - \mathrm{PCV}_{\mathrm{raw}}(\eta_j)) + \mathrm{PCV}_{\mathrm{raw}}(\eta_j) \tag{6.16}$$

式中：$\mathrm{PCV}_{\mathrm{raw}}(\eta_j)$ 和 $\mathrm{PCV}_{\mathrm{raw}}(\eta_{j+1})$ 分别为天底角 η_j 和 η_{j+1} 对应的 PCV。因此，在每个历元均可以建立包含导航卫星 PCV 的观测方程。在最终求解待估 PCV 参数时，由于 PCV 参数与钟差参数之间具有很强的耦合性，还需要添加额外的约束来分离 PCV，一般采用的是零和

约束：

$$\sum_{j=1}^{m} \mathrm{PCV}_{\mathrm{raw}}(\eta_j) = 0 \qquad (6.17)$$

即假定对于一颗卫星，其待估 PCV 参数之和为零。

直接求解所得 PCV 参数为 $\mathrm{PCV}_{\mathrm{raw}}(\eta)$，其包含了 Z 向 PCO 参数，因此为得到原始 PCV，还需要进一步从估计结果中提取原始 PCV，具体方法如下：

$$\sum_{j=1}^{m}[\mathrm{PCV}_{\mathrm{raw}}(\eta_j) - a - \Delta z(1-\cos\eta_j)]^2 = \min \qquad (6.18)$$

即采用最小二乘方法使 PCV 参数残差平方和最小，最终的残差即待求原始 PCV（Zhang et al.，2023）。

考虑卫星 PCV 与方位角相关时，天线相位中心改正所引起的距离改正中不仅包含部分 Z 向 PCO，同时还包含部分 X 向和 Y 向 PCO。如图 6.30 所示，$\Delta\alpha = \arctan(\Delta x / \Delta y)$，$\alpha$ 为方位角，X 向和 Y 向 PCO 在 XY 平面内站星视线方向投影为（郭靖，2014）

$$\Delta xy(\alpha) = \sqrt{\Delta x^2 + \Delta y^2}\cos(\alpha_{\Delta} - \alpha) = \sqrt{\Delta x^2 + \Delta y^2}\cos\left(\arctan\frac{\Delta x}{\Delta y} - \alpha\right) \qquad (6.19)$$

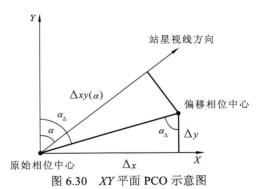

图 6.30　XY 平面 PCO 示意图

如图 6.31 所示，$\Delta xy(\alpha)$ 在站星视线方向上的投影为

$$\Delta xy(\alpha,\eta) = \Delta xy(\alpha)\sin(\eta) = \sqrt{\Delta x^2 + \Delta y^2}\cos\left(\arctan\frac{\Delta x}{\Delta y} - \alpha\right)\sin(\eta) \qquad (6.20)$$

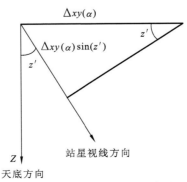

图 6.31　天底方向 PCO 示意图

考虑 Z 向 PCO 在站星方向的投影，天线相位中心改正引起的距离改正量为

$$\Delta\rho(\alpha,\eta) = \mathrm{PCV}(\alpha,\eta) - \Delta z \cos\eta - \sqrt{\Delta x^2 + \Delta y^2}\,\sin\eta\cos\left(\arctan\frac{\Delta x}{\Delta y} - \alpha\right) \quad (6.21)$$

考虑 PCO 与 PCV 参数之间的相关性，式（6.21）可进一步表示为

$$\Delta\rho(\alpha,\eta) = \mathrm{PCV}(\alpha,\eta) + \Delta z(1 - \cos\eta) + \sqrt{\Delta x^2 + \Delta y^2}\left(1 - \sin\eta\cos\left(\arctan\frac{\Delta x}{\Delta y} - \alpha\right)\right) \quad (6.22)$$

$$- \Delta z - \sqrt{\Delta x^2 + \Delta y^2} = \mathrm{PCV}_{\mathrm{raw}}(\alpha,\eta) - \Delta z - \sqrt{\Delta x^2 + \Delta y^2}$$

进行 PCV 内插时，如图 6.32 所示，采用双线性内插可得

$$\begin{cases} \mathrm{PCV}_{\mathrm{raw}}(\alpha,\eta) = \dfrac{\alpha - \alpha_i}{\alpha_{i+1} - \alpha_i}(\mathrm{PCV}_{\mathrm{raw}}(\alpha_{i+1},\eta) - \mathrm{PCV}_{\mathrm{raw}}(\alpha_i,\eta)) + \mathrm{PCV}_{\mathrm{raw}}(\alpha_i,\eta) \\[2mm] \mathrm{PCV}_{\mathrm{raw}}(\alpha_{i+1},\eta) = \dfrac{\eta - \eta_j}{\eta_{j+1} - \eta_j}(\mathrm{PCV}_{\mathrm{raw}}(\alpha_{i+1},\eta_{j+1}) - \mathrm{PCV}_{\mathrm{raw}}(\alpha_{i+1},\eta_j)) + \mathrm{PCV}_{\mathrm{raw}}(\alpha_{i+1},\eta_j) \\[2mm] \mathrm{PCV}_{\mathrm{raw}}(\alpha_i,\eta) = \dfrac{\eta - \eta_j}{\eta_{j+1} - \eta_j}(\mathrm{PCV}_{\mathrm{raw}}(\alpha_i,\eta_{j+1}) - \mathrm{PCV}_{\mathrm{raw}}(\alpha_i,\eta_j)) + \mathrm{PCV}_{\mathrm{raw}}(\alpha_i,\eta_j) \end{cases} \quad (6.23)$$

式中：$\mathrm{PCV}_{\mathrm{raw}}(\alpha_i,\eta_j)$、$\mathrm{PCV}_{\mathrm{raw}}(\alpha_i,\eta_{j+1})$、$\mathrm{PCV}_{\mathrm{raw}}(\alpha_{i+1},\eta_j)$ 和 $\mathrm{PCV}_{\mathrm{raw}}(\alpha_{i+1},\eta_{j+1})$ 分别为周围四个格网点对应的 PCV 值。

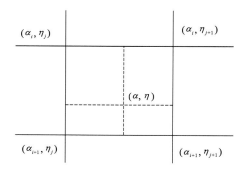

图 6.32　方位角相关 PCV 内插示意图

同样，需要采用如下零和约束分离 PCV 与钟差参数：

$$\sum_{i=1,2,\cdots,n; j=1,2,\cdots,m} \mathrm{PCV}_{\mathrm{raw}}(\alpha_i,\eta_j) = 0 \quad (6.24)$$

对估计所得 PCV 参数，进一步通过提取 PCV 中吸收的部分 PCO：

$$\sum_{i=1,2,\cdots,n; j=1,2,\cdots,m}\left[\mathrm{PCV}_{-\mathrm{raw}}(\alpha_i,\eta_j) - a - \Delta z(1 - \cos\eta_j) - \sqrt{\Delta x^2 + \Delta y^2}\left(1 - \sin\eta\cos\left(\arctan\frac{\Delta x}{\Delta y} - \alpha\right)\right)\right] = \min \quad (6.25)$$

最终所得 PCV 残差即待求原始 PCV。

6.4.2　基于星载数据的 GNSS 卫星天线相位中心估计结果

将各低轨卫星直接法固定解 PCV 估计结果作为参考值进行固定，联合处理全球 95 测站和不同数量的低轨卫星对导航卫星 PCV 进行标定。图 6.33 显示了 5 种星地联合导航卫

星 PCV 标定方案的所有 GPS 卫星 PCV 的标定结果（张伟，2021），其中，横坐标表示 GPS 卫星天底角，纵坐标表示 PCV 估计值，每一条曲线表示一颗 GPS 卫星 29 天内所有 PCV 估计值的平均结果，同一种颜色表示同一种 BLOCK 卫星，值得注意的是 BLOCK IIA 只有 G18 一颗卫星。从图中可以看出，对于同一种 BLOCK 卫星，其 PCV 分布特征非常相似，在 igs14.atx 天线模型中，GPS 卫星 PCV 是与 BLOCK 相关的（BLOCK-specific），即同一种 BLOCK 卫星的 PCV 是相同的，并且 BLOCK IIR-B 卫星与 BLOCK IIR-M 卫星的 PCV 是相同的，这就初步验证了估计结果的正确性。在后续结果中，对于同一种 BLOCK 卫星，将采用所有卫星的 PCV 平均值作为最终一类 BLOCK 卫星的标定结果，并且对 BLOCK IIR-B 卫星和 BLOCK IIR-M 卫星不加区分。在天底角 14°～17° 区域，BLOCK IIA 和 BLOCK IIR-A 卫星 PCV 值均在 ±6 mm 范围内，而 BLOCK IIR-B/M 和 BLOCK IIF 卫星 PCV 值随着天底角的增大而逐渐变大，其中对于 BLOCK IIR-B/M 卫星，其最大 PCV 可达 5 cm 左右。这表明了扩展导航卫星 PCV 标定模型的必要性，尤其对于高轨道低轨卫星，其天底角范围也更大，为实现高精度低轨卫星定轨，必须对高天底角区域导航卫星 PCV 加以改正。

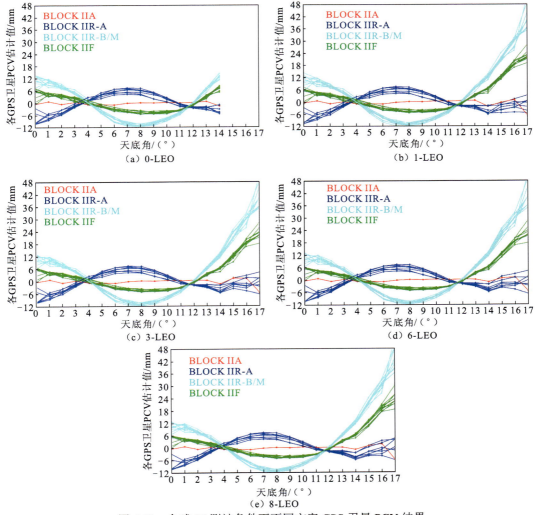

图 6.33　全球 95 测站条件下不同方案 GPS 卫星 PCV 结果

图 6.34 显示了 5 种方案 GPS 卫星 BLOCK 相关 PCV 的稳定性结果，表 6.10 给出了相应的统计值（张伟，2021）。其中，稳定性结果是采用标准差来衡量的，即通过计算 29 天内估计的 PCV 标准差来反映估计结果的稳定性/内符合性，表 6.10 中的统计值是对图 6.34 中结果所有的天底角取平均得到的。从图中可以看出，0-LEO 方案各卫星 PCV 内符合性均在 1 mm 以内，整体稳定性较好。对于其他方案，在中天底角区域内符合性均在 0.5 mm 以内，而在低天底角和高天底角区域，稳定性相对较差，尤其是在高天底角区域，标准差可达到 2 mm。这可能是由于低天底角区域和高天底角区域，观测量相对较少。图 6.35 显示了每种方案不同天底角对应观测值数量百分比（张伟，2021）。从图中可以看出，在低天底角和高天底角区域观测量百分比均相对较小，其中 0°和 1°天底角区域有效观测量均不足 1%，在 14°～17°天底角区域观测量百分比也非常小。高天底角区域稳定性相对更差的主要原因可能是高天底角对应测站/低轨卫星高度角较低，而低高度角观测值数量质量一般较差，因此高天底角区域较差的稳定性主要与观测数据质量较差有关。随着低轨卫星数量的增加，各 GPS 卫星的 PCV 稳定性也在逐渐改善。以 BLOCK IIR-A 卫星为例，在 0°～14°

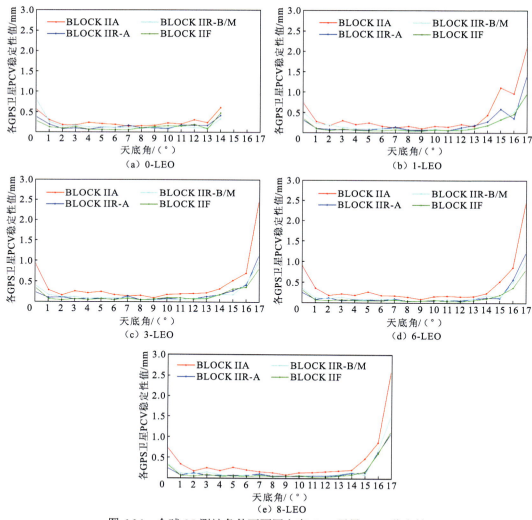

图 6.34　全球 95 测站条件下不同方案 GPS 卫星 PCV 稳定性

表 6.10　全球 95 测站条件下不同方案 GPS 卫星平均稳定性　　　　（单位：mm）

天底角范围	卫星/方案	0-LEO	1-LEO	3-LEO	6-LEO	8-LEO
	BLOCK IIA	0.290	0.281	0.284	0.280	0.265
0°~14°	BLOCK IIR-A	0.166	0.124	0.105	0.093	0.093
	BLOCK IIR-B/M	0.208	0.146	0.117	0.117	0.103
	BLOCK IIF	0.162	0.111	0.113	0.086	0.090
	BLOCK IIA	—	0.454	0.440	0.400	0.404
0°~17°	BLOCK IIR-A	—	0.232	0.198	0.197	0.169
	BLOCK IIR-B/M	—	0.235	0.194	0.195	0.201
	BLOCK IIF	—	0.191	0.178	0.156	0.161

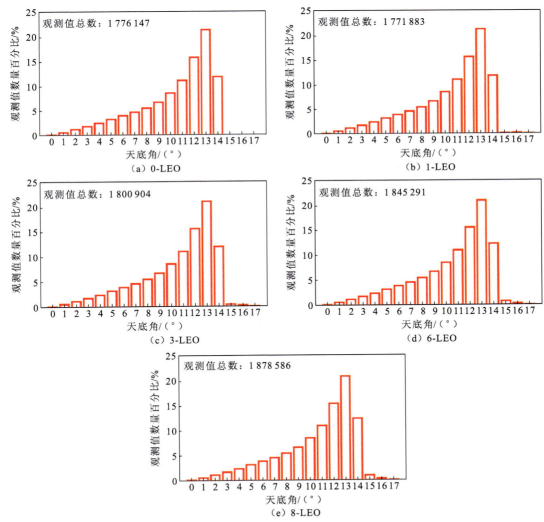

图 6.35　全球 95 测站条件下不同方案观测值分布

区域，不加低轨卫星时平均稳定性为 0.166 mm，分别加入 1 颗、3 颗、6 颗和 8 颗低轨卫星后，稳定性分别为 0.124 mm、0.105 mm、0.093 mm 和 0.093 mm，分别减小 25.3%、36.7%、44.0%、44.0%，在 0°～17° 区域，加入 1 颗低轨卫星时平均稳定性为 0.232 mm，分别加入 3 颗、6 颗和 8 颗低轨卫星后，稳定性分别为 0.198 mm、0.197 mm 和 0.169 mm。这说明加入低轨卫星后，GPS 卫星 PCV 稳定性能够得到一定程度的改善，并且增加低轨卫星数量能够进一步改善 PCV 内符合性。而从图中可以看出，0°～17° 天底角对应 PCV 稳定性随着低轨卫星数量的增加也有一定程度的改善，但改善幅度要小于 0°～14° 范围内 PCV 的改善幅度，尤其是对于 17° 天底角区域，PCV 稳定性几乎没有改善，这主要是由于后续加入的低轨卫星轨道高度相对较低，观测值最大天底角都小于 17°，无法增加 17° 天底角对应 PCV 的有效观测，这也说明为改善高天底角区域 PCV 的稳定性，需要加入一定数量轨道较高的低轨卫星。

图 6.36 显示了各方案 GPS 卫星 PCV 估计结果与 igs14.atx 天线模型中的参考值对比结果。整体而言，各方案 GPS 卫星 PCV 标定结果均与参考结果具有较好的一致性。其中，BLOCK

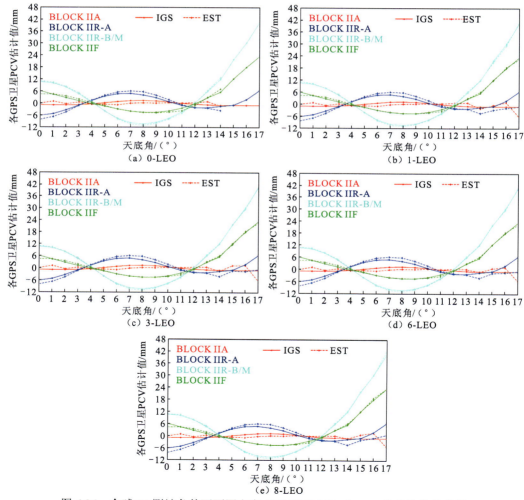

图 6.36　全球 95 测站条件下不同方案 GPS 卫星 PCV 与 IGS 参考值比较结果

EST 表示全球 95 测站条件下不同方案 GPS 卫星 PCV 的估计结果

IIA 及 BLOCK IIR-A 卫星与参考值之间的差异要大于 BLOCK IIR-B/M 及 BLOCK IIF 卫星与参考值之间的差异，尤其是在高天底角和低天底角区域。图 6.37 显示了全球 95 测站条件下不同方案 GPS 卫星 PCV 稳定性，表 6.11 给出了差异值的统计 RMS（张伟，2021）。从图中可以看出，对于 0-LEO 方案，标定值与参考值之间的差异均在 2 mm 以内，其中，BLOCK IIA 卫星和 BLOCK IIR-A 卫星各自与参考值差异平均 RMS 分别为 1.126 mm 和 0.934 mm，而 BLOCK IIR-B/M 卫星和 BLOCK IIF 卫星各自与参考值差异平均 RMS 分别为 0.479 mm 和 0.592 mm，结果差异较大，具体原因还需进一步探究。对于其他方案，各卫星整体差异也在 2 mm 以内，而在高天底角区域，差异相对较大，尤其是对于 BLOCK-IIA 和 BLOCK-IIR-A 卫星，最大差异值可超过 6 mm，这与前面分析结果一致。主要原因是高天底角对应测站/低轨卫星高度角较小，尤其是对于高天底角区域，其对应高度角几乎为零。受限于低高度角观测数据质量较差，GPS 卫星 PCV 标定结果相对较差。对比不同方案结果可知，随着低轨卫星数量的增加，GPS 卫星 PCV 标定结果与参考值之间的差异也有一定程度的减小。以 BLOCK IIA 卫星为例，不加入低轨卫星时，差异平均 RMS 为 1.126 mm，

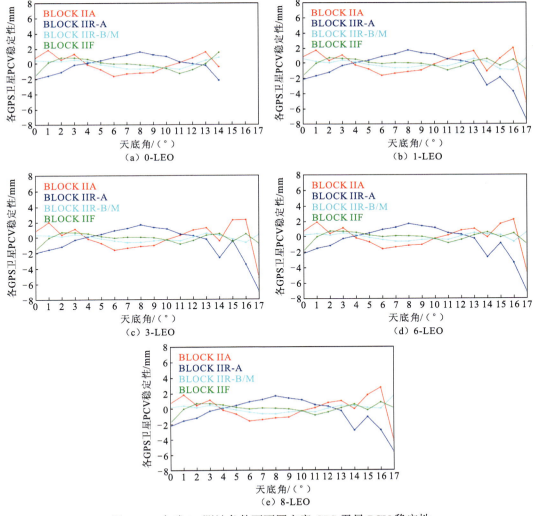

图 6.37　全球 95 测站条件下不同方案 GPS 卫星 PCV 稳定性

而分别加入 1 颗、3 颗、6 颗和 8 颗低轨卫星后，RMS 分别为 1.113 mm、1.095 mm、1.064 mm 和 1.035 mm，分别减小 1.2%、2.8%、5.5% 和 8.1%，整体 RMS 误差减小百分比较小。但随着低轨卫星数量的增加，PCV 标定结果与参考值之间的差异逐渐减小。这与前面分析结果一致，说明低轨卫星的增加能够改善 GPS 卫星 PCV 标定结果与 igs14.atx 天线模型的一致性。

表 6.11　全球 95 测站条件下不同方案标定结果与 IGS 差异 RMS 统计值　　（单位：mm）

卫星	方案				
	0-LEO	1-LEO	3-LEO	6-LEO	8-LEO
BLOCK IIA	1.126	1.113	1.095	1.064	1.035
BLOCK IIR-A	0.934	1.034	0.992	0.995	1.003
BLOCK IIR-B/M	0.479	0.382	0.395	0.393	0.402
BLOCK IIF	0.592	0.444	0.425	0.427	0.424

通过以上分析可知，在所有方案中，联合 95 测站和 8 颗低轨卫星进行 GPS 卫星 PCV 标定可以获得相对较好的标定结果。为验证 PCV 标定结果的有效性，采用上述 8-LEO 方案 GPS 卫星 PCV 标定结果进行低轨卫星几何法验证，选取的低轨卫星为 GRACE-D、Swarm-B、Sentinel-3A 和 Jason-3。图 6.38 显示了 Sentinel-3A 卫星定轨结果与精密产品各方向 RMS 比较，表 6.12 给出了 4 颗低轨卫星定轨结果相应的统计平均值（张伟，2021），其中 Wo-PCV、PCV-IGS 和 PCV-EST 分别表示不采用 GPS 卫星 PCV、采用 igs14.atx 天线模型值和采用 8-LEO 方案标定的 PCV 结果。从图中可以看出，与不改正 GPS 卫星天线 PCV 相比，改正 PCV 后低轨卫星轨道与精密产品比较 RMS 显著减小。对于 4 颗低轨卫星，不改正 GPS 卫星 PCV 时，卫星轨道与精密产品比较 1D 平均 RMS 分别为 39.3 mm、32.3 mm、40.5 mm 和 35.3 mm，采用 igs14.atx 天线模型改正值后，相应 RMS 分别为 19.8 mm、20.4 mm、20.4 mm 和 26.0 mm，分别减小 49.6%、36.8%、49.6% 和 26.3%，而改正 8-LEO 方案 PCV 标定结果后相应 RMS 分别减小 49.9%、37.5%、49.6% 和 26.9%，即改正 8-LEO 方案 PCV 标定结果的定轨精度要略优于改正 igs14.atx 天线模型 PCV 的定轨精度，这突出了星地联合标定方法的优势，也论证了星地联合导航卫星 PCV 标定结果的正确性与有效性。

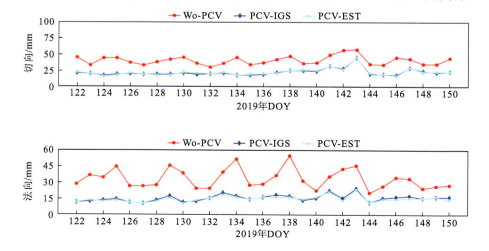

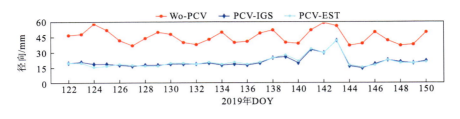

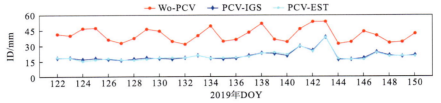

图 6.38 改正 GPS 卫星 PCV 后 Sentinel-3A 卫星几何法定轨结果

表 6.12 改正 GPS 卫星 PCV 后 4 颗低轨卫星几何法定轨统计结果　（单位：mm）

方向		GRACE-D	Swarm-B	Sentinel-3A	Jason-3
切向	Wo-PCV	38.3	34.1	41.5	33.0
	PCV-IGS	19.3	21.0	23.3	25.8
	PCV-EST	19.2	20.6	23.4	25.6
法向	Wo-PCV	35.1	23.3	33.8	30.7
	PCV-IGS	15.2	13.5	16.0	21.6
	PCV-EST	14.2	13.6	15.4	21.8
径向	Wo-PCV	44.0	37.8	45.4	41.3
	PCV-IGS	24.0	25.0	21.2	30.1
	PCV-EST	24.5	24.8	21.4	29.4
1D	Wo-PCV	39.3	32.3	40.5	35.3
	PCV-IGS	19.8	20.4	20.4	26.0
	PCV-EST	19.7	20.2	20.4	25.8

为进一步探究低轨卫星对导航卫星 PCV 标定的贡献，采用星基方法对 GPS 卫星 PCV 进行标定，即不依赖地面测站，仅采用低轨卫星星载数据标定 GPS 卫星 PCV。图 6.39 显示了 4 种星基导航卫星 PCV 标定方案的所有 GPS 卫星 PCV 的标定结果（张伟，2021）。从图中可以看出，对于同一种 BLOCK 卫星，其 PCV 分布特征非常相似，并且与星地联合的标定结果类似，说明不依赖地面测站数据而仅依靠低轨卫星星载数据也能够正确地标定出导航卫星 PCV。图 6.40 显示了各方案 GPS 卫星 PCV 稳定性结果，表 6.13 给出了相应的统计平均值（张伟，2021）。从图中可以看出，对于各 GPS 卫星，中天底角区域 PCV 稳定性较好，基本在 0.5 mm 以内，而在低天底角和高天底角区域 PCV 显示出较大的标准差，尤其是在高天底角区域，标准差可达到 2.5 mm。这可能是由于低天底角区域观测量相对较少。图 6.41 显示了每种方案不同天底角对应观测值数量百分比，从图中可以看出，1-LEO 卫星方案中观测值主要集中在 16° 附近，而随着低轨卫星数量的增加，观测值集中区域逐渐向 14° 附近靠近，这主要是由于后续增加的低轨卫星受轨道高度的限制，观测值天底角范围较小，16° 以上观测值数量较少。而在低天底角区域观测量百分比均相对较小，其中 0° 和

1°天底角区域有效观测量均不足 1%。高天底角区域稳定性相对更差的主要原因可能是高天底角对应测站/低轨卫星高度角较低，低高度角观测值数量质量一般较差，因此高天底角区域较差的稳定性主要与观测数据质量较差有关，这也与 4.3 节中的分析结果一致。随着低轨卫星数量的增加，各 GPS 卫星的 PCV 稳定性也在逐渐改善。对于 BLOCK IIA、BLOCK IIR-A、BLOCK IIR-B/M 和 BLOCK IIF 四类卫星，1-LEO 方案平均稳定性分别为 0.746 mm、0.505 mm、0.418 mm、0.370 mm，低轨卫星数量分别增加至 3 颗、6 颗和 8 颗后，相应卫星 PCV 稳定性分别为（0.495 mm、0.270 mm、0.234 mm、0.176 mm）、（0.487 mm、0.204 mm、0.169 mm、0.153 mm）和（0.445 mm、0.203 mm、0.152 mm、0.145 mm），分别减小（33.6%、46.5%、44.0%、52.4%）、（34.7%、59.6%、59.6%、58.6%）和（40.3%、59.8%、63.6%、60.8%）。这表明随着低轨卫星数量的增加，GPS 卫星 PCV 标定结果稳定性会逐渐改善，主要原因可能是随着低轨卫星数量的增加，低轨卫星 PCV 各天底角对应观测值数量会逐渐增加（图 6.41），进而有效改善 GPS 卫星 PCV 标定结果的稳定性。

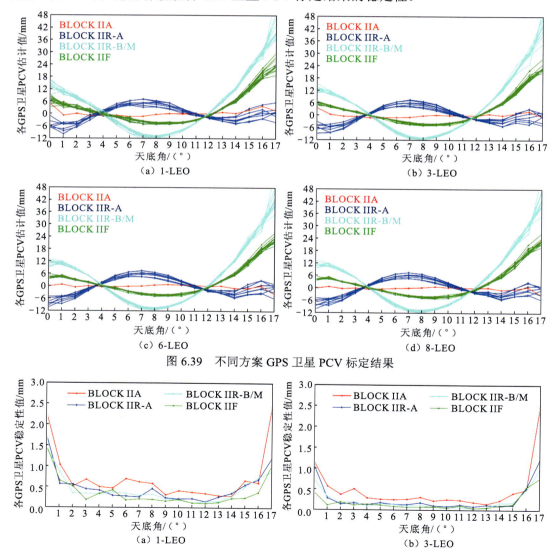

图 6.39　不同方案 GPS 卫星 PCV 标定结果

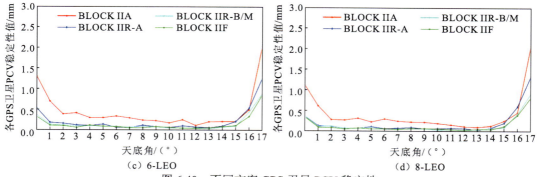

图 6.40   不同方案 GPS 卫星 PCV 稳定性

表 6.13   不同方案 GPS 卫星 PCV 平均稳定性　　　　　　　　（单位：mm）

卫星	1-LEO	3-LEO	6-LEO	8-LEO
BLOCK IIA	0.746	0.495	0.487	0.445
BLOCK IIR-A	0.505	0.270	0.204	0.203
BLOCK IIR-B/M	0.418	0.234	0.169	0.152
BLOCK IIF	0.370	0.176	0.153	0.145

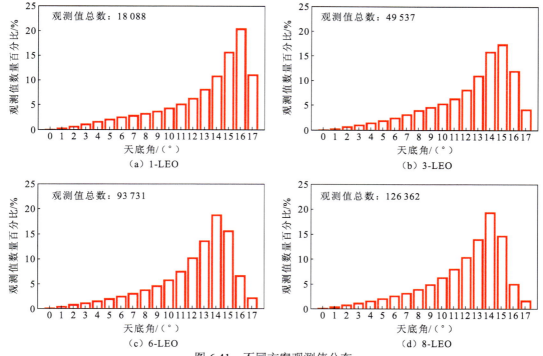

图 6.41   不同方案观测值分布

　　图 6.42 显示了各方案 GPS 卫星 PCV 估计结果与 igs14.atx 天线模型中的 PCV 对比结果（张伟，2021）。整体而言，各方案 GPS 卫星 PCV 标定结果均与参考结果具有较好的符合性。相对而言，BLOCK IIA 以及 BLOCK IIR-A 卫星与参考值之间的差异要大于 BLOCK IIR-B/M 及 BLOCK IIF 卫星与参考值之间的差异，尤其是在高天底角和低天底角区域，这

与前面的分析结果一致。图 6.43 显示了标定结果与参考值之间的差异（张伟，2021）。从图中可以看出，对于所有方案，各卫星 PCV 在中天底角区域与参考值之间的差异较小，基本均在 2 mm 以内，而在低天底角和高天底角区域差异相对较大，与前面分析结果一致，即低天底角区域 PCV 差异主要与观测值数量相关，高天底角区域 PCV 差异主要与观测数据质量相关。随着低轨卫星数量的增加，各卫星 PCV 在低天底角区域与参考值之间的差异会逐渐减小，这主要是由于低轨卫星数量的增加会带来有效观测量的增加，进而改善 PCV 标定结果与 igs14.atx 天线模型之间的一致性。在高天底角区域，BLOCK IIA、BLOCK IIR-B/M 和 BLOCK IIF 卫星 PCV 差异也有一定程度的减小，其中 BLOCK IIA 卫星 PCV 一致性改善尤为显著，这可能是由于 BLOCK IIA 仅包含 G18 一颗卫星，观测量的增加能够有效提高此类卫星 PCV 标定结果的一致性。而 BLOCK IIR-A 卫星在高天底角区域 PCV 一致性并没有随着低轨卫星数量的增加而得到显著改善，具体原因还需进一步探究。

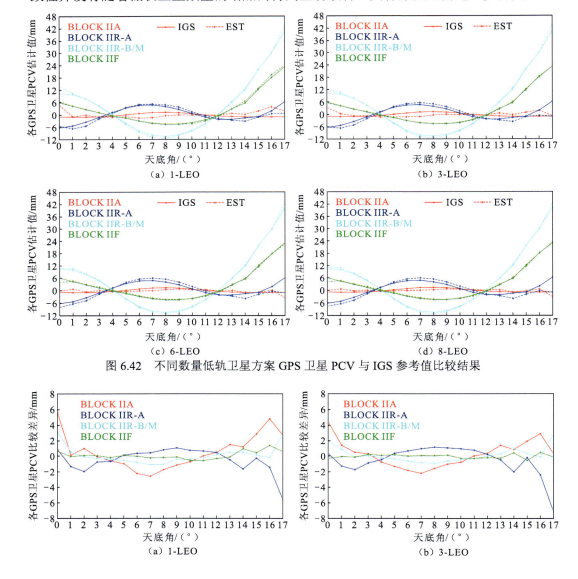

图 6.42　不同数量低轨卫星方案 GPS 卫星 PCV 与 IGS 参考值比较结果

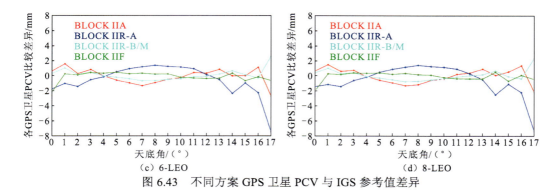

图 6.43　不同方案 GPS 卫星 PCV 与 IGS 参考值差异

同样，为进一步验证 PCV 标定结果的有效性，采用上述 8-LEO 方案 GPS 卫星 PCV 标定结果进行低轨卫星几何法定轨验证，选取的低轨卫星为 GRACE-D、Swarm-B、Sentinel-3A 和 Jason-3。图 6.44 显示了 Sentinel-3A 卫星定轨结果与精密产品各方向 RMS 比较，表 6.14 给出了 4 颗低轨卫星定轨结果相应的统计平均值（张伟，2021）。从图中可以看出，与不改正 GPS 卫星天线 PCV 相比，改正 PCV 后低轨卫星轨道与精密产品比较 RMS 显著减小。对比 PCV-IGS 和 PCV-EST 定轨结果可知，改正 8-LEO 方案 PCV 标定结果和 igs14.atx 天线模型 PCV 改正值的定轨结果差异不大，对于 4 颗低轨卫星，改正 igs14.atx 天线模型 PCV 改正值后几何法定轨 1D 方向平均 RMS 分别为 19.8 mm、20.4 mm、20.4 mm 和 26.0 mm，而改正星基 PCV 标定结果后相应 RMS 分别为 19.7 mm、20.3 mm、20.1 mm 和 25.8 mm，相比之下，采用星基 PCV 标定结果的定轨结果还要略优于采用 igs14.atx 天线模型改正值的定轨结果。这就论证了星基导航卫星 PCV 标定结果的正确性与有效性，并且表明，仅采用少数几颗低轨卫星的星载数据进行导航卫星 PCV 标定就可以获得较好的标定结果，进而突出了低轨卫星星基导航卫星 PCV 标定的优势。

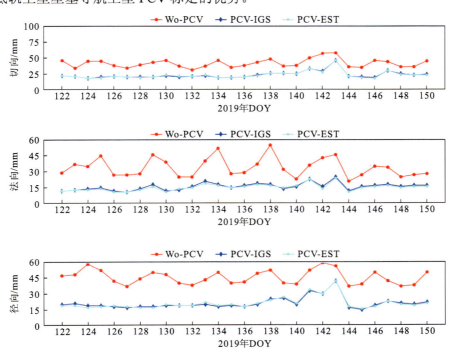

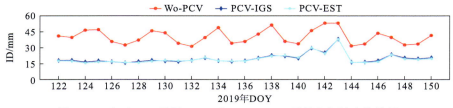

图 6.44　改正 GPS 卫星 PCV 后 Sentinel-3A 卫星几何法定轨结果

表 6.14　改正 GPS 卫星 PCV 后 4 颗低轨卫星几何法定轨统计结果　　　　　（单位：mm）

方向	指标	GRACE-D	Swarm-B	Sentinel-3A	Jason-3
切向	Wo-PCV	38.3	34.1	41.5	33.0
	PCV-IGS	19.3	21.0	23.3	25.8
	PCV-EST	19.0	20.8	23.1	25.7
法向	Wo-PCV	35.1	23.3	33.8	30.7
	PCV-IGS	15.2	13.5	16.0	21.6
	PCV-EST	14.3	13.6	15.3	21.8
径向	Wo-PCV	44.0	37.8	45.4	41.3
	PCV-IGS	24.0	25.0	21.2	30.1
	PCV-EST	24.4	24.8	21.2	29.4
1D	Wo-PCV	39.3	32.3	40.5	35.3
	PCV-IGS	19.8	20.4	20.4	26.0
	PCV-EST	19.7	20.3	20.1	25.8

6.5　基于低轨卫星星载数据的伪距相位偏差估计

6.5.1　基于低轨卫星星载数据的伪距偏差估计方法

低轨卫星的运行轨道在 300 km 以上，对流层高度通常在 60 km 以下，因此利用星载数据估计差分码偏差（DCB）不需要考虑对流层延迟的影响。低轨卫星的 GNSS 原始观测量可表示为

$$P_{r,i}^s = \rho_r^s + \frac{40.3}{f_i^2} \cdot STEC_r^s + c \cdot (dt_r - dt^s) + b_{r,i} + b^{s,i} + MP_{r,i} + \xi_i \tag{6.26}$$

$$L_{r,i}^s = \rho_r^s - \frac{40.3}{f_i^2} \cdot STEC_r^s + c \cdot (dt_r - dt^s) + B_{r,i}^s + \Delta\varphi_{r,i}^s + mp_{r,i} + \varepsilon_i \tag{6.27}$$

式中：$P_{r,i}^s$ 和 $L_{r,i}^s$ 分别为伪距和载波相位观测值；ρ_r^s 为低轨卫星接收机到导航卫星之间的几何距离；f_i 为频率；$STEC_r^s$ 为斜路径总电子含量；c 为真空中的光速；dt_r 和 dt^s 分别为接收机和卫星的钟差；$b_{r,i}$ 和 $b^{s,i}$ 分别为接收机和卫星的伪距硬件延迟；$MP_{r,i}$ 和 $mp_{r,i}$ 分别为伪距和载波相位多路径误差；ξ_i 和 ε_i 分别为伪距和载波相位观测噪声以及其他未模型化的

误差项；$B_{r,i}^s$ 为浮点模糊度；$\Delta\varphi_r^s$ 为相位缠绕误差。

分别对码伪距和载波相位组无几何距离组合，可以得到（Li et al., 2021; 2019a; 2019b）：

$$P_{r,4}^s = P_{r,1}^s - P_{r,2}^s = \alpha\cdot\mathrm{STEC}_r^s + \mathrm{DCB}_r + \mathrm{DCB}^s + \Delta\mathrm{MP}_{r,i} \tag{6.28}$$

$$L_{r,4}^s = L_{r,1}^s - L_{r,2}^s = -\alpha\cdot\mathrm{STEC}_r^s + B_{r,12}^s + \Delta\varphi_{r,12}^s \tag{6.29}$$

式中：$P_{r,4}^s$ 和 $L_{r,4}^s$ 分别为无几何距离伪距和载波相位观测值；α 为组合系数；DCB_r 和 DCB^s 分别为接收机和卫星的差分码偏差；$\Delta\mathrm{MP}_{r,i}$ 为两个频率的多路径误差之差；$\Delta\varphi_{r,12}^s$ 为两个频率的相位缠绕之差；$B_{r,12}^s$ 为组合浮点模糊度。

值得注意的是，在利用星载数据估计 DCB 的过程中，码的多路径效应及载波相位的相位缠绕并不能忽略。图 6.45（马腾州，2019）展示了 FY-3D 的多路径效应，圆的半径表示高度角，离圆心越近高度角越大；圆的角度表示方位角，且以卫星前进方向为 0°。可以看出，低轨卫星容易受到多路径效应的影响，且不同频率的多路径效应并不相同，不同星座结构的多路径效应也不相同。不同频率码观测值的多路径可由式（6.30）计算得到：

$$\begin{cases} \mathrm{MP}_{r,\mathrm{C1}} = P_{r,\mathrm{C1}}^s - \dfrac{2}{f_1^2 - f_2^2}(f_1^2 L_{r,2}^s - f_2^2 L_{r,1}^s) - L_{r,1}^s - B_{r,\mathrm{C1}}^s \\[2mm] \mathrm{MP}_{r,\mathrm{P1}} = P_{r,\mathrm{P1}}^s - \dfrac{2}{f_1^2 - f_2^2}(f_1^2 L_{r,2}^s - f_2^2 L_{r,1}^s) - L_{r,1}^s - B_{r,\mathrm{P1}}^s \\[2mm] \mathrm{MP}_{r,\mathrm{P2}} = P_{r,\mathrm{P2}}^s - \dfrac{2}{f_1^2 - f_2^2}(f_1^2 L_{r,2}^s - f_2^2 L_{r,1}^s) - L_{r,2}^s - B_{r,\mathrm{P2}}^s \end{cases} \tag{6.30}$$

式中：$\mathrm{MP}_{r,\mathrm{C1}}$、$\mathrm{MP}_{r,\mathrm{P1}}$ 和 $\mathrm{MP}_{r,\mathrm{P2}}$ 分别为 C1、P1 和 P2 的多路径；$B_{r,\mathrm{C1}}^s$、$B_{r,\mathrm{P1}}^s$ 和 $B_{r,\mathrm{P2}}^s$ 分别为相位模糊度，可以利用弧段内取均值获得。

由于低轨卫星的快速运动特性，大约 2 h 可以绕地球一圈，会频繁地经过白昼与黑夜地区。而在轨道日食期间，卫星通常会受到最大横摆角速率的影响，以确保获得最大的太阳辐射。当用名义姿态模型计算相位缠绕时，会产生未模型化的姿态误差。对于采用了严

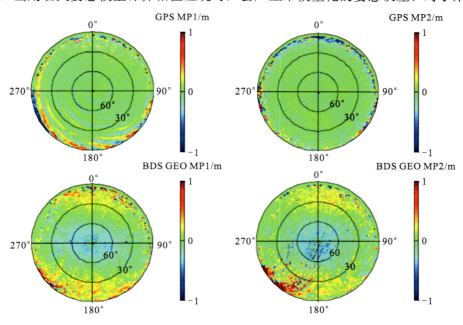

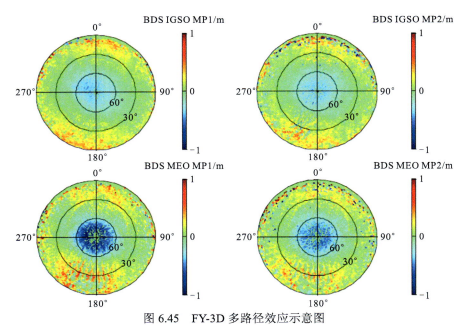

图 6.45　FY-3D 多路径效应示意图

MP1 表示 GPS C1C 及 BDS C2I 码类型，MP2 表示 GPS C2W 及 BDS C7I 码类型，网格采用 2°×2° 的分辨率

格的三轴稳定姿态控制方案的低轨卫星，用名义姿态模型计算相位缠绕所产生的未模型化的姿态误差很小。因此，通常情况下相位缠绕误差可以通过卫星的名义姿态得到较好的改正。基于星载数据估计 DCB 与基于地基 GNSS 数据估计 DCB 的关键区别就在于如何处理斜路径总电子含量 STEC_r^s。

低轨卫星时刻在运动，且速度大约为 7 km/s，导致低轨卫星运动路径附近的电离层时刻处于剧烈变化之中。Zhang 等（2023）利用 COSMIC 低轨卫星 6 h 的全球覆盖观测数据估计电离层模型，进而分离电离层与 DCB 参数。但是电离层在 6 h 内的变化强烈，在用地面测站数据估计 DCB 时，也仅采用 1 h 或 2 h 的观测数据进行电离层建模。当前，国内外学者的通常做法是逐历元对电离层参数进行估计。

对电离层参数逐历元估计会存在一个问题，即某一历元观测到的 STEC 不止一个，通常达 6 个以上，如果对每一个 STEC 进行估计，则方程起算数据不够，是不可解的。因此，有学者提出球对称假设，认为同一历元观测到的不同高度角和方位角的 STEC 在接收机天顶方向的垂直总电子含量（vertical total electron content，VTEC）是相同的，这样每个历元只需要估计一个 VTEC 参数。Yue 等（2011）和 Zhong 等（2016）分析了低轨卫星的投影函数之后，认为 Foelsche 和 Kirchengast 提出的 F&K 几何投影函数比较适合低轨卫星 DCB 估计：

$$\text{mf} = \frac{1 + (h_{\text{shell}} + R_e) / (H_{\text{LEO}} + R_e)}{\cos z + \sqrt{(h_{\text{shell}} + R_e)^2 / (H_{\text{LEO}} + R_e)^2 - \sin^2 \beta}} \qquad (6.31)$$

式中：mf 为投影系数；z 为低轨卫星观测到导航卫星的天顶距；R_e 和 β 分别为地球半径和接收机上方卫星天顶角；h_{shell} 和 H_{LEO} 分别为等离子体层有效高度（plasmasphere effective height，PEH）及低轨卫星的在轨高度。

Zhong 等（2016）评估了不同 PEH 下 F&K 模型的表现情况，提出了中心函数，以确定不同太阳活动情况及不同卫星轨道高度下的最优 PEH：

$$h_{\text{shell}} = (0.0027F_{10.7} + 1.79)H_{\text{LEO}} - 5.52F_{10.7} + 1350 \tag{6.32}$$

式中：$F_{10.7}$ 为 10.7 cm 处的太阳辐射通量，可以从 ftp://ftp.ngdc.noaa.gov 获得。利用式（6.29）和式（6.30）可将 VETC 和 DCB 参数进行分离。与地面测站数据估计 DCB 类似，既可以单独用伪距来估计 DCB，也可以用载波相位平滑伪距来估计 DCB。假设低轨卫星某一历元同时观测到 n 颗 GPS 卫星和 r 颗 BDS 卫星，则估计方程为

$$\begin{bmatrix} P_{r,4}^1 \\ P_{r,4}^2 \\ \vdots \\ P_{r,4}^n \\ P_{r,4}^{n+1} \\ \vdots \\ P_{r,4}^{n+r} \end{bmatrix} = \begin{bmatrix} \alpha \cdot \text{mf}^1 & 1 & 0 & \cdots & \cdots & 1 & 0 \\ \alpha \cdot \text{mf}^2 & 0 & 1 & \cdots & \cdots & 1 & 0 \\ \vdots & \vdots & \vdots & & & \vdots & \vdots \\ \alpha \cdot \text{mf}^n & 0 & 0 & \cdots & \cdots & 1 & 0 \\ \alpha \cdot \text{mf}^{n+1} & 0 & 0 & \cdots & \cdots & 0 & 1 \\ \vdots & \vdots & \vdots & & & \vdots & \vdots \\ \alpha \cdot \text{mf}^{n+r} & 0 & 0 & \cdots & 1 & 0 & 1 \end{bmatrix} \begin{bmatrix} \text{VTEC} \\ \text{DCB}^1 \\ \text{DCB}^2 \\ \vdots \\ \text{DCB}^{n+r} \\ \text{DCB}_{\text{GPS}} \\ \text{DCB}_{\text{BDS}} \end{bmatrix} \tag{6.33}$$

式中：$\text{mf}^i(i=1,2,\cdots,n+r)$ 为式（6.31）中计算的低轨卫星与导航卫星连线方向的投影函数系数。可以发现，在一个历元的情况下，起算数据不足，式（6.33）是不可解的，但是利用一天的观测数据，且认为卫星端和接收机端的 DCB 在一天内为一个常数，则方程可以求解。同样，式（6.33）中卫星端和接收机端 DCB 无法分离，还需要引入重心基准将它们分离。

通过上述方法即可利用星载 GNSS 数据估计导航卫星和低轨卫星 DCB。

6.5.2　基于低轨卫星星载数据的相位偏差估计方法

低轨卫星星载 GNSS 测码伪距 P 及载波相位 L 观测值可以表示为

$$P_{r,n}^s = \rho_r^s + c(t_r - t^s) + \gamma_n I_{r,1}^s + c(b_{r,n} - b_n^s) + e_{r,n}^s \tag{6.34}$$

$$L_{r,n}^s = \rho_r^s + c(t_r - t^s) - \gamma_n I_{r,1}^s + \lambda_n(B_{r,n} - B_n^s) + \lambda_n N_{r,n}^s + \varepsilon_{r,n}^s \tag{6.35}$$

值得注意的是，由于低轨卫星轨道高度一般在 300～1500 km，这个高度远远高于对流层，所以低轨卫星星载 GNSS 观测信号不受对流层的影响。因此相较于地面测站观测方程，式（6.34）和式（6.35）中忽略了对流层项。

同样，在低轨卫星数据处理过程中，为了消除一阶电离层误差的影响，通常可以采用 IF 模型。无电离层伪距 $P_{r,\text{IF}}^s$ 和无电离层载波相位 $L_{r,\text{IF}}^s$ 可以表示为

$$P_{r,\text{IF}}^s = \rho_r^s + c(t_r - t^s) + c(b_{r,\text{IF}} - b_{\text{IF}}^s) + e_{r,\text{IF}}^s \tag{6.36}$$

$$L_{r,\text{IF}}^s = \rho_r^s + c(t_r - t^s) + \lambda_{\text{IF}}(B_{r,\text{IF}} - B_{\text{IF}}^s) + \lambda_{\text{IF}} N_{r,\text{IF}}^s + \varepsilon_{r,\text{IF}}^s \tag{6.37}$$

式中：λ_{IF} 为相位观测值 IF 组合的波长（m）；$b_{r,\text{IF}}$ 和 b_{IF}^s 分别为接收机端和卫星端伪距延迟的 IF 组合（s）；$B_{r,\text{IF}}$ 和 B_{IF}^s 分别为接收机端和卫星端相位延迟的 IF 组合（周）；$N_{r,\text{IF}}^s$ 为整周 IF 组合的相位模糊度（周）；$e_{r,\text{IF}}^s$ 和 $\varepsilon_{r,\text{IF}}^s$ 分别为伪距和载波相位观测值 IF 组合的观测噪声和多路径误差的总和（m）。

对于简化动力学定轨，通过状态转移矩阵 $\varphi(t,t_0)$，低轨卫星的位置可以与初始位置、速度和动力学模型参数建立联系，表示为

$$X(t) = \boldsymbol{\varphi}(t, t_0)\boldsymbol{O}_{r,0} \tag{6.38}$$

$$\boldsymbol{O}_{r,0} = (x_0, y_0, z_0, v_x, v_y, v_z, p_{r,1}, p_{r,2}, \cdots, p_{r,n})^{\mathrm{T}} \tag{6.39}$$

式中：$\boldsymbol{O}_{r,0}$ 为低轨卫星的初始状态向量；x_0、y_0、z_0 为低轨卫星在初始历元的位置；v_x、v_y、v_z 为低轨卫星在初始历元的速度；$p_{r,1}, p_{r,2}, \cdots, p_{r,n}$ 为待求的动力学模型参数，包括光压参数、大气阻力参数及经验力模型参数。

因此，在简化动力学定轨过程中，所有待估参数可以表示为

$$X = (\boldsymbol{O}_{r,0}, t_r, \tilde{N}_{r,\mathrm{IF}}^s)^{\mathrm{T}} \tag{6.40}$$

$$\bar{N}_{r,\mathrm{IF}}^s = N_{r,\mathrm{IF}}^s + B_{r,\mathrm{IF}} - B_{\mathrm{IF}}^s \tag{6.41}$$

宽巷模糊度可以通过 HMW（Hatch-Melbourne-Wübbena）组合计算得到，窄巷模糊度则可以利用整周 WL 模糊度和估计的 IF 模糊度计算得到。浮点的 WL 和 NL 模糊度可以表示为

$$R_r^s = \bar{N}_r^s - N_r^s = d_r - d^s \tag{6.42}$$

式中：R_r^s 为浮点模糊度的小数部分；$\bar{N}_r^s$ 和 N_r^s 为浮点和对应的整周模糊度；d_r 和 d^s 分别为接收机端和卫星端的 UPD（Li et al.，2022）。

基于 GNSS 卫星和接收机之间的模糊度，GNSS 卫星的相位小数偏差可利用最小二乘法精确估计得到。基于低轨星载观测数据的 UPD 估计流程如图 6.46 所示。

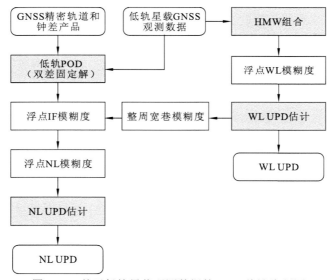

图 6.46　基于低轨星载观测数据的 UPD 估计流程图

6.5.3　基于低轨卫星星载数据的伪距/相位偏差估计结果

1. 基于低轨卫星星载数据的伪距偏差估计性能评估

为了研究星载数据估计 DCB 的性能情况，选取 MetOp-A/B、Sentinel-1A/1B/2A/2B/3A、Kompsat-5、TerraSAR-X、Swarm-A/B/C 共计 12 颗处于不同轨道高度的低轨卫星数据。数据时间段为 2018 年 DOY 061（3 月 2 日）至 DOY 120（4 月 30 日），共计 60 天。这 12 颗低轨卫星的轨道高度、发射时间及采样间隔等信息如表 6.15 所示（马腾州，2019）。

表 6.15　所用低轨卫星数据的轨道与码类型等信息

卫星名称	轨道高度/km	轨道倾角/（°）	采样间隔/s	发射时间	轨道回归周期/天	接收机类型
MetOp-A	817	98.74	1	20061019	29	GRAS
MetOp-B	817	98.74	1	20120917	29	GRAS
Sentinel-3A	814.5	98.65	1	20160216	27	OLCI
Sentinel-2A	786	98.82	10	20150623	5	MSI
Sentinel-2B	786	98.82	10	20170307	5	MSI
Sentinel-1A	693	98.18	10	20140403	12	C-SAR
Sentinel-1B	693	98.18	10	20160425	12	C-SAR
Kompsat-5	550	97.6	10	20130822	28	IGOR
TerraSAR-X	514	97.44	10	20070615	11	IGOR
Swarm-B	511	87.75	1	20131122	6	GPSR
Swarm-A	462	87.35	1	20131122	6	GPSR
Swarm-C	462	87.35	1	20131122	6	GPSR

注：GRAS 为 GPS receiver for atmospheric sounding 的缩写；OLCI 为 ocean and land color instrument 的缩写；MSI 为 multispectral instrument 的缩写；C-SAR 为 C-band synthetic aperture radar 的缩写；IGOR 为 integrated GPS occultation receiver 的缩写；GPSR 为 GPS receiver 的缩写。

由表 6.15 可知，所用低轨卫星轨道高度为 462~817 km，且每 100 km 段内的低轨卫星数量至少有 2 颗，这对研究电离层对 DCB 估计的影响十分有利。同时，这 12 颗低轨卫星有不同的采样间隔，为了更好地比较不同低轨卫星数据对 DCB 估计的影响，控制影响 DCB 估计的变量，将所有数据的采样间隔都设置为 10 s。

值得一提的是，由于 TerraSAR-X 卫星在 DOY 076、082、083、103~107 这 8 天中数据较少，Kompsat-5 卫星在 DOY 103~108 这 6 天中数据较少，TerraSAR-X 和 Kompsat-5 卫星在这些天的数据不会被用于估计 DCB。表 6.16 给出了针对 12 颗低轨卫星星载数据的具体处理策略。

表 6.16　利用星载 GNSS 数据估计 DCB 的处理策略

类别	处理策略
卫星系统	GPS
观测数据	双频码伪距和双频载波相位
采样间隔/s	10
DCB 估计方法	载波相位平滑伪距法
导航卫星轨道与钟差	广播星历
周跳探测	TurboEdit 算法
电离层延迟	逐历元估计垂直总电子含量
截止高度角	相位平滑伪距的截止高度角为 15°，建模估计的截止高度角为 30°
相位缠绕	名义姿态改正
码伪距多路径	建模估计
观测值权比	高度角定权

类别	处理策略
卫星端与接收机端 DCB 分离	"零均值"重心基准
等离子层有效高度	中心函数，根据 F10.7 和轨道高度确定
估计器	LSQ
DCB 估计码类型	C1C-C2W（C1-P2）

图 6.47～图 6.58（马腾州，2019）根据轨道高度依次列出了 MetOp-A/B、Sentinel-3A/2A/2B/1A/1B、Kompsat-5、TerraSAR-X 及 Swarm-B/A/C 的低轨卫星接收机多路径误差示意图，每幅图均由 30 天的数据叠加而成，网格分辨率为 $2° \times 2°$。圆的半径表示高度角，离圆心越近高度角越高（最高为 $90°$）；圆的角度表示方位角，且以卫星前进方向为 $0°$。图中 CA 表示 GPS 数据的 C1 码（C1C），P1 和 P2 分别表示 GPS 数据的 P1 码（C1W）和 P2 码（C2W）。该多路径示意图的方位角和高度角在天线参考框架（antenna reference frame，ARF）下计算得到，而 ARF 又是基于卫星固定框架（satellite body-fixed frame，SBF）而定义的。SBF 的定义为：框架中心为低轨卫星的质量中心（center of mass，COM），X 轴的正方向指向低轨卫星的速度方向，Z 轴的正方向指向地球质心，Y 轴与 X 轴和 Z 轴构成右手系，即 $Z = X \times Y$；ARF 的 X 轴正方向和 Y 轴正方向与 SBF 一致，只是其 Z 轴与 SBF 的 Z 轴指向相反（Li et al，2018）。

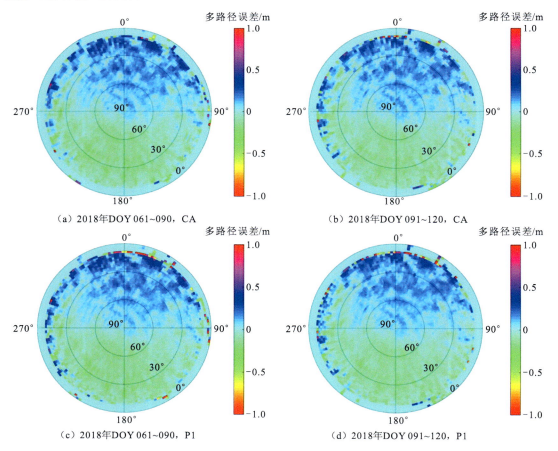

(a) 2018 年 DOY 061～090，CA　　　　　(b) 2018 年 DOY 091～120，CA

(c) 2018 年 DOY 061～090，P1　　　　　(d) 2018 年 DOY 091～120，P1

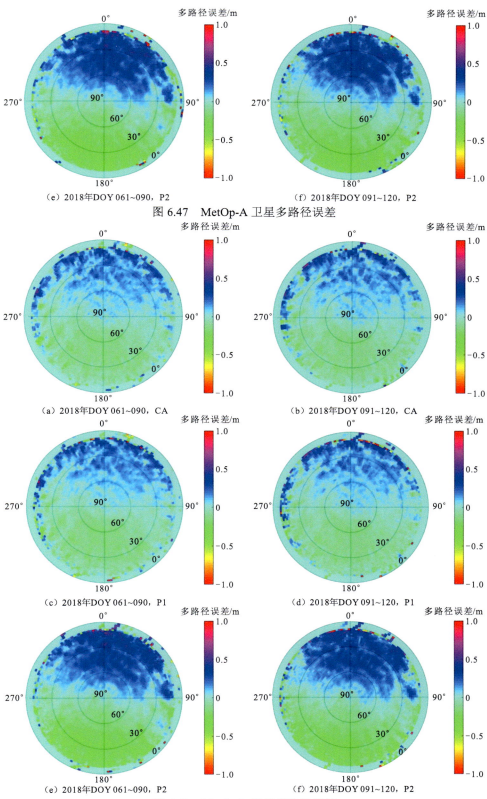

（e）2018年DOY 061~090，P2　　　　　　　　　（f）2018年DOY 091~120，P2

图 6.47　MetOp-A 卫星多路径误差

（a）2018年DOY 061~090，CA　　　　　　　　　（b）2018年DOY 091~120，CA

（c）2018年DOY 061~090，P1　　　　　　　　　（d）2018年DOY 091~120，P1

（e）2018年DOY 061~090，P2　　　　　　　　　（f）2018年DOY 091~120，P2

图 6.48　MetOp-B 卫星多路径误差

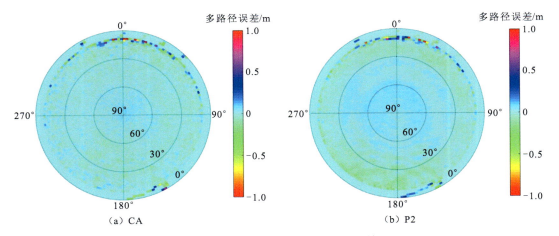

图 6.49　Sentinel-3A 卫星多路径误差

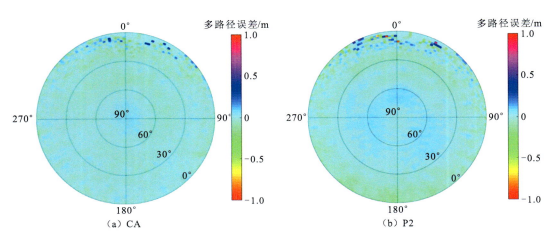

图 6.50　Sentinel-2A 卫星多路径误差

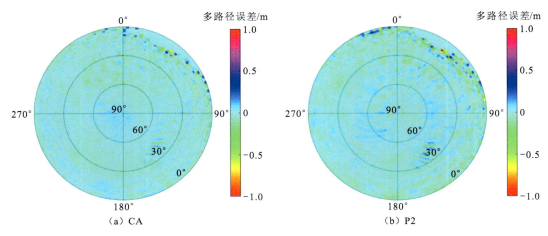

图 6.51　Sentinel-2B 卫星多路径误差

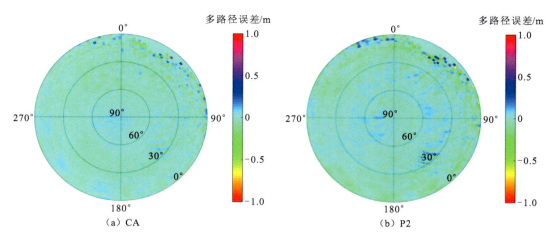

图 6.52　Sentinel-1A 卫星多路径误差

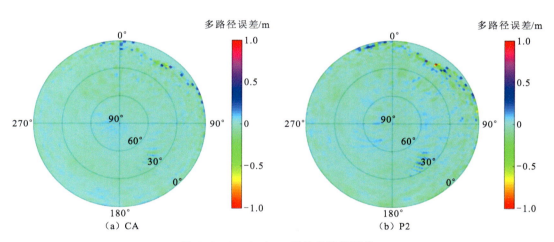

图 6.53　Sentinel-1B 卫星多路径误差

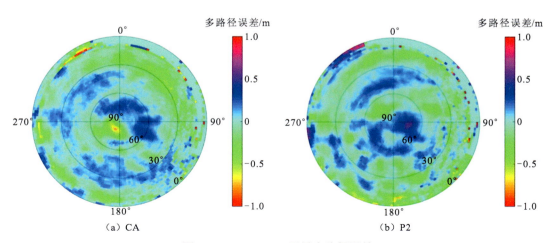

图 6.54　Kompsat-5 卫星多路径误差

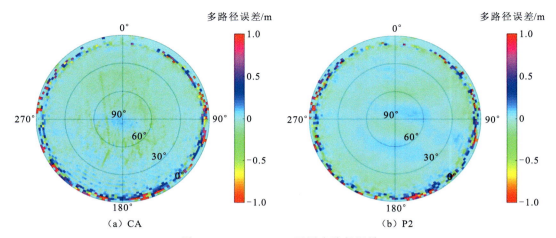

（a）CA （b）P2

图 6.55 TerraSAR-X 卫星多路径误差

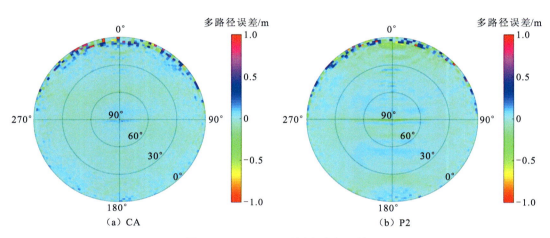

（a）CA （b）P2

图 6.56 Swarm-B 卫星多路径误差

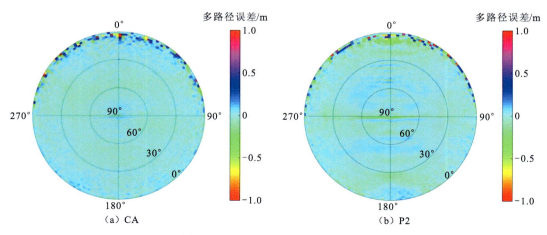

（a）CA （b）P2

图 6.57 Swarm-A 卫星多路径误差

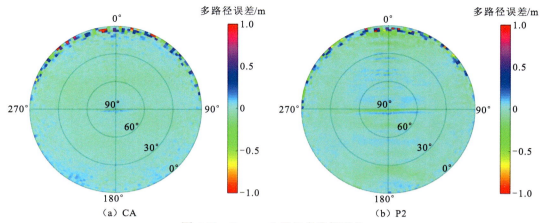

图 6.58　Swarm-C 卫星多路径误差

（a）CA　　　　　　　　　　（b）P2

利用 CHAMP 卫星 2003 年一整年的数据绘制了 12 个月的 C1 码的多路径效应分布图，发现 CHAMP 卫星的多路径效应在这 12 个月中十分稳定。用 2018 年 DOY 061～090 和 2018 年 DOY 091～120 的数据分别绘制了 MetOp-A/B 等 12 颗低轨卫星 CA、P1 和 P2 的多路径误差分布。图 6.47 和图 6.48 比较了基于不同时段的 MetOp-A/B 的多路径误差分布情况。可以看出，2018 年 DOY 061～090 和 2018 年 DOY 091～120 数据绘制的 CA、P1 和 P2 码的多路径效应分布及量级基本相同，表明低轨卫星接收机的多路径误差大小和分布十分稳定。

从图 6.47 和图 6.48 中还可发现，MetOp-A/B 卫星的多路径误差分布与飞行方向密切相关，所有码类型的多路径误差分布都集中在前半球，后半球的多路径基本为零，且多路径效应在 0°～90° 高度角情况下都显著存在。除此之外，还可发现 CA 码与 P1 码的多路径误差分布基本相同，都较为稀疏，量级在 0.2 m 左右，而 P2 码的多路径误差分布较为密集，量级在 0.4 m 左右，说明对于 MetOp-A/B 卫星，P2 码的多路径误差较为严重。

图 6.49～图 6.53 为 Sentinel 系列低轨卫星的多路径误差分布示意图，从图中可以发现，相比于 MetOp-A/B 卫星，Sentinel 系列所有低轨卫星的多路径效应并没有明显与飞行路径方向相关的分布特点，且量级都小于 0.1 m。其多路径效应较小的原因可能是 Sentinel 系列低轨卫星的星载 GNSS 接收机采用了较好的多路径抑制技术。值得一提的是，Sentinel 系列低轨卫星的 CA 码多路径效应在高高度角区域（高度角大于 60°）比较明显，Sentinel 系列低轨卫星的 P2 码多路径效应在中高高度角区域（高度角大于 30° 小于等于 60°）比较明显，尤其是 Sentinel-3A 和 Sentinel-2A 卫星。

图 6.54 为 Kompsat-5 卫星的多路径误差分布示意图。从图中可以发现，Kompsat-5 卫星所有码类型的多路径量级在 0.4 m 左右，其分布也与卫星飞行方向不相关。CA 码的多路径在方位角 180°～270°，高度角大于 60° 的区域有一明显的量级为-0.7 m 的多路径现象。P2 码的多路径在方位角 90°，高度角大于 60° 处也有一块区域多路径效应量级在 0.7 m。除此之外还可发现，Kompsat-5 卫星所有码类型的多路径效应主要分布在高度角大于 30° 的中高高度角区域。

图 6.55 为 TerraSAR-X 卫星的多路径误差分布示意图。从图中可以发现，TerraSAR-X 卫星的多路径在高度角小于 15° 区域较为明显，可以达到 ±0.8 m 的量级，而在高度角大于

15°的区域，量级急剧减小，小于 0.1 m，在高度角大于 60°的区域也有较明显的多路径现象。TerraSAR-X 卫星的多路径主要分布在后半球，即低轨卫星运行方向相反的方向。

图 6.56～图 6.58 分别展示了 Swarm-B、Swarm-A 和 Swarm-C 卫星的多路径误差分布示意图。可以发现，三颗 Swarm 卫星都采用了较好的多路径抑制技术，整体上量级都小于 0.1 m。在高度角小于 15°的区域，多路径主要分布在前半球，即低轨卫星前进方向，量级为 0.5～0.8 m。Swarm-B/A/C 卫星的 CA 码与 P1 码的多路径基本以低轨卫星前进方向为对称轴，呈现对称分布的特点。CA 码的多路径主要集中在高度角大于 60°和高度角小于 30°的区域，在高度角介于 30°和 60°的区域基本没有多路径现象。而 P2 码多路径在高度角介于 30°和 60°的区域有较为明显的多路径现象，且在高度角接近 90°区域有一明显的水平方向多路径现象存在。

从不同低轨卫星系列的多路径图可以发现，相同系列的低轨卫星具有类似的多路径效应，如 MetOp-A 与 MetOp-B 卫星相似、Sentinel-1B 与 Sentinel-1A 卫星相似及 Swarm-A 与 Swarm-C 卫星相似。这一现象的产生是合理的，因为多路径效应是由不同信号路径的干扰信号和导航卫星的直接信号叠加产生的，而低轨卫星的多路径效应与低轨卫星表面产生的信号反射密切相关。同一系列的低轨卫星通常也会采用相似的低轨卫星形状设计和采用相近的多路径抑制技术，导致同一类型的低轨卫星有类似的多路径现象。不仅如此，MetOp-A 与 MetOp-B 卫星、Sentinel-1B 与 Sentinel-1A 卫星及 Swarm-A 与 Swarm-C 卫星具有相同的轨道高度，使它们所处的空间环境接近，这也会导致它们的多路径相似。虽然 Swarm-B 与 Swarm-A、Swarm-C 卫星处于不同的轨道高度，但是却显示出了相似的多路径误差分布，可能的原因是这两个轨道高度的空间环境相近。值得一提的是，Sentinel-2B 和 Sentinel-2A 卫星处于相同的轨道高度，也采用了相同的接收机类型，但是却显示出了不同的多路径误差分布，这一现象需要进一步研究分析。

通过以上对采用的低轨卫星数据的多路径现象进行分析，可以发现：不同低轨卫星有不同的多路径效应，量级也不尽相同。在地基数据处理过程中，多路径具有零均值分布的假设在星载数据处理中并不适用。星载数据的多路径效应会对伪距造成较大的干扰，影响伪距精度及载波相位平滑伪距的精度。因此，在利用低轨卫星数据进行 DCB 估计时，应当对多路径现象造成的误差予以考虑。

利用低轨卫星多路径在高度角和方位角的分布图，可以在相位平滑伪距之前，对低轨卫星数据的码伪距观测量直接扣除多路径误差，进而利用 6.5.1 节介绍的方法估计 GNSS 导航卫星 DCB。本节分别利用 Sentinel 系列卫星、Swarm 系列卫星、MetOp 系列卫星、Kompsat-5 和 TerraSAR-X 卫星共计 12 颗不同轨道高度的低轨卫星数据进行导航卫星 DCB 估计。

图 6.59（马腾州，2019）展示了利用星载方法估计的 DCB 与 DLR 和 CAS 发布的 DCB 产品之间在 60 天内的平均偏差，其中蓝色圆点表示星载数据估计的 DCB 与 DLR 产品的平均偏差，红色十字架表示星载数据估计的 DCB 与 CAS 产品的平均偏差。从图中可以看出，所有低轨卫星星载数据估计的导航卫星 DCB 与 DLR 和 CAS 发布的产品的平均偏差都在 1.5 ns 以内，大多数卫星的平均偏差分布在 1 ns 以内，且 Kompsat-5 和 TerraSAR-X 卫星星载数据估计的导航卫星 DCB 与 DLR 和 CAS 发布的产品的符合性较好，其所有卫星的平均偏差在 1 ns 以内。这一偏差与之前学者的研究基本一致。从图中也可发现，MetOp-A

与 MetOp-B 卫星、Sentinel-1A 与 Sentinel-1B 卫星及 Swarm-A 与 Swarm-C 卫星星载数据估计的所有导航卫星 DCB 与机构产品的平均偏差分布十分接近,这些低轨卫星的码多路径误差分布和量级也很接近,其可能的原因为 MetOp-A 与 MetOp-B 卫星、Sentinel-1A 与 Sentinel-1B 卫星、Swarm-A 与 Swarm-C 卫星都处于同一轨道高度,所处的空间环境相近,且都采用了同一类型接收机。值得一提的是,Sentinel-3A 与 Sentinel-2A 卫星虽然处于不同轨道高度,也采用了不同的接收机类型,但其与机构产品的平均偏差分布却十分接近,这一原因有待进一步研究分析。从图中还可看出,所有低轨卫星估计的 G23 DCB 都显示出了与 DLR 和 CAS 产品之间较大的偏差,该卫星的 DCB 偏差都在 1~1.5 ns,这一现象也需要进一步深入研究分析。

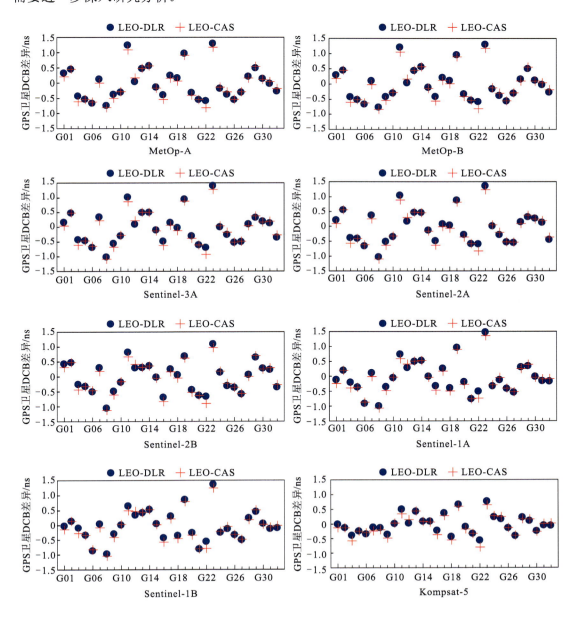

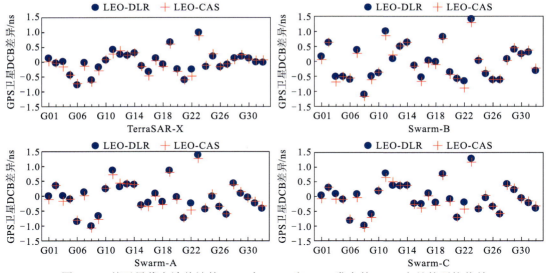

图 6.59　基于星载方法估计的 DCB 与 DLR 和 CAS 发布的 DCB 产品的平均偏差

进一步将这 12 颗低轨卫星估计的所有导航卫星 DCB 与 DLR 和 CAS 发布的产品之间的平均偏差取绝对值，并除以导航卫星数目，得到绝对平均偏差的均值，列于表 6.17（马腾州，2019）。从表中可以看出，星载数据估计的所有导航卫星与 DLR 和 CAS 产品的绝对平均偏差的均值为 0.25～0.5 ns，且绝对平均偏差的均值大小与轨道高度并无关系（从上到下，低轨卫星轨道高度依次减小）。整体而言，Kompsat-5 与 TerraSAR-X 卫星数据估计的DCB 与机构发布的产品一致性最好，而 Swarm-B 卫星数据估计的 DCB 与机构发布的产品一致性最差。

表 6.17　基于星载方法估计的所有卫星 DCB 与 DCB 产品的平均绝对偏差　（单位：ns）

卫星名称	DLR	CAS
MetOp-A	0.434	0.431
MetOp-B	0.426	0.424
Sentinel-3A	0.441	0.448
Sentinel-2A	0.443	0.450
Sentinel-2B	0.428	0.433
Sentinel-1A	0.410	0.419
Sentinel-1B	0.385	0.398
Kompsat-5	0.259	0.286
TerraSAR-X	0.258	0.279
Swarm-B	0.471	0.482
Swarm-A	0.388	0.403
Swarm-C	0.377	0.284

图 6.60 分别给出了 12 颗低轨卫星星载数据估计的 DCB 天与天之间的稳定性（马腾州，2019），为了方便比较，CAS 和 DLR 发布的 DCB 产品的天与天之间的稳定性也一并画出，作为参考。图中，蓝色柱状图表示基于低轨卫星星载数据估计的 DCB 结果，红色和绿色

柱状图分别表示 DLR 和 CAS 提供的 DCB 结果。值得一提的是，图中从上到下，低轨卫星轨道高度依次减小。

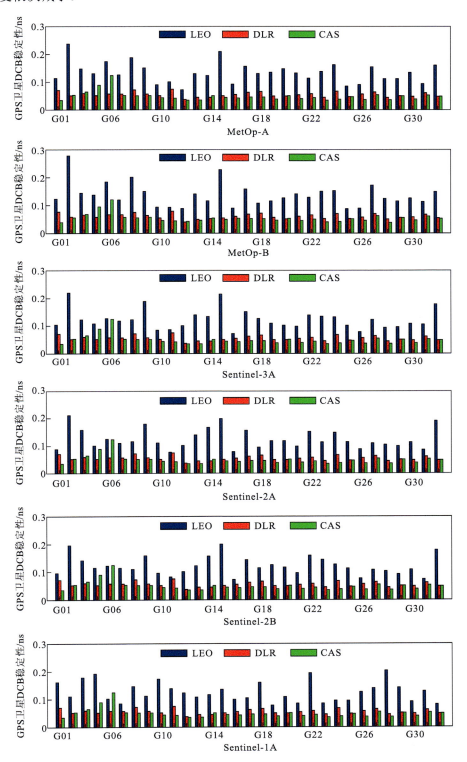

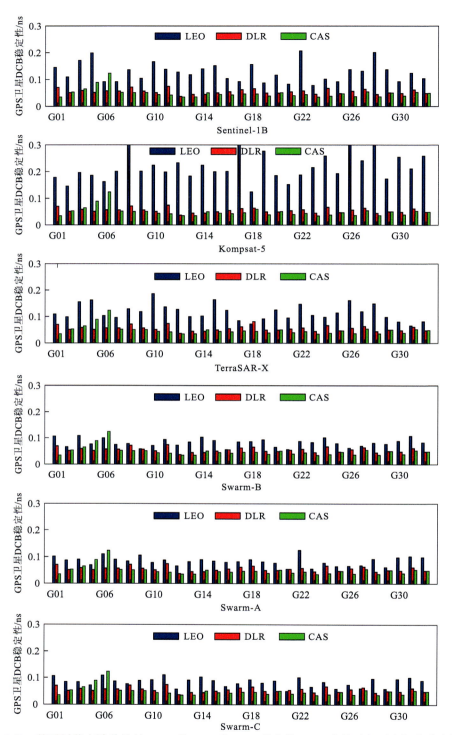

图 6.60　基于星载方法估计的 DCB 及 DLR 和 CAS 发布的 DCB 产品天与天之间的稳定性

　　从图 6.60 中可以看出，所选的 12 颗低轨卫星星载数据估计的 DCB 天与天之间的稳定性有明显的区别，整体而言，MetOp-A、MetOp-B、Sentinel-3A、Sentinel-2A、Sentinel-2B、Sentinel-1A、Sentinel-1B 和 TerraSAR-X 卫星估计的 DCB 天与天之间的稳定性在 0.1～

0.2 ns，Swarm-B、Swarm-A 和 Swarm-C 卫星估计的 DCB 天与天之间的稳定性优于 0.1 ns，而 Kompsat-5 卫星估计的 DCB 天与天之间的稳定性在 0.2 ns 附近波动，少数卫星可达 0.4 ns。不同低轨卫星数据估计的导航卫星 DCB 稳定性并不相同，这一现象可能与低轨卫星搭载的接收机类型有关。从图中可以以看出，MetOp-A 与 MetOp-B 卫星、Sentinel-2A 与 Sentinel-2B 卫星、Sentinel-1A 与 Sentinel-1B 卫星，Swarm-B、Swarm-A 与 Swarm-C 卫星数据估计的卫星 DCB 天与天之间的稳定性分布十分相近，而它们之间都搭载了相同的接收机类型。Kompsat-5 卫星估计的卫星 DCB 天与天之间的稳定性较差的原因需要进一步研究分析。从图中还可以看出，MetOp-A、MetOp-B、Sentinel-3A、Sentinel-2A、Sentinel-2B 卫星数据估计的卫星 DCB 天与天之间的稳定性中，G02、G14 和 G32 显示出了较大的 STD，而在 Sentinel-1A、Sentinel-1B、TerraSAR-X、Swarm-B、Swarm-A 和 Swarm-C 卫星数据估计的卫星 DCB 天与天之间的稳定性中，这几颗卫星的稳定性却并不差，这一现象需要进一步研究。

进一步统计这 12 颗低轨卫星估计的导航卫星 DCB 与 DLR 和 CAS 发布的 DCB 产品天与天之间稳定性的均值，并列于表 6.18 中（马腾州，2019）。可以看出，从上到下低轨卫星轨道高度逐渐降低。此外，星载数据估计的所有导航卫星的稳定性均值与产品存在较大的差异，这一差异是合理的，因为基于低轨卫星数据估计 DCB 时，可利用的观测值较少，其解的强度较弱，而 DLR 和 CAS 提供的产品是由地面数百个跟踪网测站的数据联合估计得到的，其观测数据远远多于单颗低轨卫星的观测数据。除此之外，由于低轨卫星的快速运动特性，其运行速度大约为 7 km/s，在载波相位平滑伪距过程中，平滑弧段较短，而平滑的伪距精度又受平滑弧段的影响，导致其结果比地面站估计的 DCB 稳定性差。值得一提的是，利用星载数据估计 DCB 时，假设星载接收机上方的 STEC 呈球对称分布，由于高轨道的低轨卫星星载数据受到电离层影响较小，这一假设条件比较适用于高轨道的低轨卫星，而低轨道的低轨卫星星载数据容易受电离层的影响而破坏该假设条件。但从表中可以看出，随着轨道高度的降低，低轨卫星星载数据估计的 DCB 天与天之间的稳定性呈现更稳定的趋势（由于 Kompsat-5 卫星稳定性较差，将该卫星排除在外），这一现象产生的原因可能为：星载数据估计的 DCB 稳定性更多地与星载卫星接收机性能的优劣有关。

表 6.18　基于星载方法估计的所有卫星 DCB 与 DCB 产品的平均稳定性　　（单位：ns）

卫星名称	LEO	DLR	CAS
MetOp-A	0.134		
MetOp-B	0.137		
Sentinel-3A	0.123		
Sentinel-2A	0.125		
Sentinel-2B	0.121		
Sentinel-1A	0.125	0.055	0.049
Sentinel-1B	0.127		
Kompsat-5	0.221		
TerraSAR-X	0.117		
Swarm-B	0.082		
Swarm-A	0.084		
Swarm-C	0.083		

与地面测站周边环境变化缓慢不同，低轨卫星通常每两小时可绕地球一圈，其频繁进出昼夜地区，且接收机周边空间环境变化也十分迅速。因此，深入研究分析低轨卫星 DCB 的时间序列并研究其特性具有十分重要的科学和应用价值。本节分别利用 MetOp-A、MetOp-B、Sentinel-3A、Sentinel-2A、Sentinel-2B、Sentinel-1A、Sentinel-1B、Kompsat-5、TerraSAR-X、Swarm-B、Swarm-A 及 Swarm-C 这 12 颗低轨卫星数据估计接收机 DCB，并对其进行详细分析。

图 6.61 给出了 12 颗低轨卫星接收机的 DCB 时间序列（马腾州，2019），从图中可以看出，这 12 颗低轨卫星的 DCB 变化幅度都在 1 ns 之内，Kompsat-5 卫星 DCB 显示出了较大的 STD，而 Kompsat-5 卫星星载数据估计的导航卫星 DCB 也有较大的 STD，其原因可能为 Kompsat-5 卫星的接收机观测质量较差。从图中还可看出，低轨卫星的时间序列波动并不相同，即使是相同轨道高度及相同接收机类型的低轨卫星之间，其 DCB 时间序列也并不一致，这一现象的原因可能为：低轨卫星接收机 DCB 易受空间环境的影响，而不同低轨卫星的运行环境并不相同，进而导致不同低轨卫星的接收机 DCB 时间序列不一致。

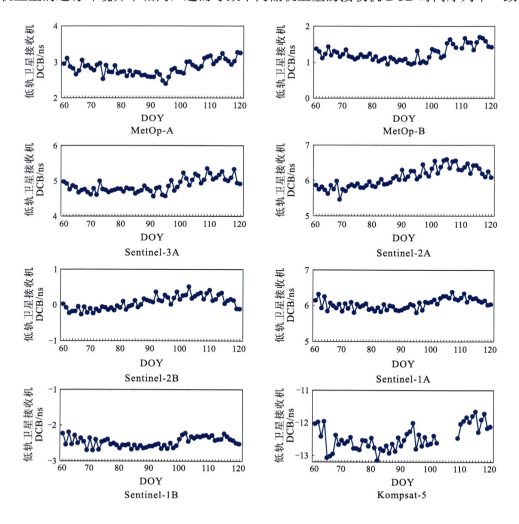

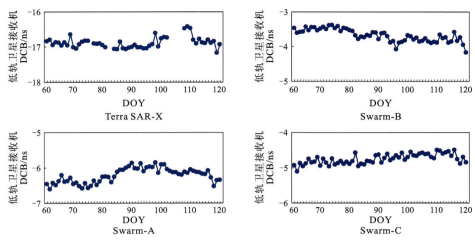

图 6.61 低轨卫星 DCB 在 2018 年 DOY 060～120 的时间序列

进一步将低轨卫星接收机 DCB 的时间序列均值和相应的 STD 列于表 6.19。从表中可以看出，低轨卫星接收机稳定性最好的是 Sentinel-1A，其 STD 为 0.135 ns，稳定性最差的为 Kompsat-5，其 STD 为 0.361 ns。在对星载数据估计的 GNSS 导航卫星 DCB 天与天之间稳定性进行的分析中，Swarm 系列低轨卫星能够获得最稳定的导航卫星 DCB 时间序列，而 Swarm 系列低轨卫星的接收机 DCB 却并没有最稳定，而是呈现了较大的差异。其原因可能为不同低轨卫星运行路径的周围环境不同，导致不同低轨卫星接收机 DCB 有不同的变化。

表 6.19　基于星载数据估计的低轨卫星 DCB 的均值及 STD

卫星名称	均值/ns	STD/ns
MetOp-A	2.825	0.213
MetOp-B	1.230	0.203
Sentinel-3A	4.850	0.206
Sentinel-2A	6.037	0.255
Sentinel-2B	0.034	0.180
Sentinel-1A	6.016	0.135
Sentinel-1B	−2.493	0.141
Kompsat-5	−12.449	0.361
TerraSAR-X	−16.900	0.145
Swarm-B	−3.676	0.183
Swarm-A	−6.217	0.215
Swarm-C	−4.768	0.138

采用 6.5.1 小节介绍的星载数据 DCB 估计方法时，VTEC 与接收机 DCB 高度相关，因此等离子层的变化特性会影响接收机的 DCB 变化。通常情况下，地磁变化情况及太阳活

动情况可以反映等离子层的变化特性。扰动风暴时间（disturbed storm time，DST）指数可以反映高纬度和低纬度的地磁情况；F10.7 指数与影响等离子层电离辐射的极端紫外线高度相关，以太阳通量单位（solar flux unit，SFU）为单位，可以反映太阳活动的情况。国内外学者常用 DST 和 F10.7 指数来反映地磁活跃情况和太阳活动情况。为了充分分析影响低轨卫星接收机 DCB 的因素，进一步分析了这 12 颗低轨卫星的接收机时间序列与 DST、F10.7 指数的关系，并将其绘于图 6.62 中（马腾州，2019）。为了方便比较，低轨卫星接收机 DCB 也一并画出（以 MetOp-A 卫星为例）。从图中可以看出，在 2018 年 DOY 060～110，DST 指数整体在-40～40 nT 波动，F10.7 指数在 65～80 SFU 波动，说明此处研究时间段的地磁活动和太阳活动较为平静，并不活跃。除此之外，可以发现在 DOY 110～120，DST 和 F10.7 指数都呈现上升趋势，而 MetOp-A 卫星的接收机 DCB 却是先上升后下降；DST 在 DOY 110 前后发生了向下跳变，虽然 MetOp-A 卫星的接收机 DCB 也向下波动，但其波动属于正常波动，并不属于异常波动。

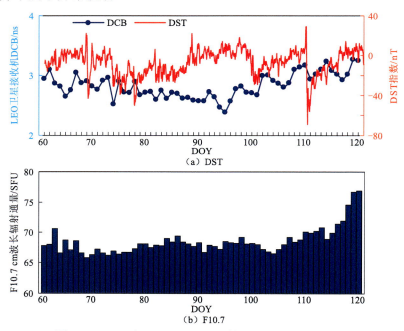

图 6.62　2018 年 DOY 060～120 的 DST 和 F10.7 指数图

进一步将 12 颗低轨卫星在这 60 天的时间序列与 DST 和 F10.7 指数做相关性分析，并将相关性分析结果呈现在表 6.20 中（马腾州，2019）。可以看出，MetOp-A 卫星的接收机 DCB 与 DST 指数的相关系数为-0.03，说明两者基本不相关。MetOp-A 卫星的接收机 DCB 与 F10.7 指数的相关系数为 0.48，属于中度相关。从表中还可发现，所有低轨卫星接收机 DCB 与 DST 指数的相关系数绝对值小于等于 0.3，说明此处采用的低轨卫星接收机 DCB 与 DST 指数基本不相关。所有低轨卫星接收机 DCB 与 F10.7 指数的相关系数有高有低，相关系数的绝对值在 0～0.5，其中 Sentinel-2B、TerraSAR-X 和 Swarm-A 卫星接收机 DCB 与 F10.7 指数的相关系数分别为 0.07、-0.03 和 0.02，说明其与 F10.7 指数不相关，而 MetOp-A、MetOp-B 和 Swarm-B 低轨卫星接收机 DCB 与 F10.7 指数的相关系数分别为 0.48、0.49 和-0.51，说明其与 F10.7 指数分别为中度正相关、中度正相关和中度负相关，虽然都为中等程度相关，但也呈现了正负相关的两种情况。根据上述分析，可以认为低轨卫星接收机 DCB 的时间序列波动不受 DST 指数、F10.7 指数的影响。虽然 DST 和 F10.7 指数可以描述地磁和太阳活动情况，但其描述的是整个空间环境，并不能详细地描述低轨卫星运行过程中的周围空间环境。由于目前无法获得温度探针等描述低轨卫星运行过程中的周围空间环境的数据，影响低轨卫星接收机 DCB 的时间序列波动的因素需要进一步研究分析。

表 6.20　低轨卫星 DCB 与 DST 和 F10.7 的相关系数一览表

卫星名称	DST	F10.7
MetOp-A	−0.03	0.48
MetOp-B	−0.01	0.49
Sentinel-3A	−0.02	0.38
Sentinel-2A	0.15	0.26
Sentinel-2B	0.09	0.07
Sentinel-1A	−0.08	0.16
Sentinel-1B	−0.09	0.16
Kompsat-5	0.07	0.44
TerraSAR-X	−0.20	−0.03
Swarm-B	−0.30	−0.51
Swarm-A	0.18	0.02
Swarm-C	−0.03	0.16

2. 基于低轨卫星星载数据的相位偏差估计性能评估

本小节主要对基于低轨卫星星载数据的相位偏差估计性能进行全面评估，分析研究不同低轨卫星数量对 UPD 估计的影响，展示基于低轨卫星估计的 GPS 宽巷和窄巷 UPD 结果。为了对比分析，给出基于地面测站估计的宽巷和窄巷 UPD 结果。首先，为了评估低轨卫星数量对 UPD 估计的影响，本部分设计三种不同低轨卫星数量的方案，如表 6.21 所示（刘格格，2021）。用于 UPD 估计的 7 颗低轨卫星方案包含 Swarm-A、Swarm-B、Swarm-C、Jason-3、Sentinel-3A、Sentinel-3B 和 TerraSAR-X 卫星，然后增加 GRACE-C 卫星作为 8 颗低轨卫星的方案，在此基础上继续增加 GRACE-D 卫星作为 9 颗低轨卫星方案。

表 6.21　不同低轨卫星数量的方案

方案	低轨卫星
7 颗低轨卫星	Swarm-A、Swarm-B、Swarm-C、Jason-3、Sentinel-3A、Sentinel-3B、TerraSAR-X
8 颗低轨卫星	Swarm-A、Swarm-B、Swarm-C、Jason-3、Sentinel-3A、Sentinel-3B、TerraSAR-X、GRACE-C
9 颗低轨卫星	Swarm-A、Swarm-B、Swarm-C、Jason-3、Sentinel-3A、Sentinel-3B、TerraSAR-X、GRACE-C、GRACE-D

2019 年 DOY 206～215 的 GPS 卫星宽巷 UPD 结果如图 6.63 所示（刘格格，2021），

DOY 214 的窄巷 UPD 结果在图 6.64 中给出（刘格格，2021），从左到右依次给出了基于 7 颗、8 颗和 9 颗低轨卫星星载观测数据估计得到的 UPD 结果。从图中可以看出，基于这三种方案得到的宽巷和窄巷 UPD 结果都非常一致。进一步统计每种方案对应 UPD 估计结果的 STD，结果在表 6.22 中给出（刘格格，2021）。对于宽巷 UPD，这三种方案得到的结果没有明显的差异，9 颗低轨卫星方案的 STD 为 0.024 周。而基于 7 颗、8 颗和 9 颗低轨卫星得到的窄巷 UPD 的平均 STD 分别为 0.097 周、0.090 周和 0.083 周。也就是说，在这三种方案中，基于 9 颗低轨卫星估计得到的 UPD 结果表现最好。随着可用低轨卫星数量的增加，基于低轨卫星的 UPD 估计结果稳定性有望得到进一步提升。

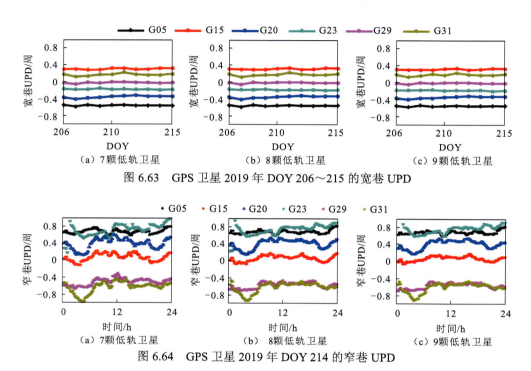

图 6.63　GPS 卫星 2019 年 DOY 206～215 的宽巷 UPD

图 6.64　GPS 卫星 2019 年 DOY 214 的窄巷 UPD

表 6.22　GPS 卫星宽巷和窄巷 UPD 的平均 STD　　　　　（单位：周）

卫星工作模式	方案		
	7 颗低轨卫星	8 颗低轨卫星	9 颗低轨卫星
宽巷	0.027	0.026	0.024
窄巷	0.097	0.090	0.083

为了比较基于低轨卫星和地面测站的 UPD 估计结果，选取 106 个全球均匀分布的 IGS 测站，详细分析基于 9 颗低轨卫星和基于 106 个 IGS 测站估计的 GPS 宽巷、窄巷 UPD 结果。

图 6.65 和图 6.66（刘格格，2021）给出了 10 天的宽巷 UPD 和 DOY 214 的窄巷 UPD 估计结果，从左到右依次是基于地面测站和基于低轨卫星的估计结果。两种估计方法得到的宽巷 UPD 结果一致性较高，然而基于 9 颗低轨卫星估计的窄巷 UPD 表现出了较差的稳定性，这可能是受限于低轨卫星的数量和轨道精度。宽巷和窄巷 UPD 的 STD 分别在图 6.67 的上、下子图中给出（刘格格，2021），从左到右依次是基于地面测站和基于低轨卫星的

UPD STD。GPS 卫星的宽巷、窄巷 UPD 的平均 STD 进一步在表 6.23 中给出（刘格格，2021）。可以看出，宽巷 UPD 的 STD 都在 0.05 周以内，基于地面测站和基于低轨卫星的 STD 分别是 0.016 周和 0.024 周。对于窄巷 UPD，基于地面测站估计结果的 STD 都在 0.03 周以内，平均 STD 为 0.017 周。然而，基于低轨卫星估计的窄巷 UPD 稳定性较差，平均 STD 为 0.083 周。

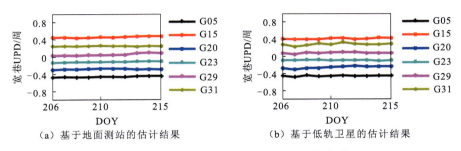

图 6.65　GPS 卫星 2019 年 DOY 206～215 的宽巷 UPD

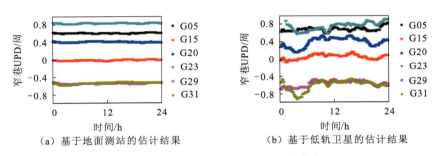

图 6.66　GPS 卫星 2019 年 DOY 214 的窄巷 UPD

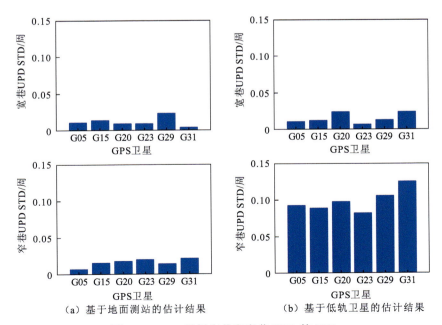

图 6.67　GPS 卫星宽巷和窄巷 UPD 的 STD

表 6.23　GPS 卫星宽巷和窄巷 UPD 的平均 STD　　　　　（单位：周）

卫星工作模式	基于地面测站	基于低轨卫星
宽巷	0.016	0.024
窄巷	0.017	0.083

本小节将 UPD 残差定义为移除掉 UPD 后模糊度的小数部分。为了进一步评估基于地面测站和低轨卫星的 UPD 估计结果，进一步计算了宽巷和窄巷的 UPD 残差。图 6.68 给出了 2019 年 DOY 208 的宽巷和窄巷残差的分布（刘格格，2021），从左到右依次是基于地面测站和基于低轨卫星估计的 UPD 残差分布。对于基于地面测站和基于低轨卫星估计的 UPD 结果，宽巷残差在 ±0.25 周内的百分比分别是 94.5% 和 98.9%，而相对应的窄巷残差百分比分别是 93.1% 和 99.9%。残差分布的结果进一步证明了基于低轨卫星星载观测数据估计 UPD 方法的可行性。

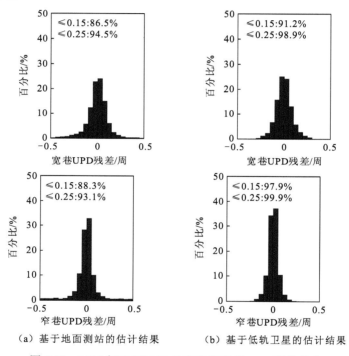

（a）基于地面测站的估计结果　　　　　（b）基于低轨卫星的估计结果

图 6.68　2019 年 DOY 208 的宽巷和窄巷 UPD 残差分布

为了改善低轨卫星的轨道精度，可以在 POD 双差固定过程中加入地面测站。随着更多的双差模糊度被固定，低轨卫星的模糊度精度也会进一步提高。采用更高精度的 GPS 卫星与低轨卫星之间的 IF 模糊度，窄巷 UPD 的稳定性也有望得到提升。图 6.69 展示了 GPS 卫星 2019 年 DOY 215 的窄巷 UPD（刘格格，2021），从左到右依次是加入 1 个、2 个和 4 个地面测站的结果。当 1 个、2 个和 4 个地面测站加入双差固定解过程中，相对应的窄巷 UPD 结果可以达到更高的稳定性。窄巷 UPD 的平均 STD 可以减少到 0.064 周、0.061 周和 0.036 周，与 9 颗低轨卫星的估计结果相比，分别改善了 22.9%、26.5% 和 56.6%。随着低轨卫星轨道精度的进一步提升，基于低轨星载观测数据的 UPD 估计结果的稳定性有望进一步提升。

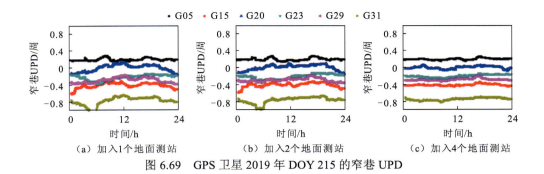

（a）加入1个地面测站　　　　　（b）加入2个地面测站　　　　　（c）加入4个地面测站

图 6.69　GPS 卫星 2019 年 DOY 215 的窄巷 UPD

6.5.4　非差模糊度固定结果验证

为了进一步评估基于低轨卫星估计得到的 UPD 结果，本小节实现 PPP 和低轨 POD 非差模糊度固定。IF 组合的相位模糊度可以被拆分为宽巷模糊度和窄巷模糊度的组合，表示为

$$\lambda_{\mathrm{IF}} \cdot \bar{N}_{r,\mathrm{IF}}^{s} = \frac{cf_2}{f_1^2 - f_2^2} \cdot N_{r,\mathrm{WL}}^{s} + \lambda_{\mathrm{NL}} \cdot \bar{N}_{r,\mathrm{NL}}^{s} \tag{6.43}$$

通过依次固定宽巷模糊度和窄巷模糊度可以实现非差模糊度的固定。一旦获得精确的 UPD 产品，移除掉卫星端 UPD 后，接收机端的 UPD 可以通过平均所有可用模糊度的小数部分而计算得到。移除卫星端和接收机端的宽巷 UPD 后，宽巷模糊度可以通过取整策略进行固定。相似地，移除掉卫星端和接收机端的窄巷 UPD 后，窄巷模糊度可以通过 lambda 方法进行固定。一旦获得整周的宽巷模糊度和窄巷模糊度，IF 组合的相位模糊度可以通过式（6.43）计算得到。在模糊度固定过程中，采用阈值为 2 的 ratio 检验。

6.5.3 小节的结果显示，基于 9 颗低轨卫星估计的 UPD 产品稳定性最好，因此本小节使用基于 9 颗低轨卫星估计的 UPD 结果。在模糊度固定过程中，PPP 模糊度采用逐历元固定，而低轨 POD 的模糊度固定则是在后处理模式下进行的。对于 PPP-AR，从定位精度、首次固定时间和收敛时间三个方面对定位性能进行了评估。而对于低轨-AR 的性能评估，分别从模糊度固定率、与科学轨道产品互差、卫星激光测距（SLR）残差和 K/Ka 波段测距（KBR）系统残差 4 个方面进行分析。

为了实现 PPP-AR，选取 12 个 IGS 测站共计 10 天的 30 s 采样观测数据。图 6.70 展示了 FALK、NNOR 和 SUTH 测站 2019 年 DOY 208 的 PPP-AR 定位误差（刘格格，2021）。PPP 浮点解、地基 UPD 固定解和星基 UPD 固定解结果分别用绿色、蓝色和红色的点表示。可以看出，与浮点解相比，两种 PPP 固定解的定位精度和收敛时间均得到了一定程度的提升。

本小节将首次固定时间定义为模糊度首次正确固定并持续 10 个历元的时间，而收敛时间则是连续十个历元水平方向的精度优于 5 cm 所需的时间。图 6.71 展示了每个用户测站 PPP-AR 的首次固定时间和收敛时间。使用基于地基 UPD 固定解和星基 UPD 固定解的结果分别用蓝色和红色的柱状图表示，首次固定时间和收敛时间的均值进一步在表 6.24 中给出。由表 6.24 可以看出，使用星基 UPD 固定解平均收敛时间为 15.2 min，与浮点解相比

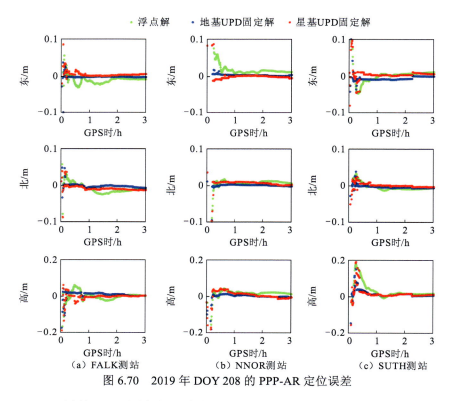

（a）FALK测站　　　　　（b）NNOR测站　　　　　（c）SUTH测站

图 6.70　2019 年 DOY 208 的 PPP-AR 定位误差

提高了 23.6%。而星基 UPD 固定解对应的首次固定时间为 10.2 min，与使用地基 UPD 固定解效果相当。

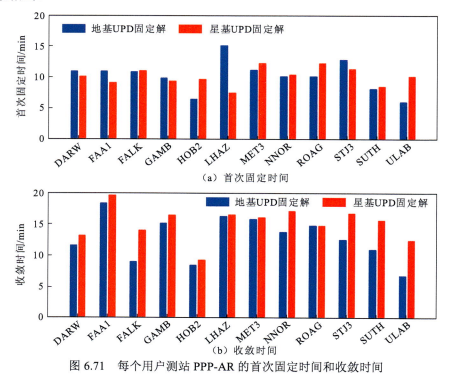

（a）首次固定时间

（b）收敛时间

图 6.71　每个用户测站 PPP-AR 的首次固定时间和收敛时间

表 6.24　　GPS PPP 的平均首次固定时间和收敛时间			（单位：min）
项目	浮点解	地基 UPD 固定解	星基 UPD 固定解
首次固定时间	—	10.2	10.2
收敛时间	19.9	13.9	15.2

紧接着，基于 GRACE-C、GRACE-D、Jason-3、Sentinel-3A 和 Sentinel-3B 卫星的星载数据，本小节还实现了低轨卫星的非差模糊度固定解的求解。将成功固定的宽巷和单差窄巷模糊度的个数与所有独立模糊度个数的比值定义为模糊度固定率。图 6.72 和图 6.73 分别给出了低轨卫星宽巷和窄巷模糊度的固定率。使用估计得到的 UPD 产品，低轨卫星的宽巷和窄巷模糊度可以被成功固定，固定率分别为 97.2% 和 91.5%。使用基于低轨卫星估计 UPD 的宽巷模糊度固定率结果与使用基于地面测站估计 UPD 的结果相当，而窄巷模糊度固定率则略低。

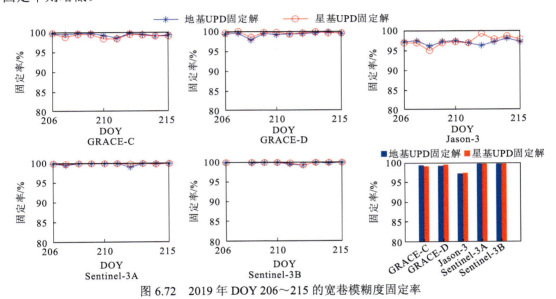

图 6.72　　2019 年 DOY 206～215 的宽巷模糊度固定率

右下角图为每颗低轨卫星的平均固定率

图 6.74 给出了 GRACE-C、GRACE-D、Jason-3、Sentinel-3A 和 Sentinel-3B 卫星浮点解、地基 UPD 固定解、星基 UPD 固定解的平均 RMS。浮点解、地基 UPD 的固定解和星基 UPD 的固定解的结果分别用绿色、蓝色和红色的柱状图表示。与浮点解相比，低轨卫星非差模糊度固定解在切向、法向和径向均能实现更高的轨道精度，其中 GRACE-C 和 GRACE-D 卫星的改善效果最为明显。而对于 Sentinel-3A 和 Sentinel-3B 卫星，使用星基 UPD 固定解的轨道互差略小于地基 UPD 固定解，这与 GRACE-C、GRACE-D 及 Jason-3 卫星的结果是相反的。

SLR 和 KBR 观测值也可以用来评估低轨卫星轨道精度的外符合性。SLR 残差是轨道精度的重要评估标准，定义为 SLR 测量值和根据卫星轨道计算出的卫地距离模型值的残差。SLR 残差的平均 STD 结果如表 6.25 所示（刘格格，2021）。对于 GRACE-C、GRACE-D、Jason-3、Sentinel-3A 和 Sentinel-3B 卫星，SLR 残差的精度可以达到毫米级，并且使用

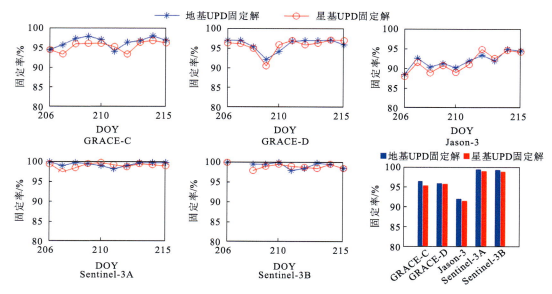

图 6.73　2019 年 DOY 206～215 的窄巷模糊度固定率

右下角图为每颗低轨卫星的平均固定率

星基 UPD 固定解可以进一步减小 SLR 残差，与浮点解相比分别改善了 42.9%、29.1%、18.5%、5.5% 和 0.8%。而对于使用地基 UPD 固定解，SLR 残差的 STD 改善了 3.3%～47.4%。

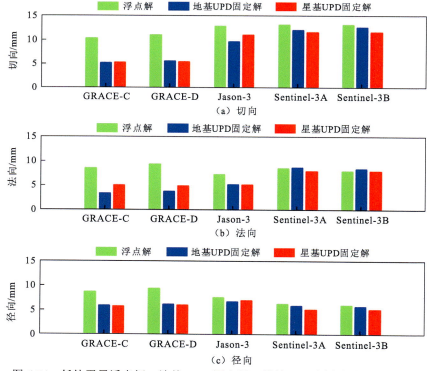

图 6.74　低轨卫星浮点解、地基 UPD 固定解、星基 UPD 固定解的平均 RMS

低轨卫星	浮点解		地基 UPD 固定解		星基 UPD 固定解	
	平均	STD	平均	STD	平均	STD
GRACE-C	-2.6	15.4	-0.3	8.1	-1.0	8.8
GRACE-D	-5.5	14.1	-6.5	8.7	-7.0	10.0
Jason-3	-7.5	17.3	-7.7	13.4	-7.6	14.1
Sentinel-3A	-3.4	12.7	-4.1	11.6	-4.3	12.0
Sentinel-3B	-3.1	12.0	-3.8	11.6	-3.3	11.9

表 6.25　SLR 残差的平均 STD　　　　　　　　（单位：mm）

GRACE 卫星配备了 KBR 系统，该系统可以测量两颗卫星之间的相对距离。KBR 的精度可以达到毫米级，因此 KBR 通常用于评估 GRACE 卫星 POD 结果的精度。KBR 残差定义为各种误差校正后的 KBR 测量值与使用 GRACE 卫星轨道计算的距离之间的差值。图 6.75 展示了 GRACE-C 和 GRACE-D 卫星之间 2019 年 DOY 206～215 的 KBR 残差。使用地基 UPD 固定解和使用星基 UPD 固定解的平均 KBR 残差可达到 2.36 mm 和 3.75 mm，与浮点解相比，分别提高了 74.9%和 60.1%。

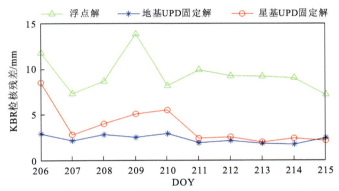

图 6.75　GRACE-C 和 GRACE-D 卫星之间 2019 年 DOY 206～215 的 KBR 残差

参 考 文 献

冯来平, 阮仁桂, 吴显兵, 等, 2016. 联合低轨卫星和地面监测站数据确定导航卫星轨道. 大地测量与地球动力学, 36(10): 864-869.

郭靖, 2014. 姿态、光压和函数模型对导航卫星精密定轨影响的研究. 武汉: 武汉大学.

计国锋, 2018. 北斗导航卫星精密定轨及低轨增强体制研究. 西安: 长安大学.

匡翠林, 2008. 利用 GPS 非差数据精密确定低轨卫星轨道的理论及方法研究. 武汉: 武汉大学.

刘格格, 2021. 多频率多星座 GNSS 相位偏差估计与非差模糊度快速固定. 武汉: 武汉大学.

马腾州, 2019. 高、中、低轨卫星与地面测站网的 DCB 建模方法与时序特征分析. 武汉: 武汉大学.

张博, 2020. 低轨卫星增强北斗系统定轨理论与应用研究. 郑州: 中国人民解放军战略支援部队信息工程大学.

张柯柯, 2019. 低轨卫星精密定轨及其与 GNSS 导航卫星联合轨道确定. 武汉: 武汉大学.

张伟, 2021. 低轨卫星增强 GNSS 定轨及其对地球自转参数的贡献. 武汉: 武汉大学.

Blewitt G, 1990. An automatic editing algorithm for GPS data. Geophysical Research Letters, 17(3): 199-202.

Boomkamp H, Dow J, 2005. Use of double difference observations in combined orbit solutions for LEO and GPS satellites. Advances in Space Research, 36(3): 382-391.

Foelsche U, Kirchengast G, 2002. A simple "geometric" mapping function for the hydrostatic delay at radio frequencies and assess ment of its performance. Geophysical Research Letters, 29(10): 111-1-111-4.

Geng J H, Shi C, Zhao Q L, et al., 2008. Integrated adjustment of LEO and GPS in precision orbit determination. Berlin: Springer.

Huang W, Männel B, Sakic P, et al., 2020. Integrated processing of ground- and space-based GPS observations: Improving GPS satellite orbits observed with sparse ground networks. Journal of Geodesy, 94(10): 96.

Hugentobler U, Jäggi A, Schaer S, et al., 2005. Combined processing of GPS data from ground station and LEO receivers in a global solution. Berlin: Springer.

König R, Reigber C, Zhu S Y, 2005. Dynamic model orbits and earth system parameters from combined GPS and LEO data. Advances in Space Research, 36(3): 431-437.

Li X X, Zhang K K, Zhang Q, et al., 2018. Integrated orbit determination of FengYun-3C, BDS, and GPS satellites. Journal of Geophysical Research: Solid Earth, 123(9): 8143-8160.

Li X X, Ma T Z, Xie W L, et al., 2019a. FY-3D and FY-3C onboard observations for differential code biases estimation. GPS Solutions, 23(2): 57.

Li X X, Zhang K K, Ma F J, et al., 2019b. Integrated precise orbit determination of multi-GNSS and large LEO constellations. Remote Sensing, 11(21): 2514.

Li X X, Zhang K K, Meng X G, et al., 2020. LEO-BDS-GPS integrated precise orbit modeling using FengYun-3D, FengYun-3C onboard and ground observations. GPS Solutions, 24(2): 48.

Li X X, Zhang W, Zhang K K, et al., 2021. GPS satellite differential code bias estimation with current eleven low earth orbit satellites. Journal of Geodesy, 95(7): 76.

Li X X, Wu J Q, Li X, et al., 2022. Calibrating GNSS phase biases with onboard observations of low earth orbit satellites. Journal of Geodesy, 96(2): 8.

Schmid R, Rothacher M, 2003. Estimation of elevation-dependent satellite antenna phase center variations of GPS satellites. Journal of Geodesy, 77(7): 440-446.

Schmid R, Steigenberger P, Gendt G, et al., 2007. Generation of a consistent absolute phase-center correction model for GPS receiver and satellite antennas. Journal of Geodesy, 81(12): 781-798.

Schmid R, Dach R, Collilieux X, et al., 2016. Absolute IGS antenna phase center model igs08.atx: Status and potential improvements. Journal of Geodesy, 90(4): 343-364.

Yue X, Schreiner W, Hunt D, et al., 2011. Quantitative evaluation of the low Earth orbit satellite-based slant total electron content determination. Space Weather, 9: S09001.

Zhang X, Tang L, 2014. Daily global plasmaspheric maps derived from CDSMIC GPS observations. IEEE Transactions on Geoscience and Remote Sensing, 52(10): 6040-6046.

Zhang W, Zhang K K, Li X X, et al., 2023. GPS phase center variation modeling using ambiguity-fixed carrier phase observations from low earth orbit satellites. GPS Solutions, 27(3): 146.

Zhong J, Lei J, Dou X, et al., 2016. Assessment of vertical TEC mapping functions for space-based GNSS obseruations. GPS Solutions, 20(3): 353-362.

Zhu S, Reigber C, König R, 2004. Integrated adjustment of CHAMP, GRACE, and GPS data. Journal of Geodesy, 78(1): 103-108.

第 7 章

GNSS/LEO 高精度轨道产品服务与应用

本章介绍 GNSS/LEO 高精度轨道产品服务平台及其典型应用。GNSS/LEO 高精度轨道产品服务平台依托于武汉大学测绘学院研制开发的 GREAT（GNSS+ REsearch, Application and Teaching）软件。该软件支持解算卫星精密轨道、卫星精密钟差、相位/码偏差等产品。GNSS/LEO 高精度轨道产品服务基于 GREAT 软件，在云服务器上实现高效稳定的自动化 GNSS 高精度产品生成、产品质量实时监控、用户数据下载与交互等功能，贯通 GNSS 高精度云服务的各个环节，直接应用于 GNSS 领域的相关科学研究和实际生产。

7.1 概　　述

作为信息时代位置服务的基础设施，全球导航卫星系统（GNSS）提供全天候高精度的时空信息服务，为人类社会的生产和生活带来了巨大便利，其发展备受国际社会的关注。中国的全球卫星导航系统——北斗卫星导航系统（BDS），已于 2020 年 7 月正式开通，为全球用户提供定位、导航和授时服务。目前，全球存在四大全球导航卫星系统，分别是美国的 GPS、俄罗斯的 GLONASS、欧盟的 Galileo 及中国的 BDS。此外，还有日本的 QZSS 和印度的 IRNSS 作为区域性卫星导航系统。

为了支撑 GNSS 的发展，国际大地测量协会于 1992 年启动了国际 GPS 服务（International GPS Service，IGS）。随着多系统 GNSS 的发展，IGS 扩大了工作范围，加入 GLONASS、Galileo 和 BDS，更名为 International GNSS Service（缩写仍为 IGS）。IGS 由卫星跟踪站、数据中心、分析中心、工作组、中央局和管理委员会组成。IGS 卫星跟踪站网由全球范围内超过 500 个测站组成（苏芸婕，2017）。

目前，IGS 提供的产品包括卫星广播星历、跟踪站观测值数据、卫星精密星历、卫星精密钟差、跟踪站坐标、地球自转参数、电离层及对流层等，其具体信息如表 7.1 所示。

表 7.1　IGS 产品

产品类型		精度	时延	发布时间	采样率
最终产品	GPS 精密轨道	2.5 cm	12～19 天	每周五	15 min
	GLONASS 精密轨道	3 cm			
	GPS 精密钟差	75 ps RMS			卫星钟差 30 s
		20 ps Sdev			接收机钟差 5 min

产品类型		精度	时延	发布时间	采样率
最终产品	跟踪站坐标	水平方向 2 mm	11～17 天	每周三	一周
		垂直方向 5 mm			
	跟踪站速度	水平方向 2 mm/年			
		垂直方向 5 mm/年			
	极移	30 μas	11～17 天	每周四	24 h
	极移速度	150 μas/天			
	日长变化	10 μs			
	天顶方向对流层延迟	4 mm	小于 4 周	每天	5 min
	电离层电子密度格网	2～8TECU	11 天	每周	时间采样率 2 h
					空间采样率 经度 5°×纬度 2.5°
快速产品	GPS 精密轨道	2.5 cm	17～41 h	每天 UTC17 时	15 min
	GPS 精密钟差	75 ps RMS			5 min
		25 ps Sdev			
	极移	40 μas			将每天集成在 UTC12 时
	极移速度	200 μas/天			
	日长变化	10 μs			
	电离层电子密度格网	2～9TECU	小于 24 h	每天	时间采样率 2h
					空间采样率经度 5°×纬度 2.5°
超快轨道 观测部分	GPS 精密轨道	3 cm	3～9 h	每天 UTC 03、09、15、21 时	15 min
	GPS 精密钟差	150 ps RMS			15 min
		50 ps Sdev			
	极移	50 μas			将每天集成在 UTC 00、06、12、18 时
	极移速度	250 μas/天			
	日长变化	10 μs			
超快轨道 预报部分	GPS 精密轨道	5 cm	实时	每天 UTC 03、09、15、21 时	15 min
	GPS 精密钟差	3 ns RMS			
		1.5 ns Sdev			
	极移	200 μas			将每天集成在 UTC 00、06、12、18 时
	极移速度	300 μas/天			
	日长变化	50 μs			

注：TECU 指总电子数单位；Sdev 指标准偏差。表中数据来自 http://igs.org/products/#about。

随着多系统 GNSS 的发展，IGS 于 2003 启动了多系统 GNSS 工作组，并开展了多系统 GNSS 试验（MGEX）计划，提供了多系统高精度 GNSS 产品，包括卫星精密轨道、精密钟差、跟踪站坐标、地球自转参数等。MGEX 计划在全球建立 500 余个可接收多频多系统观测值的跟踪站，其覆盖的系统包括 GPS、GLONASS、BDS、Galileo、QZSS、NAVIC、SBAS。其中，主要分析中心的轨道和钟差的产品信息如表 7.2 所示。

表 7.2　IGS MGEX 计划产品

机构	简称	产品标识	卫星系统
法国国家空间研究中心	CNES	GRG0MGXFIN	GPS+GLO+GAL+BDS
欧洲定轨中心	CODE	COD0MGXFIN	GPS+GLO+GAL+BDS+QZS
德国地学科学研究中心	GFZ	GFZ0MGXRAP	GPS+GLO+GAL+BDS+QZS
日本宇宙航空研究开发机构	JAXA	JAX0MGXFIN	GPS+GLO+QZS+GAL
俄罗斯导航信息与分析中心	IAC	IAC0MGXFIN	GPS+GLO+GAL+BDS+QZS
武汉大学	WHU	WUM0MGXFIN	GPS+GLO+GAL+BDS+QZS
中国科学院上海天文台	SHAO	SHA0MGXRAP	GPS+GLO+GAL +BDS

为了支撑和保障 BDS 的建设，我国于 2012 年启动了国际 GNSS 监测评估系统（iGMAS）的筹建。iGMAS 建立了 GNSS 全球信号跟踪网，利用多频多系统的 GNSS 接收机监测导航卫星的性能，向全球用户提供高质量的 GNSS 产品。目前，iGMAS 拥有国内外 24 个跟踪站、12 个数据处理与分析中心，提供四系统的卫星精密星历与卫星钟差、iGMAS 跟踪站在 ITRF2008 参考框架下的坐标和速度、地球自转参数和全球电离层延迟信息等 GNSS 产品。根据发布的时间范围，轨道和钟差产品分为最终、快速和超快速产品。

BDS 的发展对 iGMAS 服务与产品的需求越来越高。高精度的 GNSS 产品是精密单点定位（PPP）技术的基础，具有重要的科研和应用价值。为了满足高精度、多系统和实时化等要求，提升 BDS 的性能和竞争力，iGMAS 与武汉大学合作成立了 iGMAS 创新应用中心（iGMAS Innovation Application Center，iGMAS IAC），旨在深入研究卫星精密轨道/钟差、卫星偏差、低轨卫星轨道以及实时卫星改正数据等产品，并建立 GNSS/LEO 高精度轨道产品服务平台，实现相关产品的实时发布与评估。

7.2　高精度轨道产品服务平台

7.2.1　高精度轨道产品服务框架概述

云服务是一种创新的服务和交互使用模式，其通过网络以按需、易拓展的方式提供和互联网相关的服务。按照服务实现的程度，云服务可以分为 IaaS（基础设施即服务）、PaaS（平台即服务）、SaaS（软件即服务）三种业务模式：IaaS 为基础架构层服务，为客户提供灵活可配置的虚拟硬件；PaaS 为应用平台服务，为客户提供可开发的软件和测试环境；SaaS 为应用软件服务，为客户提供可以在 Web 浏览器上使用的软件。三种云服务管理模式与范围不同。其中 IaaS 管理范围最小，包括虚拟硬件、网络、操作系统。PaaS 在 IaaS 的基础上包括运行时管理、数据库和应用中间件。SaaS 在 PaaS 的基础上提供应用和数据接口。IaaS 架构最灵活，拓展最方便。GNSS/LEO 高精度轨道产品服务基于 IaaS 服务模式，在虚拟硬件上部署 Supervisor 运行管理软件和 GNSS 高精度数据处理软件。对外开展 SaaS 的云服务，用户不需接触源数据、软件和系统，可根据需求访问云服务平台网页端，获取高精度 GNSS 产品和其他相关服务。

相较于传统的 GNSS 数据处理平台，云服务器可以提供安全可靠的弹性计算服务，实时为用户拓展或缩减计算资源，以适应业务需求的变化。相较于传统的服务器，云服务器不需要专门的电源供电，不占用带宽和空间，维护成本低。在安全性方面，云服务器有专业的网络安全管理和安全漏洞扫描，可以有效防止网络攻击。在使用成本方面，云服务器可以进行弹性运算，即其可以在线调整配置于镜像，根据负载动态调整云服务器的核心数、内存数和硬盘存储空间。而传统服务器需要根据使用峰值配置硬件负载，且完成配置后难以根据使用需求进行调整。在网络稳定性方面，云服务器部署在云端，出口带宽较大，网络节点分布广泛，可以实现全国的流畅访问。而本地服务器则使用部署位置的共享带宽，带宽小且依赖电力和当地网络情况，访问不稳定。

GNSS 高精度服务可以分为两个主要环节：第一个环节是产品的自动化生成，该环节对服务器计算资源的消耗较大，但是产品为定时生成，每天所产生计算峰值的时间是固定的，且计算峰值持续的时间较短；第二个环节是产品的实时运维和可视化展示，该环节主要在网页实现，用户可以在任意时间访问网页，因此该环节所占用的计算资源是全天时的，但是其消耗的计算资源远小于产品生成。根据 GNSS 高精度服务的实际情况，可以动态地调整计算资源，在使用产品生成过程中调配较多的计算资源，而非产品生成时段，以减少资源配置维持网页的正常运行，弹性配置以降低运营成本。此外，GNSS 高精度服务对网络稳定的需求性较高，产品生成过程需要大量的观测值数据和其他相关数据，数据下载高延迟则会影响产品的生成进度。因此，云服务器弹性配置和网络稳定的特点更适用于 GNSS 高精度服务的开展。

7.2.2　高精度轨道产品服务软件平台

随着 GNSS 技术的发展，国内外 GNSS 研究学者和机构开发了一系列优秀的 GNSS 高精度数据处理软件。

国外有喷气推进实验室开发的 GIPSY-OASIS 软件、德国地学研究中心开发的 EPOS 软件、麻省理工学院与加利福尼亚大学联合开发的 GAMIT/GLOBK 软件、伯尔尼大学开发的 Bernese 软件、卡尔加里大学高阳教授研制的 P3 软件、东京海洋大学高旭知二开发的 RTKLIB 软件、加泰罗尼亚理工大学天文与测量研究组开发的 gLAB 软件、得克萨斯大学奥斯汀分校应用研究实验室开发的 GPSTk 软件和捷克大地测量观测研究组开发的 G-NUT 软件等。国内有武汉大学的 PANDA 软件、张小红教授团队开发的 Trip 软件、姚宜斌教授团队开发的 DREAMNET 软件、阮仁桂博士开发的 SPODS 软件、耿江辉教授团队开发的 PRIDE-PPPAR 软件和西南交通大学开发的 CGO 软件等。

上述软件中，国外的 GIPSY-OASIS、GAMIT/GLOBK、EPOS 和 Bernese 可用于 GNSS

定轨。除此之外，国外常用的定轨软件还有美国国家大地测量局的 PAGES、美国得克萨斯大学空间研究中心的 MSODP、欧洲空间运行中心的 NAPEOS、CS GROUP 公司的 OREKIT。在国内，PANDA 和 Trip 同样可用于 GNSS 定轨。

本节 GNSS 高精度轨道产品服务软件平台基于武汉大学测绘学院研制与开发的 GREAT 进行高精度 GNSS 产品的生成。该软件平台的功能覆盖 GNSS 高精度服务的全流程，包括以 PPP-RTK/PPP/NRTK 为代表的实时精密定位，多源融合与组合导航，轨道、钟差、相位/码偏差等精密产品的生成，GNSS+SLR+VLBI 联合解算，低轨增强 GNSS 等功能。

GREAT 采用 C++语言进行开发，采用面向对象的思想，具有标准化、模块化、易拓展、低耦合、跨平台等特点。其根据程序的类型和功能分为库程序（Lib）和应用程序（APP），架构如图 7.1 所示。其中核心库部分包含了各种 GNSS 基本算法、数据文件读写及必要的数值计算库的实现或封装，应用部分则根据具体的 GNSS 数据处理需求调用核心库中的相关接口实现相应的功能。GREAT 软件通过 CMake 进行包管理，可以根据可扩展标记语言（extensible markup language，XML）配置文件设置卫星截止高度角、光压模型、GNSS 与误差改正模型等数据处理策略。

GREAT 的开发与设计主要遵循以下思想与理念。

1. 开发过程标准化

GREAT 中所有模块均统一使用 C++11 及以上版本进行开发；编码方面统一按照 Google 开源项目风格进行变量、函数、文件的命名，以及注释和配置文件的编写；所有代码同时支持 Windows/Linux 跨平台编译；在开发与维护过程中，充分利用编程辅助开发工具，如使用 CMake 软件管理代码编译、使用 Git 软件管理代码的协同开发、使用 Doxygen 软件管理代码说明文档的生成（黄健德，2021）。

2. 充分利用面向对象的特征

易维护、易复用、松耦合、易扩展和灵活多样一直是 GNSS 测量数据处理软件架构设计时的目标，因此选择面向对象化语言进行程序设计。考虑 C++语言跨平台性较好、具有丰富开源的三方库及大量 STD 数据结构与算法的支持，基于 C++语言进行 GREAT 的开发。在设计相关数据结构与算法时，充分利用 C++中对象唯一性、抽象性、继承性及多态性等面向对象特征，并且大量使用标准库函数进行相关功能的高效实现。

3. 采用设计模式进行程序开发

GNSS 数据处理兼具数据密集型和计算密集型计算的特点，处理模式丰富多样，非常适合采用设计模式进行程序开发。在 GREAT 中，常用的几种设计模式如下。

1）工厂模式

工厂模式使用共同的接口来创建不同的对象。如图 7.2 所示，由于 GNSS 数据处理的复杂性、专业性和处理模式的多样性，工厂模式的应用十分广泛，例如：在星历工厂中实现对不同格式星历文件的处理；在平差构造器工厂中实例化不同的平差方法；在坐标系工厂中实现站坐标在不同坐标系间的转换与输出等。

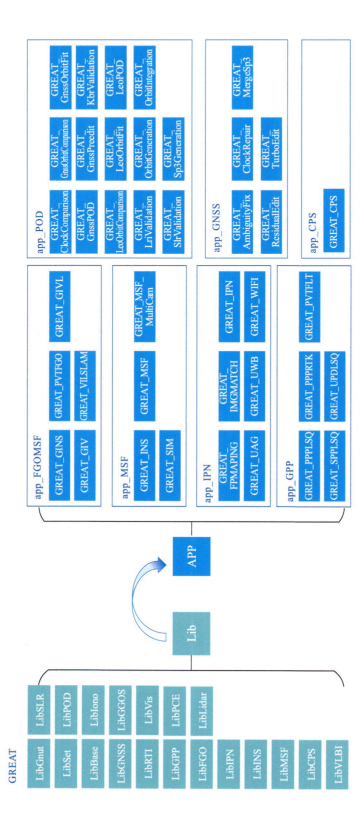

图 7.1　GREAT软件架构

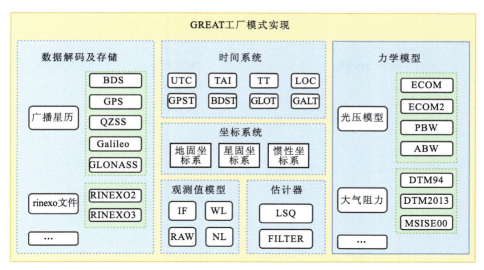

图 7.2　GREAT 工厂模式实现

2）模板模式

模板模式下，定义一个操作中算法的骨架，将一些步骤延迟到子类中扩展复现。以最小二乘处理为例，如图 7.3 所示，模板方法 LSQproc 为最小二乘方程构建与检核的操作，同时可以调用抽象类及其子类中具体实现的观测方程构建的基本方法，以完成不同数据处理应用的参数估计过程。

图 7.3　GREAT 模板模式实现

3）职责模式

职责模式下，多个对象处理同一请求，一个对象不能处理该请求时，会把相同的请求传给下一个接收者，依此类推。以最小二乘处理为例，如图 7.4 所示，不同数据处理过程所需要的数据、参数与模型不同，因此通过职责模式调用多个对象完成相应请求的处理。

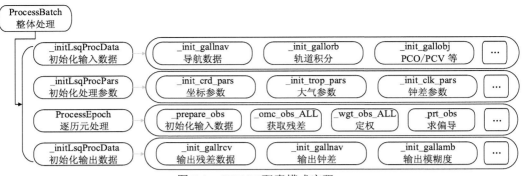

图 7.4　GREAT 职责模式实现

4. 应用并行计算技术实现软件的高效运行

当前 GNSS 数据处理已经进入多频率、多系统、多测站的时代,同时用户对实时、高频次的导航定位需求日益增长,海量的数据需要在短时间内迅速完成处理,因此需要结合相应算法特点设计出高度可并行的程序。GREAT 软件中主要采用多核 CPU 并行加速、图形处理单元(graphics processing unit,GPU)加速及高性能矩阵运算库等技术进行软件效率的提升。GREAT 平台在提供的精密定轨、精密钟差估计及 UPD 生成等功能的基础上,采用 OpenMP、Python 线程池、高性能线性代数库及基于计算统一设备体系结构(compute unified device architecture,CUDA)的 GPU 并行加速等现代高性能计算技术,实现各类 GNSS 高精度产品生成的效率提升。如图 7.5 所示,以导航卫星精密定轨为例,在轨道积分时进行星间并行处理、在周跳探测时进行站间并行处理、在最小二乘求解时进行站间并行组法方程并使用高性能矩阵库乃至 GPU 实现消参和解方程的高效执行。

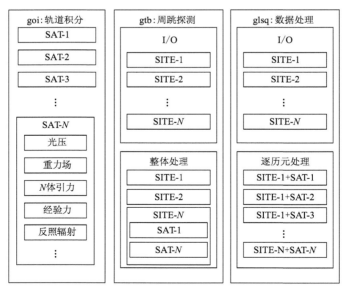

图 7.5　GREAT 软件中应用并行计算的场景

得益于上述软件设计思想与原则,GREAT 软件自开发之始便致力于打造成一款功能全面、现代化、高效率、易扩展的 GNSS 数据处理软件,其具有以下特点与优势。

(1)模块化。体系结构采用面向对象的思想设计,软件的各项功能均采用面向对象的编程语言 C++实现。

（2）可重用性和可扩展性。每个功能模块都提供了完整、充足的接口，方便开发者在已有模块的基础上进行功能扩展。

（3）多功能。具有全面而先进的算法和模型，支持精密轨道和钟差确定、多种空间大地测量观测数据处理、多频多系统 PPP/RTK/PPP-RTK、INS+VISION+LiDAR 等多传感器的集成/非组合导航定位等功能。

（4）标准化。以谷歌代码风格编写；使用 C++11 及其标准库函数实现；使用 XML 作为配置文件。

（5）方便维护。使用跨平台安装（编译）工具 CMake 组织编译后的代码，使用开源版本控制系统 Git 管理不同的代码版本。

（6）跨多平台。采用标准 C++11 编写，支持 Windows、Linux、UNIX、MacOS 等主流计算机操作系统。

7.2.3　高精度轨道产品服务运维平台

高精度轨道产品服务运维平台在 GREAT 的基础上实时生产各类高精度 GNSS 产品，并进行产品的可视化展示和故障排除。目前高精度轨道产品服务运维平台主要生成 GNSS 精密轨道、超快轨道、GNSS 精密钟差、GNSS 精密 UPD、低轨卫星科学轨道等高精度产品。平台按照功能可以分为自动化运维模块、通用工具模块与处理软件模块，主要架构如图 7.6 所示，其中的模块功能如下。

图 7.6　高精度轨道产品服务运维平台架构图

（1）自动化运维模块：该部分用于实现产品生成的定时启动和进程的自动化管理。其中定时启动功能由 Python 定时库 APScheduler 实现。APScheduler 全称 Advanced Python

Scheduler，可以在指定的时间规则中执行指定的作业。进程自动化管理由 Linux 进程管理工具 Supervisor 实现，其可以实现多个进程的监听、启动、停止、重启。Supervisor 管理的进程，当被意外杀死时可以被重新拉起以自动恢复。

（2）通用工具模块：该部分主要包括整个系统的基本功能库，这些功能以类或函数的形式给出，方便复用或调用。该模块主要包括文件管理、质量控制、预处理和 GNSS 基础功能。

文件管理：基于 Python 实现了文件传输协议（file transfer protocal，FTP）下载和超文本传输协议（hypertext transfer protocal，HTTP）下载，可从 CDDIS、IGN 数据中心以及 WHU 等分析中心下载所需的 GNSS 数据。提供了 IGS/MGEX 观测值文件、广播星历文件、精密轨道/钟差产品、相位/码偏差产品、IGS 测站坐标周解产品及低轨卫星相关文件等 13 种文件的下载服务，以及地球自转参数、ATX 文件、海潮文件等系统文件的更新，并且实现了对下载文件的统计与归类。

质量控制：对于观测文件数据预处理的质量控制，检查钟跳探测和周跳探测是否成功，并剔除不成功的观测值；对于初轨相对于广播星历求差得到结果的质量控制，剔除不健康的卫星；对于残差编辑结果的质量控制，剔除质量不合格的测站和卫星。

预处理模块：通过调用 GREAT 程序实现多进程的钟跳探测和修复；通过调用 GREAT 程序实现多进程的周跳探测。

GNSS 基础功能模块：包含 GNSS 时间转换功能、XML 编写功能、配置文件读取功能。并抽象 Linux 中的命令为 Python 函数供处理软件复用，包括文件和文件夹的复制、移动、删除等操作。

（3）处理软件模块。该部分用于调用 GREAT 软件实现各类 GNSS 高精度产品的生成，主要包括：pod_app 用于精密轨道和事后精密钟差；ultra_pod_app 用于生成 2 h 更新的超快轨道；由于相位/码偏差中 UPD 与 OSB 的生产流程与产品不同，将其生产分为两部分介绍，upd_app 用于生成四系统 UPD 产品，osb_app 用于生成四系统 OSB 产品；prepare_app 用于定时环节的数据统一下载和预处理。

为了保持 GNSS/LEO 高精度轨道产品服务平台的稳定与可靠，本系统具有自动化、高效率、易维护、易拓展、易移植的特点。

（1）自动化。通过 Supervisor 程序实现产品的自动化运维模块，保持产品的生产进程稳定运行。正常生产的情况下，在特定时间会触发产品的生产流程。当生产出错时，Supervisor 会自动终止出问题的产品进程，防止影响其他产品的生产，并向管理人员发送邮件。

（2）高效率。由于 GNSS 高精度产品的生成涉及大规模网解，计算耗时较长，且部分产品具有实时需求。因此，利用高性能计算手段提升计算效率，实现产品的高效生成是很有必要的。

（3）易维护。GNSS 数据处理流程复杂且卫星观测情况多变，GNSS/LEO 高精度轨道产品服务平台会在数据处理中遇到网络中断、数据丢失、解算错误等复杂的意外情况，系统需要有一定容错率和日志系统。

（4）易拓展。目前云平台提供精密轨道、超快轨道、UPD、OSB 产品等高精度 GNSS 产品，但随着全球卫星定位导航系统的不断发展，云平台在未来需要提供更加丰富的高精度 GNSS 产品，这就需要云平台进行拓展。云平台采用面向对象的方式进行构建，每类产品的生成都由各自独立的软件控制，各软件之间不存在函数和类的相互调用，被调用和复用的类和函数都在通用工具模块内。各个软件内的类和文件统一，均包括配置文件读取、事后处理、定时处理、XML 文件生成及产品生产功能。因此，新产品的生成脚本可套用原有生成脚本的格式，在调用和复用通用工具的模块的基础上构建，易于拓展。

（5）易移植。云平台采用 Anaconda 进行包和环境的管理，简便易行。为了便于进行脚本的移植，脚本中所需要的 GREAT 的地址和相关路径信息均存入配置文件中。移植后修改配置文件中的路径信息即可进行产品的生成，不需要进行额外的配置。

在 GNSS 高精度产品自动化生成的基础上，对产品进行实时监测，实时产品质量监控模块将生成产品的进程和质量实时地展示给用户。其中各类产品的质量指标如图 7.7 所示。

图 7.7　产品质量监控指标

平台基于 HTML（超文本标记语言）实现对各类产品的可视化展示，并对产品的生产流程进行监控，网页会动态显示产品生产的开始时间、结束时间、生产时间和生产的状态。实时监控如图 7.8 所示。

#	Beg Time	End Time	Process Time	Status
1	2022-04-15 06:18:00			Running LSQ
2	2022-04-15 04:18:00	2022-04-15 05:42:04	1.40 Hour	Success
3	2022-04-15 02:18:00	2022-04-15 03:43:49	1.43 Hour	Success
4	2022-04-15 00:18:00	2022-04-15 01:43:49	1.43 Hour	Success

图 7.8　产品质量实时监控

这里展示部分产品的质量监控结果，更多结果与产品下载可参考网址 http://igmas.users. sgg.whu.edu.cn/home。对于轨道产品，将其与不同分析中心的产品进行对比，评价其精度，如图 7.9 所示。

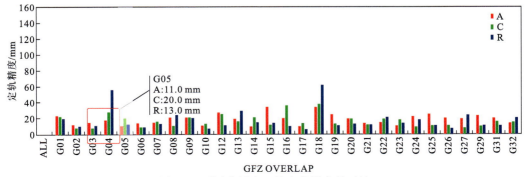

图 7.9　不同分析中心精密轨道产品对比

对于 UPD 产品，对其产品每天一次进行可视化展示，如图 7.10 所示。

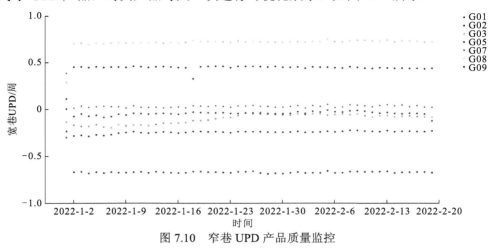

图 7.10 窄巷 UPD 产品质量监控

7.3 典型应用

7.3.1 实时精密定位

精密单点定位本质上是利用卫星信号从播发时刻到接收时刻的时延量，推算卫星与用户的距离，基于空间后方交会原理，精确得到用户三维坐标。高精度的轨道钟差产品是实时精密定位的基础。GNSS 实时高精度轨道产品的精度如表 7.3 所示，其中 GRT 表示 GNSS 高精度轨道产品，WUM 表示 IGS 武汉大学分析中心产品。GRT 产品观测弧段精度与 WUM 产品水平相当，而 GRT 产品预报精度则略优于 WUM 产品，这可能与处理策略有关。

表 7.3 实时轨道产品与 GFZ 最终产品比较的平均 RMS（观测弧段/预报弧段）

中心	系统	切向	法向	径向	3D
GRT	GPS	2.06/2.80	1.88/2.29	1.61/2.14	3.30/4.60
	BDS	5.26/5.64	4.48/4.45	4.64/4.28	8.62/9.19
	Galileo	2.95/3.82	2.49/2.88	3.40/3.56	5.30/6.55
	GLONASS	5.25/5.44	5.74/5.72	3.98/3.89	9.08/9.64
WUM	GPS	1.82/3.07	1.74/1.96	2.05/2.29	3.36/4.75
	BDS	5.9/5.85	4.67/4.68	3.95/3.52	8.82/9.18
	Galileo	2.51/4.23	2.19/3.16	4.11/4.04	5.43/7.42
	GLONASS	4.15/3.60	4.86/5.74	6.49/5.95	9.56/9.98

实时钟差产品的精度如图 7.11 所示，大部分 GPS 和 Galileo 卫星钟差精度优于 0.15 ns，平均钟差精度为 0.12 ns。BDS 实时钟差产品的精度略差，平均钟差精度为 0.19 ns。优于观测值数量较少，观测几何构型较差，BDS IGSO 卫星的平均钟差精度约为 0.3 ns。GLO 卫星的平均钟差精度为 0.19 ns。

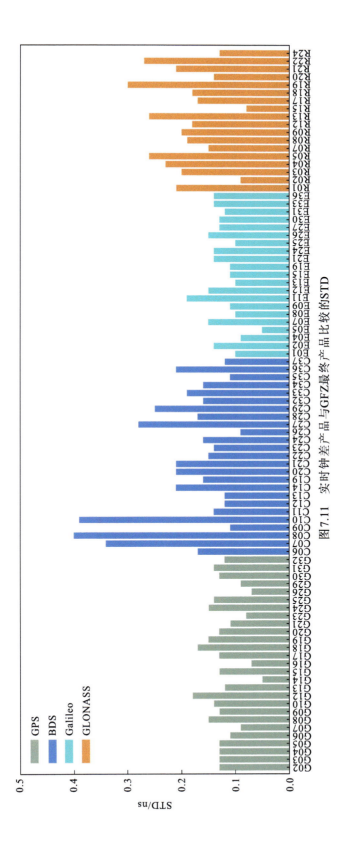

图7.11 实时钟差产品与GFZ最终产品比较的STD

采用高精度轨道产品服务进行实时精密定位，对 JFNG、HOB2、ALIC 三个测站的 24 h 定位性能进行测试，结果如图 7.12 和表 7.4 所示。各站东向、北向、天向的定位精度的平均值分别为 1.35 cm、1.27 cm、2.72 cm。定位结果的连续性和精度说明了轨道钟差产品的精度与稳定性，各站的定位误差序列波动较少，虽发生过短暂的数据中断，但定位结果依旧保持连续稳定。

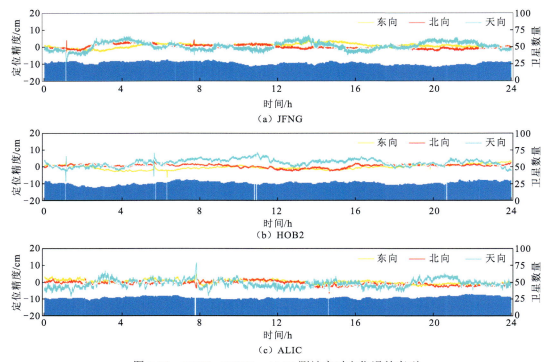

图 7.12　JFNG、HOB2、ALIC 测站实时定位误差序列

表 7.4　JFNG、HOB2、ALIC 测站实时定位精度统计　　　　　　　（单位：cm）

测站	东向	北向	天向
JFNG	1.48	1.32	2.49
HOB2	1.39	1.23	3.33
ALIC	1.18	1.26	2.35
平均	1.35	1.27	2.72

7.3.2　低轨导航增强

精密单点定位（PPP）是 GNSS 中的主流定位技术之一，可通过单一接收器在全球范围内实现高精度定位。然而，传统的 PPP 方法需要数十分钟（约 30 min）才能达到厘米级的定位精度，并在信号丢失后需要花费相近的时间才能再次收敛，这限制了在自动驾驶、精密农业等实时应用领域的发展与应用。

相较于中轨道或高轨道的 GNSS 卫星，低轨卫星具备信号强度较高及空间几何变化较快的优势，这些特点有助于减弱定位过程中历元间的相关性，从而缩短收敛时间。仿真结果显示，在增加了 288 颗低轨卫星星座的增强情况下，多系统 GNSS PPP 的固定解首次固定时间（TTFF）可显著缩短 90%。然而，模糊度固定仍需要数十秒，无法满足瞬时厘米级定位的需求。

PPP-RTK 技术通过参考站网络生成精密大气延迟信息，以实现快速模糊度固定，从而显著缩短初始化时间。该技术利用现有的基准站网络，逐站进行 PPP 模糊度固定，获得精确的大气延迟并将其传输给用户，解决了快速模糊度固定的难题。与 PPP 技术相比，PPP-RTK 技术同样具有灵活性和与实时动态定位（RTK）相当的精度，同时显著降低了通信负担。研究结果表明，PPP-RTK 可以实现瞬时厘米级定位精度，然而随着站间距离的增加，定位性能会显著下降，仅依赖 GNSS 系统无法实现广域的瞬时厘米级定位。PPP-RTK技术与低轨增强相结合，可以在参考站稀疏的情况下实现瞬时模糊度固定，扩展 PPP-RTK 的覆盖范围，为大规模用户提供广域瞬时厘米级定位服务。

图 7.13 给出了平均测站间距为 180 km 情况下低轨增强定位的精度与收敛时间。结果显示，在 180 km 的区域测站网中，低轨增强北斗 PPP-RTK（CL-PPP-RTK）相较于北斗精密单点定位（C-PPP）、低轨增强北斗精密单点定位（CL-PPP）、低轨增强北斗模糊度固定精密单点定位（CL-AR）的收敛时间缩短了 99.8%、98.1%、97.7%，仅需 1 s 即可实现厘米级定位。其定位精度为（0.25、0.21、0.91）cm，较北斗精密单点定位（C-PPP）提升了 98.5%。

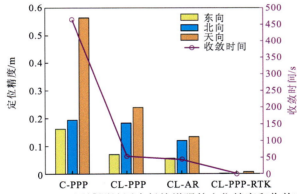

图 7.13　180 km 区域测站网中低轨增强的定位精度和收敛时间

在 500 km 的区域测站网中，低轨增强北斗 PPP-RTK（CL-PPP-RTK）的性能如表 7.5 所示。在 500 km 的稀疏测站网内，低轨增强北斗 PPP-RTK 仅需要数秒就可以实现厘米级定位。相较于北斗 PPP-RTK（C-PPP-RTK），加入低轨卫星后，PPP-RTK 定位性能明显改进，定位精度提升了 19.9%。低轨卫星的加入也可以显著缩短收敛时间，收敛时间从 33 s 缩短至 11 s，提升了 66.7%。

表 7.5　500 km 区域测站网中低轨增强的定位精度和收敛时间

解算方式	收敛时间/s	定位精度/m		
		东向	北向	天向
C-PPP-RTK	33	0.041	0.028	0.136
CL-PPP-RTK	11	0.006	0.035	0.082

目前以 SpaceX、OneWeb 等为代表的巨型低轨星座蓬勃发展，巨型低轨星座的发展大大降低了低轨卫星的制作、发射与运营成本。低轨导航增强星座以其独特的优势，将成为未来导航研究的热点，进一步增强现有导航的性能。

7.3.3　地球框架参数确定

在地球科学领域，对地球系统的变化过程及其相互作用机制进行深入研究与理解，以及预测地球的未来变化，是一项长期且艰巨的任务。为了实现这一目标，需要精确地描述地球地表的几何位置变化及其内部物质的质量迁移。这就需要一个稳定、准确且长期的全球性地球参考坐标系统。一个精确且稳定的地球参考框架在地球科学研究中占据着至关重要的地位。它不仅为一系列科学问题提供了统一的空间基准与监测信息，还在诸如灾害监测（地震、火山）、全球变化研究（海平面变化、冰川消融、洋流和地下水储量）及高精度地球重力场确定等领域中发挥了关键作用。此外，它对于理解深地球内部动力学和地表系统的质量分布与运动也具有重要的意义。同时，这种高精度地球参考框架也是现代社会不可或缺的空间基础设施。在深空探测、卫星导航、导弹发射、载人航天、智能交通、城市建设等国防建设和国家经济社会发展方面，它都发挥着重要的基础支撑作用。

地球参考框架的核心参数包括坐标原点、坐标轴指向及坐标尺度。为了方便地进行地球动力学和地球运动学研究，对于地球系统，一个理想的坐标参考系统的原点应为地球质心（center of mass，CM），其坐标轴指向通过协议规定，而尺度参数则依赖于物理模型和参数（如地球引力常数）。在该参考系统中，固连到固体地球表面的点的坐标由于地球物理效应（如板块运动和潮汐形变）而产生微小变化。国际地球参考系统（ITRS）是最为常用的地球参考系统，其最新定义由国际地球自转和参考系服务（IERS）给出。

（1）ITRS 为地心参考系，原点为包括海洋、大气在内的整个地球的质量中心。

（2）长度单位为 m（SI），尺度与地心局部框架的地心坐标时（geocentric coordinate time，TCG）一致，由适当的相对论模型得到。

（3）初始定向采用国际时间局 1984.0 历元的定向参数。

（4）定向变化通过相对整个地球水平板块运动的无整体旋转（no-net-rotation，NNR）条件确定。

地球参考系统是一个理想的概念，实际应用过程中需要通过地球参考框架来实现，具体体现为测站坐标及其速度。目前，国际公认的精度最高、应用最广泛的地球参考框架是由 IAG 推动建立的国际地球参考框架（ITRF）。其当前最新版本 ITRF2020 通过融合 GNSS、SLR、VLBI 和 DORIS 四种技术得到的上千个测站的位置和速度来定义及实现，并且首次考虑了由季节性变化和震后形变引起的测站非线性位移，被认为是目前理论背景最完善、实现精度最高的地球参考框架。

为满足海平面变化、冰后回弹、板块构造等地球系统微小变化探测的科学研究需求，地球参考框架的位置和速度精度需要分别优于 1 mm 和 0.1 mm/年，以进行大尺度范围内毫米级精度的地球运动监测，分离各种运动信号，解析其动力学机制。为此，国际大地测量学协会于 2003 年 7 月开始建立全球大地测量观测系统（global geodetic observing system，GGOS），以推动地球参考框架迈向毫米级精度。

为了进一步提高地球参考框架的精度和稳定性，近年来，国内外学者和科研机构开始关注将低轨卫星引入地球参考框架的实现中。低轨卫星具有轨道高度低、观测范围广、观测频率高等优点，能够提供更加精确和实时的地球观测数据，从而为地球参考框架的建立提供更加可靠的基础。

在国际上，众多科研机构先后提出了多个空间大地测量技术星基并置卫星计划，这些计划的核心思想是将各种大地测量技术在分布于一定范围内的地球卫星平台并置，建立高精度、高可靠性的空间连接（space-ties），从而提供一种全新的多种技术融合的方法。这些计划包括德国地学研究中心和苏黎世联邦理工学院在 2012 年提出的 NanoX 计划，美国国家航空航天局（NASA）在 2009 年提出的空间大地参考天线（geodetic reference antenna in space，GRASP）计划、苏黎世大学与苏黎世联邦理工学院在 2015 年提出的爱因斯坦引力红移探测器（Einstein gravitational red-shift probe，E-GRIP）计划，以及 ESA 在 2016 年提出的毫米级 TRF 实现计划（E-GRASP）等。虽然这些卫星计划在轨道设计、卫星配置及任务规划方面有所不同，但它们的核心思想都是将各种大地测量技术在卫星平台上进行并置，建立高精度、高可靠性的空间连接，从而提供一种全新的多种技术融合的方法。通过这种方法，有望揭示不同测量技术间的系统偏差，提高地球参考框架的精度和稳定性。这些卫星计划的实施将为地球科学研究提供更加准确和可靠的数据，有助于更好地理解地球系统的变化过程及其相互作用机制，预测地球变化，为灾害监测、全球变化研究等领域提供更加有力的支持。

地球参考框架的确立和维持依靠卫星大地测量技术。卫星位置由轨道积分得到，其参考原点为地球质心；而地面测站坐标的原点为地球参考框架参考网中心（近似为地球形状中心），两者之间存在差异。因此，在考虑地心运动时，GNSS 双频无电离层组合观测值可以进一步表达为

$$
\begin{aligned}
P_{r,\mathrm{IF}}^{s} &= \psi_{r}^{s}(\boldsymbol{\Phi}(t,t_{0})^{s}o_{0}^{s} - R(r_{\mathrm{GNSS}} - \boldsymbol{G})) - \Delta t_{\mathrm{IF}}^{s} + \Delta t_{r,\mathrm{IF}} \\
&\quad + c(d_{r,\mathrm{IF}} - d_{\mathrm{IF}}^{s}) + T_{r}^{s} + \omega_{r,\mathrm{IF}}^{s} \\
L_{r,\mathrm{IF}}^{s} &= \psi_{r}^{s}(\boldsymbol{\Phi}(t,t_{0})^{s}o_{0}^{s} - R(r_{\mathrm{GNSS}} - \boldsymbol{G})) - \Delta t_{\mathrm{IF}}^{s} + \Delta t_{r,\mathrm{IF}} \\
&\quad + \lambda_{\mathrm{IF}}(b_{r,\mathrm{IF}} - b_{\mathrm{IF}}^{s} + N_{r,\mathrm{IF}}^{s}) + T_{r}^{s} + \varepsilon_{r,\mathrm{IF}}^{s}
\end{aligned}
\tag{7.1}
$$

式中：$\boldsymbol{G} = (G_x, G_y, G_z)^{\mathrm{T}}$ 为地球瞬时质量中心相对于参考网中心的向量，即地心运动。

式（7.1）即利用 GNSS 解算地球自转参数与地心运动的基本观测模型。其中，地球自转参数存在于地固坐标系到惯性坐标系的旋转矩阵 R 中，由式（2.6）与式（2.18）～式（2.21）可得，该矩阵对与极移与 UT1 的偏导分别为

$$
\frac{\partial R}{\partial x_p} = \mathrm{BPN} \cdot R_3(-\mathrm{GAST}) \cdot R_3(-\mathrm{sp}) \cdot \frac{\partial R_2(x_p)}{\partial x_p} \cdot R_1(y_p)
$$

$$
\frac{\partial R}{\partial y_p} = \mathrm{BPN} \cdot R_3(-\mathrm{GAST}) \cdot R_3(-\mathrm{sp}) \cdot R_2(x_p) \cdot \frac{\partial R_1(y_p)}{\partial y_p}
\tag{7.2}
$$

$$
\frac{\partial R}{\partial \mathrm{UT1}} = \mathrm{BPN} \cdot \frac{\partial R_3(-\mathrm{GAST})}{\partial(-\mathrm{GAST})} \cdot \left(-\frac{\partial \mathrm{GAST}}{\partial \mathrm{UT1}}\right) \cdot R_3(-\mathrm{sp}) \cdot R_2(x_p) \cdot R_1(y_p)
$$

式中

$$\frac{\partial \text{GAST}}{\partial \text{UT1}} = 1.002\,737\,811\,911\,354\,48 \tag{7.3}$$

为恒星时到世界时的改正因子。

对于极移与 UT1，本节选用分段线性的参数化方式，参考时刻选择每天的正午 12:00：

$$
\begin{aligned}
x_p &= x_{p,12\text{h}} + \text{d}x_p \cdot \text{d}t \\
y_p &= y_{p,12\text{h}} + \text{d}y_p \cdot \text{d}t \\
\text{UT1} &= \text{UT1}_{12\text{h}} + \text{LOD} \cdot \text{d}t
\end{aligned}
\tag{7.4}
$$

式中：$x_{p,12\text{h}}$、$y_{p,12\text{h}}$、$\text{UT1}_{12\text{h}}$ 分别为参考时刻的极移与 UT1；$\text{d}x_p$、$\text{d}y_p$、LOD 分别为当天的极移速率与日长变化；$\text{d}t$ 为任意时刻与参考时刻的时间差。因此，本节最终估计的地球自转参数包括 $x_{p,12\text{h}}$、$y_{p,12\text{h}}$、$\text{UT1}_{12\text{h}}$、$\text{d}x_p$、$\text{d}y_p$ 和 LOD，其偏导数分别为（以相位观测值为例）

$$
\begin{aligned}
\frac{\partial L_{r,\text{IF}}^s}{\partial x_{p,12\text{h}}} &= -\psi_r^s \cdot \frac{\partial R}{\partial x_p} \cdot r_{\text{GNSS}} \\[2mm]
\frac{\partial L_{r,\text{IF}}^s}{\partial y_{p,12\text{h}}} &= -\psi_r^s \cdot \frac{\partial R}{\partial y_p} \cdot r_{\text{GNSS}} \\[2mm]
\frac{\partial L_{r,\text{IF}}^s}{\partial \text{UT1}_{12\text{h}}} &= -\psi_r^s \cdot \frac{\partial R}{\partial \text{UT1}} \cdot r_{\text{GNSS}} \\[2mm]
\frac{\partial L_{r,\text{IF}}^s}{\partial \text{d}x_p} &= -\psi_r^s \cdot \frac{\partial R}{\partial x_p} \cdot r_{\text{GNSS}} \cdot \text{d}t \\[2mm]
\frac{\partial L_{r,\text{IF}}^s}{\partial \text{d}y_p} &= -\psi_r^s \cdot \frac{\partial R}{\partial y_p} \cdot r_{\text{GNSS}} \cdot \text{d}t \\[2mm]
\frac{\partial L_{r,\text{IF}}^s}{\partial \text{LOD}} &= -\psi_r^s \cdot \frac{\partial R}{\partial \text{UT1}} \cdot r_{\text{GNSS}} \cdot \text{d}t
\end{aligned}
\tag{7.5}
$$

需要指出的是，由于 GNSS 技术无法解算 UT1 参数，需要将其强约束至参考值（如 IERS-C04 产品）。

而地心运动参数的偏导数则为

$$\frac{\partial L_{r,\text{IF}}^s}{\partial G} = \psi_r^s \cdot R \tag{7.6}$$

不同于地球自转参数，地心运动在处理中通常作为常数估计。以上即 GNSS 求解地球自转参数与地心运动的基本观测模型。

目前地心运动由 SLR 技术单独确定。SLR 技术不需估计模糊度参数，对地心运动敏感。但是由于 SLR 测站数量较少且分布不均，解算结果会受到网效应（network effect）的影响。GNSS 具有全球分布的大量测站，观测值数量充足，GNSS 观测值的引入将有望提升地心参数解算精度，减小系统误差。图 7.14 给出了基于 2019～2021 年三年 GPS 观测数据的地心运动解算结果，其中图 7.14（a）为不同弧长下所确定的地心运动变化序列，图 7.14（b）则是相应地心序列的频谱分析结果。可以看到，相比于单天弧长，三天弧长下地心运动各个分量的变化均更为平稳，地心序列 X 分量和 Z 分量的年周期信号振幅也能够分别从 2.84 mm 和 13.46 mm 减小到 1.36 mm 和 8.17 mm。图中还给出了 IGS 提供的地心运动序列与频谱分析结果。总体而言，三天弧长下，地心运动解算结果与 IGS 地心产品之间具有更好的一致性，但同时也需要注意到，相比于本节估计的地心序列，IGS 地心产品更加平滑、跳点更少，这主要是由于 IGS 产品是多个分析中心的综合解，因此精度更高。

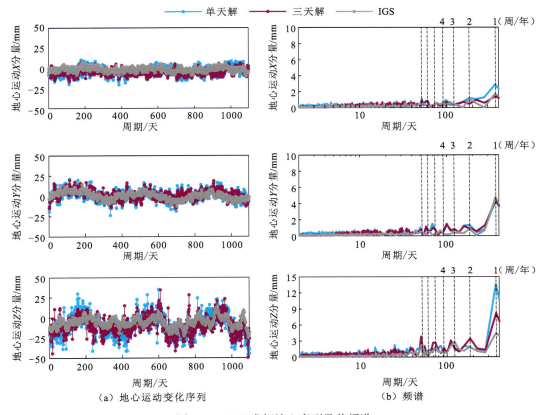

图 7.14 GPS 求解地心序列及其频谱

相较于高轨卫星如 GNSS 等，低轨卫星具有其独特的优势。这些优势在地球参考框架的解算中尤为重要。首先，低轨卫星的轨道高度较低，使其对地心运动更加敏感。同时，由于其星载 GNSS 观测值不受对流层误差的影响，这有利于地心运动信号的精确提取。通过联合处理低轨卫星和 GNSS 卫星的数据，可以显著降低 GNSS 光压参数与地心参数之间的耦合性，从而将 GNSS 交点年信号与地心 Z 向年周期信号进行有效的分离。其次，低轨卫星的高速飞行特性为观测网络提供了更为动态的时空变化特性，这有助于削弱传统地面观测网络中由于重复的观测几何变化所引入的系统性误差的影响。这种动态特性为地球参考框架的解算提供了更为准确和可靠的数据基础。再次，低轨卫星轨道径向（即卫星至地心连线方向）受到轨道动力学约束，对尺度参数不敏感。在星上各传感器相对位置精确标定的前提下，可以独立地确定或传递尺度参数，从而在地球参考框架解算中获得更为准确的尺度信息。此外，现有低轨卫星平台已经搭载了多种空间大地测量技术设备，如 GNSS 接收机、SLR 反射棱镜及 DORIS 接收机等。这些设备可以作为良好的星基并置站，为传统的地面并置站提供补充、验证甚至替代。通过这种方式，可以进一步增强地球参考框架的完整性和可靠性。

目前地球自转参数（earth rotation parameter，ERP）的解算综合了 GNSS、SLR、VLBI 和 DORIS 四种技术的结果。本节选用多颗低轨卫星，采用 GPS 星载接收机观测值解算 ERP。选取 GRACE-FO、Swarm、Sentinel-3 三个不同轨道高度和倾角的低轨卫星任务，分别进行简化动力学定轨。采用 CODE 提供的 GPS 精密轨道、钟差以及偏差产品。由于 CODE 的轨道产品坐标原点为地球形状中心（center of figure，CF），低轨卫星动力学轨道坐标原点为地球质心，基于二者差异，在定轨过程中引入 ERP 参数。将 ERP 估计结果与 IERS-14-C04 产品进行了比较，统计结果如表 7.6 所示。绝大多数单卫星方案能取得精度分别优于 1 mas 和 0.1 ms 的极移和 LOD 参数估计结果。三种方案中，使用 Sentinel-3 估计的 ERP 精度最高。相比于单卫星任务，多颗卫星组合可以显著提高 ERP 参数的估计精度，同时也减小了 ERP 估计结果相对于 IERS-14-C04 产品的系统偏差。7-LEO 组合方案的极移 X、Y 分量及 LOD 参数估计精度比 Sentinel-3 的估计结果分别提升了 25%、23% 和 27%。

表 7.6　地球自转参数统计表

方案	X/μas		Y/μas		LOD/μs	
	平均值	均方根	平均值	均方根	平均值	均方根
GRACE-FO	67.1	605.6	−66.0	547.1	5.4	50.8
Swarm	116.1	915.4	41.5	745.2	3.7	107.9
Sentinel-3	52.9	363.8	−24.5	294.7	−19.8	36.2
7-LEO	78.2	271.5	20.9	227.0	4.6	26.3

参 考 文 献

黄健德，2021. 多频 GNSS 非差非组合精密定轨与软件实现. 武汉: 武汉大学.

苏芸婕，2017. IGS 服务数据的智能获取与工程应用. 南京: 东南大学.

Li X X, Wang Q Y, Wu J Q, et al., 2022. Multi-GNSS products and services at iGMAS Wuhan Innovation Application Center: Strategy and evaluation. Satellite Navigation, 3(1): 20.